能源与环境出版工程
（第二期）

总主编　翁史烈

“十三五”国家重点图书出版规划项目
低碳环保动力工程技术系列

分布式能源技术及应用

Distributed Energy Technology and Application

潘卫国　陶邦彦　俞谷颖　编著

支持单位：

上海电力大学
北京能源与环境学会
中国动力工程学会

内容提要

本书为“低碳环保动力工程技术系列”之一。主要内容包括区域分布式能源体系的产生、发展和制定相关法规以及构建各种与区域经济相适应的分布式能源系统；利用低温热能资源技术，开发各种工质包括低沸点工质，以提高能源利用率，降低周边的热污染；与分布式能源相配的各种储能技术，利于微电网运行的品质保证；各种类型的燃料电池与其发展趋势。

本书的读者对象为从事能源与环境的实践者、科研院校的研究人员、教师和本科生、研究生。本书可为读者拓展多学科、多种技术交集的新视野。

图书在版编目(CIP)数据

分布式能源技术及应用/潘卫国，陶邦彦，俞谷颖编著. —上海：上海交通大学出版社，2019 (2021 重印)

能源与环境出版工程

ISBN 978-7-313-21860-5

Ⅰ.①分…　Ⅱ.①潘…②陶…③俞…　Ⅲ.①能源—研究　Ⅳ.①TK01

中国版本图书馆 CIP 数据核字(2019)第 227470 号

分布式能源技术及应用

编　　著：潘卫国　陶邦彦　俞谷颖
出版发行：上海交通大学出版社
地　　址：上海市番禺路 951 号
邮政编码：200030
电　　话：021-64071208
印　　制：上海万卷印刷股份有限公司
经　　销：全国新华书店
开　　本：710mm×1000mm　1/16
印　　张：13
字　　数：255 千字
版　　次：2019 年 11 月第 1 版
印　　次：2021 年 7 月第 2 次印刷
书　　号：ISBN 978-7-313-21860-5
定　　价：58.00 元

能源与环境出版工程
丛书学术指导委员会

能源与环境出版工程
丛书编委会

低碳环保动力工程
技术系列编委会

总　序

能源是经济社会发展的基础，同时也是影响经济社会发展的主要因素。为了满足经济社会发展的需要，进入21世纪以来，短短10余年间(2002—2017年)，全世界一次能源总消费从96亿吨油当量增加到135亿吨油当量，能源资源供需矛盾和生态环境恶化问题日益突显，世界能源版图也发生了重大变化。

在此期间，改革开放政策的实施极大地解放了我国的社会生产力，我国国内生产总值从10万亿元人民币猛增到82万亿元人民币，一跃成为仅次于美国的世界第二大经济体，经济社会发展取得了举世瞩目的成绩！

为了支持经济社会的高速发展，我国能源生产和消费也有惊人的进步和变化，此期间全世界一次能源的消费增量38.3亿吨油当量中竟有51.3%发生在中国！经济发展面临着能源供应和环境保护的双重巨大压力。

目前，为了人类社会的可持续发展，世界能源发展已进入新一轮战略调整期，发达国家和新兴国家纷纷制定能源发展战略。战略重点在于：提高化石能源开采和利用率；大力开发可再生能源；最大限度地减少有害物质和温室气体排放，从而实现能源生产和消费的高效、低碳、清洁发展。对高速发展中的我国而言，能源问题的求解直接关系到现代化建设进程，能源已成为中国可持续发展的关键！因此，我们更有必要以加快转变能源发展方式为主线，以增强自主创新能力为着力点，深化能源体制改革、完善能源市场、加强能源科技的研发，努力建设绿色、低碳、高效、安全的能源大系统。

在国家重视和政策激励之下，我国能源领域的新概念、新技术、新成果不断涌现；上海交通大学出版社出版的江泽民学长的著作《中国能源问题研究》(2008年)更是从战略的高度为我国指出了能源可持续的健康发展之路。为了“对接国家能源可持续发展战略，构建适应世界能源科学技术发展趋势的能源科研交流平台”，我们策划、组织编写了这套“能源与环境出版工程”丛书，其目的在于：

一是系统总结几十年来机械动力中能源利用和环境保护的新技术和新成果；

二是引进、翻译一些关于“能源与环境”研究领域前沿的书籍，为我国能源与环境领域的技术攻关提供智力参考；

三是优化能源与环境专业教材，为高水平技术人员的培养提供一套系统、全面的教科书或教学参考书，满足人才培养对教材的迫切需求；

四是构建一个适应世界能源科学技术发展趋势的能源科研交流平台。

该学术丛书以能源和环境的关系为主线，重点围绕机械过程中的能源转换和利用过程以及这些过程中产生的环境污染治理问题，主要涵盖能源与动力、生物质能、燃料电池、太阳能、风能、智能电网、能源材料、能源经济、大气污染与气候变化等专业方向，汇集能源与环境领域的关键性技术和成果，注重理论与实践的结合，注重经典性与前瞻性的结合。图书分为译著、专著、教材和工具书等几个模块，其内容包括能源与环境领域的专家最先进的理论方法和技术成果，也包括能源与环境工程一线的理论和实践。如钟芳源等撰写的《燃气轮机设计》是经典性与前瞻性相统一的工程力作；黄震等撰写的《机动车可吸入颗粒物排放与城市大气污染》和王如竹等撰写的《绿色建筑能源系统》是依托国家重大科研项目的新成果和新技术。

为确保这套“能源与环境出版工程”丛书具有高品质和重大的社会价值，出版社邀请了杜祥琬院士、黄震教授、王如竹教授等专家，组建了学术指导委员会和编委会，并召开了多次编撰研讨会，商谈丛书框架，精选书目，落实作者。

该学术丛书在策划之初，就受到了国际科技出版集团 Springer 和国际学术出版集团 John Wiley & Sons 的关注，与我们签订了合作出版框架协议。经过严格的同行评审，截至 2018 年初，丛书中已有 9 本输出至 Springer，1 本输出至 John Wiley & Sons。这些著作的成功输出体现了图书较高的学术水平和良好的品质。

“能源与环境出版工程”从2013年底开始陆续出版，并受到业界广泛关注，取得了良好的社会效益。从2014年起，丛书已连续5年入选了上海市文教结合“高校服务国家重大战略出版工程”项目。还有些图书获得国家级项目支持，如《现代燃气轮机装置》《除湿剂超声波再生技术》(英文版)、《痕量金属的环境行为》(英文版)等。另外，在图书获奖方面，也取得了一定成绩，如《机动车可吸入颗粒物排放与城市大气污染》获“第四届中国大学出版社优秀学术专著二等奖”；《除湿剂超声波再生技术》(英文版)获中国出版协会颁发的“2014年度输出版优秀图书奖”。2016年初，“能源与环境出版工程”(第二期)入选了“十三五”国家重点图书出版规划项目。

希望这套书的出版能够有益于能源与环境领域人才的培养，有益于能源与环境领域的技术创新，为我国能源与环境的科研成果提供一个展示的平台，引领国内外前沿学术交流和创新并推动平台的国际化发展！

翁史烈

2018年9月

序　一

在新时代阳光的沐浴下，我国经历了改革开放40多年的风风雨雨，又迎来了新中国成立70周年华诞。本丛书从环保动力的角度反映了我国新老动力科技工作者不忘初心，为实现中华民族的伟大复兴，矢志不渝、艰苦奋斗的精神。科技工作者不断解放思想、破除迷信、学习先进，亲身见证并记录了自主知识产权的创新业绩；通过不断积累总结前人的实践经验和技术成果，一步一个脚印地推动了我国能源革命和高质量国产化、清洁发电动力装备的发展，表现出对科学和中华文化的自信。

科学技术的大发展历来都是与社会大变革联系在一起的。我国体制上的供给侧改革给能源、环保、装备产业转型带来巨大的发展机遇，使各产业从手工作坊式生产走向工业化革命，从机械化转向自动化，从智能化走向大数据、云计算的信息化时代。在历史的舞台上，不断上演着与时俱进的创新技术的剧情。

我国虽然地大物博，但人均资源却十分短缺。直面当前节能减排的现状，转变思维方式尤为重要。我国可采能源远远跟不上社会经济发展的需要，大量消费煤炭给环境容量和治理污染带来巨大的压力；大量进口油气有能源安全的巨大风险；大量使用化石燃料面临不可持续发展。

高效率、节能减排的超临界发电技术有着自身发展的规律。发展光伏、光热发电，风电以及低温能源是当今能源转型的主要方向。在电力供给侧，发展分布式能源有利于节能提效，充分利用现有的低温能源、工业余热、城市垃圾资源（包括当地的风能、屋顶太阳能、生物质能的再生资源）等。建立有效的区域能源体系和微电网是能源高效利用、地区低碳循环经济发展的必然趋势。此外，第四代核能的研发和未来的核聚变技术将是中长期能源的发展目标。

我国能源利用技术和产品的发展长期以来受体制和经费的约束，产、学、研、用严重脱节，以至于真正付之于实际应用的技术事倍功半。如今企业成为承担科技项目的主体，强调技术落地、开花、结果，在有序的竞争中兴百家争鸣之风气，推动着各自技术的不断升级换代，促进我国企事业的同步改革。

本丛书主要为能源与环保的生产实践者、青年学者、科研院校的研究人员、教师和研究生以及对此感兴趣的读者提供了解多学科、多种技术交集的视野，以改变传统重理论教育、偏学术论文而疏于应用的倾向，使读者了解更多的边缘学科专业知识和新技术的发展信息，取得举一反三、触类旁通的学习和运用效果。同时，也期待行业专家、工匠们为之大显身手，化知识为社会产品和财富，指点能源与环保，同予评说！

倪维斗

2019 年 2 月

序　二

能源是人类生存和发展的基础。随着经济的快速发展，化石能源消耗量持续增加，人类正面临着日益严重的能源短缺和环境破坏问题，全球气候变暖成为国际关注的焦点。据国际能源署分析，到2030年世界能源需求将增长60%。目前，作为一次能源主要构成的化石能源，由于其不可再生，将在不久的将来被开采殆尽。在此背景下，发展低碳环保技术以实现能源的清洁高效利用对保障能源安全、促进环境保护、减少温室气体排放、实现国民经济可持续发展具有重要的现实意义。

为了实现能源的健康、有序和可持续发展，国家战略布局中已经明确了各类能源发展的总体目标。一方面，与发达国家相比，我国的能源利用效率整体仍处在较低的水平，单位产值能耗比发达国家高4～7倍，单位面积建筑能耗为气候条件相近发达国家的3倍左右。因此，我国在节能方面的潜力巨大，节能减排是当前我国经济和社会发展中一项极为紧迫的任务。为缓解能源瓶颈的制约，促进经济社会可持续发展，一方面，近年来我国相继出台了一系列相关的政策及法规，大力推动能源的高效利用，促进国民经济向节能集约型发展。另一方面，国家大力推动太阳能、风能等可再生能源的利用，与之相关的产业亦得到了迅速的发展。在这样的行业背景下，很高兴看到“低碳环保动力工程技术”丛书的问世。这套丛书不仅对清洁能源利用和分布式能源技术进行了详细的介绍，而且指出绿色环保、清洁、高效、灵活是火电技术今后发展的必由之路。丛书是校企合作成果的结晶，由中国动力工程学会环保装备与技术专业委员会、上海电力大学和上海发电设备成套设计研究院合作编写。丛书共有四册，其内容涵盖传统的燃煤发电技术、清洁能源发电技术及一些高效智能化的能源利用系统，具体包括先进的煤电节能技术、燃煤电站污染物的脱除、太阳能光伏/光热、风力发电技术、生物质利用技术、储能技术、燃料电池、核能技术以及分布式能源系统等。

本丛书有如下特色：内容跨度较大，有广度、有深度，各章节自成体系、相互独立，在结构上条理清晰、脉络分明。

相信本套丛书的出版定会推动低碳环保动力工程相关技术在我国的应用与发展，为经济和社会的可持续发展起到积极的作用，故而乐意为之序。

岑可法

2019年5月

前　言

能源是人类社会存在与发展的物质基础。过去200多年，建立在煤炭、石油、天然气等化石燃料基础上的能源体系极大地推动了人类社会的发展。然而，人们在物质生活和精神生活不断提高的同时，也越来越感悟到大规模使用化石燃料所带来的严重后果：资源日益枯竭，环境不断恶化，且为此引发了不少国家之间、地区之间的政治经济纠纷，甚至冲突和战争。当今世界能源形势正发生复杂深刻的变化，全球能源供求关系总体缓和，应对气候变化进入新阶段，新一轮能源科技革命加速推进，全球能源治理新机制正在逐步形成，但人人享有可持续能源的目标还远未实现，各国能源发展面临的问题依然严峻。

21世纪以来，能源已经渗透到了人们生活的每个角落，成为影响全球社会和经济发展的第一要素。目前中国已经成为全球能源生产与消费的第一大国，能源与经济的关系、能源与环境的矛盾、能源与国家安全等问题日渐突出。面临这样一个能源发展的形势，中国动力工程学会环保装备与技术专业委员会与上海电力大学和上海发电设备成套设计研究院合作，由潘卫国和陶邦彦总体策划编写了《分布式能源技术及应用》一书。全书共有5章，第1章主要由潘卫国和闫霆撰写，第2章主要由姜未汀和陶邦彦撰写，第3章主要闫霆和陶邦彦撰写，第4章主要由刘建峰和陶邦彦撰写，第5章主要由杨涌文撰写，全书由潘卫国负责统稿。在本书编写过程中，还得到了上海电力大学能源与机械工程学院博士和硕士研究生唐军英、黄春迎、秦岭、佘晓利、汪腊珍、贾鹏谣、潘丹露、吴韶飞、李道林、李雨轩、郭德宇、黄阳、蒯子函、秦阳、徐建恒、张中伟等的支持，在这里一并表示感谢。由于编者时间和水平所限，书中存在的缺点和错误，恳请专家和读者予以批评指正。

我们期待本书的出版发行能为我国分布式能源技术的发展提供有益的借鉴和参考，在探索和建立我国可持续能源体系的进程中作出应有的贡献。

编　者

2019年8月

目　录

第1章　绪论 ………… 1
1.1　背景 ………… 1
1.2　分布式能源的发展与特点 ………… 2
1.3　分布式能源相关法规 ………… 5
参考文献 ………… 6

第2章　低温热能利用技术 ………… 7
2.1　概况 ………… 7
2.1.1　热能资源 ………… 7
2.1.2　热能资源利用现状 ………… 9
2.2　热交换技术 ………… 14
2.2.1　热交换器 ………… 14
2.2.2　低沸点工质 ………… 15
2.3　小温差传热 ………… 20
2.3.1　换热表面对传热性能的影响 ………… 21
2.3.2　电场力强化传热 ………… 22
2.3.3　换热器的热阻理论 ………… 23
2.4　低温热力循环系统 ………… 24
2.4.1　余热转换技术 ………… 24
2.4.2　热电效应转换 ………… 24
2.4.3　斯特林循环和爱立信循环 ………… 26
2.4.4　有机朗肯循环 ………… 26
2.4.5　卡琳娜循环 ………… 31
2.5　余热制冷 ………… 35
2.5.1　溴化锂制冷 ………… 35
2.5.2　氨制冷 ………… 36

2.5.3 应用余热制冷的特点 …… 36
2.6 热泵 …… 37
参考文献 …… 38

第3章 储能技术 …… 41
3.1 概况 …… 41
3.2 抽水蓄能 …… 45
3.3 蓄电池储能 …… 46
3.4 储热技术 …… 49
3.4.1 储热系统的分类 …… 50
3.4.2 储热机理的分类 …… 50
3.4.3 显热储热 …… 55
3.4.4 潜热储热 …… 57
3.4.5 热化学储热 …… 65
3.4.6 储热技术的实际应用 …… 67
3.5 压缩空气储能技术 …… 69
3.5.1 工作原理 …… 70
3.5.2 技术特点 …… 70
3.5.3 压缩空气储能技术的应用现状 …… 71
3.5.4 压缩空气储能-可再生能源耦合系统 …… 71
3.5.5 压缩空气储能关键技术 …… 74
3.6 技术发展趋势及未来展望 …… 74
参考文献 …… 75

第4章 燃料电池技术 …… 77
4.1 概述 …… 77
4.1.1 国外燃料电池技术现状 …… 77
4.1.2 国内燃料电池技术现状 …… 81
4.2 燃料电池技术原理 …… 83
4.2.1 燃料电池技术热力学原理 …… 84
4.2.2 燃料电池技术动力学原理 …… 84
4.2.3 燃料电池评判指标 …… 85
4.3 燃料电池分类 …… 87
4.3.1 磷酸燃料电池 …… 87

4.3.2　聚合物电解质膜燃料电池 …… 91
4.3.3　碱性燃料电池 …… 93
4.3.4　熔融碳酸盐燃料电池 …… 96
4.3.5　固态氧化物燃料电池 …… 100
4.3.6　新型燃料电池 …… 114
4.4　燃料电池耦合发电技术 …… 116
4.4.1　SOFC－PEMFC 联合发电系统 …… 117
4.4.2　MGT－SOFC 直接式混合系统 …… 120
4.4.3　SOFC－MGT 间接式混合系统 …… 121
4.4.4　SOFC－GT－ST 三重复合动力系统特性研究 …… 122
4.4.5　FC－热机机组驱动系统 …… 123
4.5　燃料电池关键技术 …… 123
参考文献 …… 124

第5章　分布式能源系统 …… 126
5.1　天然气分布式能源系统 …… 126
5.2　燃气冷热电联产系统 …… 127
5.2.1　燃气内燃机热电联产系统 …… 128
5.2.2　燃气轮机热电联产系统 …… 131
5.2.3　微型燃气轮机 …… 140
5.3　燃料电池的应用 …… 144
5.4　斯特林内燃机 …… 146
5.4.1　斯特林内燃机在热电联产系统中的应用 …… 147
5.4.2　类型及特征 …… 148
5.4.3　性能 …… 149
5.5　余热补燃回收装置 …… 149
5.6　分布式能源技术 …… 151
5.6.1　分布式光伏发电技术 …… 151
5.6.2　分布式光热发电技术 …… 152
5.6.3　分布式风力发电 …… 153
5.6.4　分布式生物质发电 …… 156
5.7　微电网 …… 158
5.7.1　微电网作用 …… 158
5.7.2　微电网技术 …… 167

5.8 政策法规 …… 174
5.9 实施案例 …… 177
5.9.1 某国际旅游度假区分布式能源项目建设 …… 177
5.9.2 某工业厂房屋顶光伏发电系统建设 …… 178
5.9.3 某学校智能微电网示范工程 …… 178
5.9.4 某酒店分布式能源系统 …… 179
5.9.5 某中心医院分布式能源系统 …… 180

参考文献 …… 182

索引 …… 184

第1章　绪　论

分布式发电由美国在1978年的公共事业管理政策中提出，公布后便得以推广应用，并很快被其他国家接受。分布式发电的定义：区别于集中发电、远距离传输、大互联网络的传统发电形式，直接配置在配电网或者负荷附近的、发电功率在几千瓦至数百兆瓦的小型模块化发电单元，能够经济、高效、分散式、可靠运行，所产生的电力除由用户自用和就近利用外，多余电力送入当地配电网。

分布式发电多种多样，发电方式包括太阳能发电（光伏发电、光热发电）、风力发电、生物质能发电等。与传统的集中式发电方式相比，分布式发电具有投资较少、发电方式灵活、环保性能好等优点。

1.1　背景

人类社会正在逐步向以可再生能源为主的绿色低碳、可持续能源时代过渡。尤其在面对目前能源体系存在的能源结构不合理、能源资源分布不均匀、石油储备体制不健全、能源供需矛盾突出、能源利用率低下、能源环境问题突出以及管理性制度困境等问题，可再生能源发展显得尤为重要。为了保障我国能源安全，大力发展分布式可再生能源是能源革命的重要内容，这对于推进我国能源结构转型，保障能源自主安全具有重要的战略意义。可再生能源技术的发展大大丰富了分布式能源的内涵。

分布式能源这个名字，国内外学者和机构从不同角度给出了不同的理解和定义[1]。一般情况下，分布式能源体系可定义为：立足于本地资源，平衡终端能源的供求，是区域性能源（电、热、冷）的产、储、供、控一体化的服务体系。它的两个基本要素是资源和用户。它与传统电力系统的最大区别在于既可离网独立运行，又可区域互联实现并网或销售。

分布式可再生能源将能源的生产和消费结合在一起，直接向用户供能，剩余电能通过智能微电网并入电网。这是我国未来能源生产消费方式和能源结构调整变革的关键。

分布式能源系统本质就是根据用户对各种能源的不同需求，按照“分配得当、各得所需、温度对口、梯级利用”的供能方式，尽力扩大资源和温度的利用空间，将输送环节的损耗降至最低，从而实现能源利用效能与效率的最大化，提高供电的安全性、可靠性，为用户提供更多选择，促进电力市场的健康发展。它具有丰富能源结构、可提高能源利用率、改善安全性、解决环境污染等方面特点。分布式能源与集中式供电的合理结合是投资省、能耗低、可靠性高的能量供应方式，将成为 21 世纪电力工业发展的重要方向。

1.2 分布式能源的发展与特点

1882 年，美国纽约出现了以工厂余热发电满足自身与周边建筑电、热负荷需求的工程技术，成为分布式能源最早的雏形[2]。热电联供（combined heat and power, CHP）不断发展，至今已成为世界普遍采用的一项成熟技术。余热利用进一步用于空调或制冷，又发展成冷、热、电联供（combined cooling, heating and power, CCHP）技术。

1998 年成立的国际热电联产联盟（ICA）于 2002 年正式更名为世界分布式能源联盟（World Alliance Decentralized Energy, WADE）[3]。

如今，可再生能源的利用除了有集中方式，即在资源丰富的地区建设大规模可再生能源生产基地外，分布式则将可再生能源系统建在用户附近，一次能源以可再生能源为主，辅以气液态燃料，二次能源以分布在用户端的冷、热、电联产为主，将电力、热力、制冷与蓄能技术结合，满足用户多种需求，实现能源梯级利用[4]。

低温热能是指品位相对较低的热能，一般温度低于 200℃，这些能源种类繁多，包括太阳热能、各种工业废热、地热、海洋温差等可再生能源。其总量巨大，以工业废热为例，有统计指出，人类利用的热能中有 50%最终以低品位废热的形式直接排放[5]。利用和回收这部分能源，既有助于解决我国的能源问题，又能减少能源生产过程中的环境污染。利用低温热能的发电技术主要是基于朗肯（Rankine）循环的热力发电系统，如有机物朗肯循环（organic Rankine cycle, ORC）、水蒸气扩容循环、卡琳娜（Kalina）循环、氨吸收式动力制冷复合循环等。ORC 采用不同的有机物工质（或混合物），可回收不同温度范围的低温热能；水蒸气扩容循环主要用于地热发电；卡琳娜循环是以氨水混合物为工质的循环；氨吸收式动力制冷复合循环是一种新型的复合循环[6]。国内外对于低温热能利用的研究主要开始于 20 世纪 70 年代石油危机时期。其中 ORC 的研究和应用最为广泛。早在 1924 年，有人就开始研究采用二苯醚作为工质的 ORC。到目前为止，全世界已有 2 000 多套 ORC 装置在运行，并且生产出单机容量为 14 MW 的 ORC 发电机组。对低温热能发电系统的研究主要集中在以下几个方面：工质的热力学特性和环保性能，混合工质的应用，热力循环的优化等[7]。

分布式能源系统(distributed energy system, DES)是一种建立在能量梯级利用概念基础之上,分布安置在需求侧的能源梯级利用,以及资源综合利用和可再生能源设施。它通过在需求现场根据用户对能源的不同需求,实现温度对口供应能源,将输送环节的损耗降至最低,从而实现能源利用效能的最大化。

DES主要应用于建筑与过程工业领域,如办公楼、医院、宾馆、体育场馆、IT产品制造厂、食品厂等。而不同的行业、不同功能的建筑其能量需求种类和形式存在很大的差异,通常体现在制冷、供热、通风、生活热水、照明等方面。而通过采用不同的工艺流程、不同的集成方式,DES可满足不同建筑用户的多种能量需求。

根据世界分布式能源联盟的定义,分布式能源是分布在用户端的独立的各种产品和技术,包括分布式可再生能源和高效的冷、热、电联产系统。DES在能源的利用形式上可以使用化石燃料、可再生能源或者将化石燃料和可再生能源结合使用;子动力系统可采用燃气轮机、内燃机、汽轮机、斯特林发动机以及燃料电池。

分布式能源可以采用多种供能技术。根据其发电与供能原理大致可以分为两大类型:第一类是包括光伏发电、生物能发电、小型风力和水力发电等在内的小规模可再生能源技术。第二类是以内燃机、燃气轮机、微燃机、斯特林(stirling)机、燃料电池等为原动机的热电联产或冷、热、电三联供技术。上述两类技术从"开源"和"节流"两个角度形成了分布式能源的技术支撑,彼此既相互独立,又优势互补。

在"节能优先"的宏观能源战略导引下,综合考虑供能可靠性等因素,以冷、热、电联供为主要技术形式,可实现能源梯级利用的天然气分布式能源系统是最具可行性、最有效的方案,是当前国内外分布式能源应用的主要形式。从未来发展角度来看,大力推广可再生能源的分布式能源是能源改革和体制改革的必然趋势。

化石燃料分布式能源系统主要采用煤、石油和天然气等常规化石燃料,其中又以天然气和石油为主。化石燃料的能量密度大,系统相对简单、紧凑,建设成本和运行、维护成本也相对较低。因此,近期内这种形式的系统仍然是主要发展方向。但化石燃料的资源数量有限、不可再生,而且利用时会对环境造成一定的破坏,随着时间的推移,采用化石燃料的比例会逐渐减少。

分布式可再生能源系统主要包括光伏发电系统,小水电、生物能发电以及风力发电等。太阳能发电和太阳热发电是利用太阳能量的发电技术,通常需要与其他能源利用方式和载体进行整合,例如将太阳热发电与沼气利用整合,将光伏电池与建筑材料整合等。风力发电是能源发展的一个重要方向,对于居住分散的用户,小型高效的风力发电系统更加具有普及意义,但是成本、可靠性和蓄能是目前亟须解决的问题。生物质发电技术利用植物光合作用吸收的太阳能进行发电,是解决温室效应的一个好途径,因为发电时产生的二氧化碳正好可以被植物光合作用所吸收,因此发电过程的二氧化碳的净排放量为零。目前世界上的生物质能发电系统装机容量大约为14 GW,其中大约一半位于美国,全美三分之二的生物质能电站采用了热电联产的方式,输出电能的同时输出有用的热能。

1) 分布式能源的特点

(1) 分布式能源是小型的、模块化的,规模大致在 kW～MW 级。

(2) 分布式能源包含多种供需双侧的技术与装备,如光伏发电、燃料电池、燃气内燃机、燃气轮机和微型燃机、热力驱动的制冷系统,除湿装置、风力汽轮机、需求侧管理系统及微电网等。

(3) 能源的利用效率高,分布式能源的利用效率可达到 80%以上。

(4) 环保性好。能源的梯级利用以及清洁燃料的使用可使总悬浮颗粒物减少95%,二氧化碳等温室气体排放量减少 50%以上,氮氧化物减少 80%,二氧化硫和固体废弃物排放降低至几乎为零。

(5) 经济性明显。系统靠近用户侧安装,可就近供电,降低了输电和配电网的网损,同时降低了输配电建设投资和运行费用。

(6) 安全性与可靠度高。一旦公用电网发生故障时分布式能源系统可自动断开,孤岛运行。应用范围广,可适应各种特殊地区用电。

分布式能源的自身特点决定了其发展的可持续性。分布式冷、热、电联产系统可同时输出电能和多种不同温度的冷量与热量,在联产系统的各项输出中,电的品位明显高于冷和热,故动力子系统通常处于联产系统的上游,其排放的热量被下游的供热、供冷等其他子系统进行回收和梯级利用。

2) 分布式冷热电联产的动力子系统

动力子系统主要包括微型燃气轮机、内燃机、斯特林发动机、燃料电池等[8-11]。

(1) 微型燃气轮机。一种非常小的燃气轮机,发电量为几百瓦到几千瓦不等,其基本结构包括压缩机、燃气轮机和永磁发电机,各部件采用同轴相连,输入空气首先被压缩到 3～4 个大气压之后,送到蓄热罐中由废热气加热。由于对压缩空气进行了预加热,蓄热罐可以提高燃气轮机的发电效率。热压缩空气和燃料混合后进入燃烧室燃烧,燃烧得到的热燃气膨胀推动燃气轮机叶片旋转,从而带动压缩机和发电机发电,废热气在蓄热器内与新鼓入的压缩空气进行大部分的热量交换后排入大气。

(2) 内燃机。容量在 0.5～6.5 kW 之间不等,效率接近 37%～40%(低热值效率),这种模式是目前各种分布式发电技术中最廉价的一种,在使用天然气为燃料时,其燃烧过程相对清洁。

(3) 斯特林发动机。点燃式和狄塞尔循环内燃机都属于内燃机的一种。所谓内燃机就是燃料在内燃机内部燃烧;当然也有外燃机,即从内燃机外部将能源传递给做功流体。蒸汽循环发电机就是外燃机的一种。斯特林内燃机是一种外燃机型的活塞式内燃机，它可以由任意常见燃料，甚至是高温物体，比如一块阳光照射的黑色太阳聚焦板来驱动运行。目前逐步开始商业化的斯特林内燃机容量范围从不到 1 kW 直至约 25 kW。虽然工作效率还很低(一般低于 30%)，但是目前为提高其效率以便与内燃机竞争的相关技术研究正在快速发展。由于燃料较为平稳、持续地燃烧，因此这类内燃机运行噪声很低，特别适合应用在汽车、小艇、休闲房甚至小型飞机上。

(4) 燃料电池。燃料电池将储藏在燃料中的化学能(氢气、天然气、甲醇、汽油等)直接转换成电能。通过省略将燃料首先转换成热能推动机械运动做功再转化为电能这一中间环节，燃料电池的转换效率不受卡诺热机效率的局限，其转换效率能够高达 65%，即燃料电池效率基本上能够达到目前运行的中央发电站平均效率的两倍左右。

1.3 分布式能源相关法规

2008 年修订的《中华人民共和国节约能源法》要点：第三十二条指出电网企业应当按照国务院有关部门制定的节能发电调度管理的规定，安排清洁、高效和符合规定的热电联产，利用余热余压发电的机组以及其他符合资源综合利用规定的发电机组与电网并网运行，上网电价执行国家有关规定[12-15]。

2010 年《分布式电源接入电网技术规定》要点：国家电网公司对分布式能源并网的介入系统原则、电能质量、功率控制和电压调节、电压电流与频率响应等方面做出了技术要求。

2011 年 10 月国家发展和改革委员会(后文简称发改委)、财政部、住房城乡建设部、国家能源局联合发布《关于发展天然气分布式能源的指导意见》要点：原则上天然气分布式能源全年综合利用效率应高于 70%，在低压配电网就近供应电力，“十二五”期间建设 1 000 个左右天然气分布式能源项目，并拟建设 10 个左右各类典型特征的分布式能源示范区域。到 2020 年，在全国规模以上城市推广使用分布式能源系统，装机规模达到 50 GW，初步实现分布式能源装备产业化。

2013 年 8 月 13 日，国家发改委印发了《分布式发电管理暂行办法》，其要点是发展综合能源利用效率高于 70%、就地消纳的天然气热、电、冷三联供。鼓励企业、专业化能源服务公司和包括个人在内的各类电力用户投资建设并经营分布式发电项目，豁免分布式发电项目发电业务许可。

2016 年 12 月 26 日，国家发改委、国家能源局印发了《能源发展“十三五”规划》，其中强调把发展清洁低碳能源作为调整能源结构的主攻方向，坚持发展非化石能源与清洁高效利用化石能源并举。逐步降低煤炭消费比重，提高天然气和非化石能源消费比重，大幅降低二氧化碳排放强度和污染物排放水平，优化能源生产布局和结构,促进生态文明建设。

2017 年 7 月 19 日,国家能源局发布了《关于可再生能源发展“十三五”规划实施的指导意见》,其中提出加强可再生能源目标引导和监测考核,加强可再生能源发展规划的引领作用,加强电网接入和市场消纳条件落实。

2018 年 6 月 1 日,国家发改委、财政部、能源局三部委下发关于《2018 年光伏发电有关事项的通知》。通知的出台,既是落实供给侧结构性改革、推动经济高质量发展的重要举措,也是缓解光伏产业当前面临的补贴缺口和弃光限电等突出矛盾的重要举措,有利于推动光伏产业从规模增长向高质量发展转变。

参考文献

[1] 李先瑞. 分布式能源与建筑的融合(上)[J]. 节能与环保,2004,9:6-8.
[2] 李先瑞. 分布式能源与建筑的融合(下)[J]. 节能与环保,2004,10:10-13.
[3] 吴金星. 工业节能技术[M]. 北京:机械工业出版社,2014.
[4] 张正敏. 工业二次能源(余热)的计算方法[J]. 中国能源,1977,1:9-13.
[5] 贡晓丽. 干热岩开发利用:向地球深处要清洁能源[J]. 中国科学报,2016,3:22.
[6] 杨丽,孙占学. 干热岩资源特征及开发利用研究[J]. 中国矿业,2016,1:2.
[7] 何雅玲. 工业余热高效综合利用的重大共性基础问题研究[J]. 科学通报,2016,17:1856-1857.
[8] 沈建锋,张岗. 燃气轮机和内燃机发电机组性能及经济性分析[J]. 煤气与热力,2014(6):18-21.
[9] 蒋德明. 内燃机燃烧与排放学[M]. 西安:西安交通大学出版社,2001.
[10] 冯志兵,金红光. 冷热电联产系统节能特性分析[J]. 工程热物理学报,2006,27(4):541-544.
[11] 衣宝廉. 燃料电池的原理技术状态与展望[J]. 电池工业,2003,1:16-22.
[12] 徐建中. 科学用能与分布式能源系统[J]. 中国能源,2005,8:10-13.
[13] 董蓓蓓,熊飞,李骞. 分布式光伏发电消纳方式的选择策略研究[J]. 供用电,2017,8:79-83.
[14] 范柱烽,解东光,赵川. 微电网控制研究综述[J]. 电气开关,2014,2:1-3.
[15] 韩培洁,张惠娟,李贺宝. 微电网控制策略分析研究[J]. 电网与清洁能源,2012,10:25-30.

第 2 章　低温热能利用技术

自 20 世纪 70 年代石油危机以来，工业发达国家加紧研究低温热源开发、工业余热回收利用技术和工程应用系统，尤其是采用何种工质作为热交换的有效载体以及降低热交换热阻。控制工程应用成本也一直是国内外研究者探索的重要内容。

2.1　概况

20 世纪 80 年代，我国著名热机专家吴仲华先生经过 30 多年的理论研究和实践，倡导总能系统的概念，即按能源的品质指标、梯级利用原理，奠定燃机总能集成理论，将纯热力学分析、热能利用的经济学分析与环境生态学紧密地结合起来，提出系统全工程效率的优化目标，构建热能品位与循环耦合理论的框架，突破了传统仅利用中高温热能的局限性。其中工程应用的关键是中低温能源的高效转换和热能利用的经济效益。

2.1.1　热能资源

我国有着大量、丰富的中低温热能资源，包括工业余热余压、太阳能、地热、干岩石、海洋热等，由于受到经济发展的约束，这些热能资源以前一直处在小规模的示范性应用阶段。如今，经过多年的实践和技术探索，已经为大规模开发中低温热能资源奠定了技术基础。

1) 低温热能资源

工业余热作为一种典型的二次能源，是指能源利用设备中没有利用的能源，即多余的、废弃的热源。它包括电厂蒸汽余压、废气余热、冷却介质余热、工业废气和废水余热、高温产品和炉渣余热、化学反应余热、可燃废气废液和废料余热以及高压流体余压等。根据调查，可回收利用的余热资源约占各行业余热总量的 60%。

余热资源的种类按照余热载体的不同，可分为固态、液体和气态载体的余热资源；按照余热载体温度不同，可分为高温余热(大于 500℃)、中温余热(200～500℃)及低温余热(小于 200℃)[1]；按照余热资源来源的不同，可分为高温烟气余热、高温蒸汽余热、高温产品余热、高温炉渣余热、冷却介质余热、冷凝水余热、可燃废气余热、化学反应的余热等[2]。

根据《中国节能减排发展报告》，余热资源较丰富的一些行业如表 2-1 所示。

表 2-1　典型行业的余热资源

工业部门	余 热 来 源	余热占部门燃料消耗量的比例/%
冶金工业	高炉、转炉、平炉、轧钢加热炉	33
化学工业	高温气体、化学反应、高温产品	15
机械工业	锻造加热炉、冲天炉、退火炉	15
造纸工业	造纸烘缸、木材压机、烘干机、制浆黑液等	15
玻璃搪瓷工业	玻璃熔窑、搪瓷转炉、陶瓷窑炉	17
建材工业	高温排烟、窑顶冷却、高温产品等	40

2）地热

地热来源主要是地球内长寿命放射性同位素热核反应产生的热能。地热按照其储存形式可分为蒸汽型、热水型、地压型、干热岩型和熔岩型 5 大类。我国一般把温度高于 150℃的称为高温地热，主要用于发电。

中高温地热当属西藏地区丰富且高品质的地热资源，有各类地热显示区（点）600 余处，处于全球地热富集区，发电潜力约为 3 GW。

中低温地热资源集中在河北、天津、江苏、福建、广东、江西等地，可作为供热之用。

3）干热岩

干热岩也称增强型地热系统（EGS），或称工程型地热系统，一般温度大于 200℃，埋深数千米，内部不存在流体或仅有少量地下流体的高温岩体。国内多地发现干热岩资源：2017 年我国青海共和盆地 3 705 m 深处钻获 236℃的高温干热岩体，广东阳江地区地深 4～10 km 处干热岩的温度范围约为 170～220℃[3]。

我国干热岩地热资源开发潜力巨大，最新统计表明 3～10 km 深度的地热资源总量为 2.09×10^{7} EJ，折合约 7.15×10^{14} t 标准煤。若按可利用资源 2%计，则相当于中国 2010 年全年能源消耗总量的 4 400 倍[4]。

4）海洋能

海洋能指的是海水中蕴含的热能，包括海洋表面层吸收并储存的太阳辐射能、海洋热流（通过海底从地球逸出的热量）、由海洋物质生成或其他形式的能量等。但真正可利用的海洋温差能资源主要取决于海水表层温度。

我国海域辽阔，按海水垂直温差18℃区域估计，可开发面积约3×10^3 km²，可利用的热能资源量达150 GW，主要分布在南海中部海域。南海诸岛水深大于800 m的海域约$(1.4\sim1.5)\times10^6$ km²，位于北回归线以南，太阳辐射强烈，表层和浅层水温均在25℃以上，500～800 m以下的深层水温在5℃以下，表深层水温差为20～24℃。

据初步计算，南海温差能资源理论储藏量为$(1.19\sim1.33)\times10^{19}$ kJ[5]，技术上可开采利用的能量（热效率取7%）为$(8.33\sim9.31)\times10^{17}$ kJ，实际可供利用的资源潜力（工作时间取50%，利用资源10%）装机容量约为(1.32～1.48)TW。

2.1.2　热能资源利用现状

热能资源的充分利用，体现着社会的进步、科技的创新和人类对未来能源可持续发展认识的升华。

2.1.2.1　工业余热利用

1）余热的特征

一般工业余热特点：中低温、资源分散、间歇波动、工作介质常常有腐蚀性和尘粒等共性问题[5]。无论哪种工业余热的利用都存在热能存储、传递、强化及热功转化等过程，同时要考虑不同于高品位能量利用以及干净工质的热能利用方面的新问题。

2）工业余热利用的三类方式

一是余热的直接热交换利用，即实现供热（利用余热加热）和供冷（利用余热制冷）。

二是余热的热功转换，即利用余热作为热力循环的高温热源来加热热力循环工质变为具有一定温度和压力的气体，进而工质进入膨胀动力装置对外做功，实现动力输出；或者余热工质直接进入膨胀机做功，实现动力输出。

三是余热的提质利用或综合利用，即通过热泵系统将余热提升至要求的温度后再进行供热和冷却，或与其他利用装置相结合实现综合利用。

2.1.2.2　地热发电

1904年意大利成功试验地热发电，将地热发电引入商业化领域。目前全世界地热发电站约有300座，总装机容量接近10 GW，分布在20多个国家，其中美国占40%。如美国的盖塞斯地热发电站，装机容量达2.08 GW[6]。

作为利用地热发电的全球领先企业以色列Ormat公司已建造和提供的地热电力设备装机容量超过0.8 GW，该公司自身还经营着总计约0.37 GW的地热发电设施[7]。太阳能、地热能、海洋能、热发电工质研究及应用举例如表2-2所示[8-9]。

表 2-2 太阳能、地热能、海洋能热发电工质研究及应用举例

<table>
<tr><th>能源</th><th>年份</th><th>研究者或单位</th><th>工　质</th><th>备　注</th></tr>
<tr><td rowspan="3">太阳热能</td><td>2005</td><td>希腊 D. Mandakos</td><td>R134a(CH_2FCF_3)</td><td>为海水淡化供电</td></tr>
<tr><td>2007</td><td>西班牙 Delgado-Torres
(二级朗肯循环)
西班牙拉古纳大学</td><td>甲苯或六甲基二硅氧烷
异戊烷
硅氧烷</td><td>作为高温级循环工质
作为低温级循环工质</td></tr>
<tr><td>2007</td><td>奥地利维也纳农业大学</td><td>R236ea、R245ca、R245fa、R600、R601a、RE134、RE245</td><td>对上述工质研究和应用</td></tr>
<tr><td rowspan="3">地热能</td><td>1978</td><td>日本北海道浊川地热田
九州大岳地热田</td><td>R114($C_2Cl_2F_4$)
异丁烷双工质 ORC</td><td>发电量 1 MW</td></tr>
<tr><td rowspan="2">2007</td><td>奥地利维也纳农业大学</td><td>R134a、R152a</td><td>认为临界温度较低为佳</td></tr>
<tr><td>美国伊利诺伊州立大学</td><td>氨水、R123、正戊烷、PF5050</td><td>R123、正戊烷的效率高
氨水的循环性能较好</td></tr>
<tr><td>海洋热能</td><td>1981</td><td>日本东京电力(TEPSCO)</td><td>R22 与氨对比，后者经济性好，但有毒，实验一般用 R22</td><td>100 kW 实验电厂建在太平洋瑙鲁国</td></tr>
</table>

西藏羊八井地热电站是我国地热发电的标杆。它于 1975 年 9 月 23 日发电成功。热水平均温度为 155℃左右，井口压力平均为 3～4.4 bar(绝对)(1 bar=10^5 Pa)。单井热水产量一般为 100 t/h，电站的热效率达到 6%。

根据西藏地热资源分布，作为"十三五"地热发电目标区域的高温地热田，其 11 处高温地热田发电潜力合计 830 MW，"十三五"期间有序启动总计 400 MW 装机容量规划或建设工作[10]。

2.1.2.3 干热岩地热发电

干热岩地热的提取流程是将低温水注入井内由热岩体加热，从生产井回收高温水和蒸汽，供发电系统。做功后的冷却水再注入井中，循环利用。利用干热岩热发电潜力极大。

1972 年美国在新墨西哥州北部 2 口井、深约 4 km 处开展干热岩实验。1974 年洛斯・阿尔莫斯国家实验室在芬顿山的 3 600 m 深井开展干热岩的研究，发电量从最初的 3 MW 拓展到 10 MW，揭示了干热岩的应用前景。

近年来，干热岩地热发电的理论和技术有了很大进展。自美国能源部宣布资助商业化干热岩地热发电的开发研究以来，已进行多次流水循环试验研究。20 世纪 90 年代的大规模流水循环试验的注水回收率在 75%～80%之间。2007 年德国建成欧洲第一座干热岩地热电厂，发电量为 2 200 kW·h。干热岩发电厂外貌如图 2-1 所示。

图 2-1　干热岩发电厂外貌

我国也积极开展干热岩发电试验，在藏南、川西、滇西、福建、华北平原、长白山等干热岩资源丰富地区选点，将通过建立 2～3 个干热岩勘查开发示范基地为推广干热岩发电积累经验。

2.1.2.4　海洋温差利用

海洋能是国际公认的最具开发潜力的能源之一。它被看作是从石化能源市场过渡到氢能的重要资源，包括海洋热能、潮汐洋流水力动能等。

1) 国内外海洋热能利用

海洋温差能发电的储能巨大，可供海洋能温差转换(ocean thermal energy conversion, OTEC)的发电储量为 10 TW。

美国、日本等海洋资源丰富的国家目前正在加紧研究应用海洋温差能发电系统。据估计，截至 2010 年，全球建成的海洋温差能发电站有 1 030 座[11]。部分海洋温差能发电站的简况如表 2-3 所示。

表 2-3　海洋温差能发电的示范性电站简况[12]

项目所在地	年份	规模与效果	备　注
古巴	1930	22 kW；开式循环，发电量小于耗电量	法国克劳德建岸式开式循环装置
美国夏威夷 MINI-OTEC 号发电船	1979	50 kW；氨工质，闭式循环；海水温差 21～23℃，净功率 12～15 kW，η 为 3%～5%	冷水管长 663 m/ϕ60 cm

（续表）

项目所在地	年份	规模与效果	备　注
瑙鲁实验电站（日本阳光计划）	1973—1981	25～100 kW，最大发电量 120 kW，净出力 31.5 kW，朗肯循环 η 为 3.44%；冷水管长 940 m/ϕ70 cm，海床深 550 m	开发 50 kW、75 kW、100 kW 容量发电设备；1996 年验证氨水工质及水面发电设备，采用聚乙烯水管
印度（东南部海面）	1997—1999	1 MW 成功投运 经仿真、评估后开发量可达（25～50）MW	1994 年研发氨水"上原循环"系统。该项目与日本合作开发
中国	2012	15 kW 装置由第一海洋研究所研发、成功投运	2008 年开展的"十一五"项目
中国台湾（东部沿海）	1989	建 5 MW OTEC 试验电站，红柴海水温差电站计划利用马鞍山核电站排放废热水（36～38℃）与 300 m 深海冷水（约 12℃）温差发电	冷水管长 3 200 m/ϕ3 m，海深 300 m；预计发电量 14.25 MW，净发电量 8.74 MW

2）海洋能发电

海洋温差能发电收益大，投资也大。作为一项高科技项目，受制于经济实力和海洋条件。目前只有少数国家具备领先的海洋温差能发电技术。

迄今为止，我国在海洋温差能发电的热动力循环方式、高效紧凑型热交换器、微型汽轮机、工质选择以及海洋能工程技术等方面已有较大发展。

1980 年代我国台湾红柴海水温差电站利用核电站排放废热水（36～38℃）与 300 m 深海冷水（约 12℃）进行温差发电。

1985 年广州能源所开展温差能发电的研究，建立容量为 10 W 和 60 W 的开式循环实验台。2004—2005 年天津大学开展混合式海洋温差能利用研究，采用 200 W 氨饱和蒸汽轮机（见图 2-2）；海洋研究所重点研究闭式循环，完成理论研究并设计 250 W 小型温差发电装置方案。

2008 年 4 月，我国启动了"十一五"国家科技支撑计划"海洋能开发利用关键技术研究及示范"项目。国家海洋局第一海洋研究所承担"15 kW 温差能发电装置研究及试验"的重要课题，使我国成为独立掌握该项技术的国家之一。在 6 个项目中取得的研究示范成果如下：100 kW 漂浮式、100 kW 摆动式波浪能发电，20 kW 海流能、150 kW 潮流式发电，15 kW 温差能发电及综合测试技术[13]。

2016 年 8 月 18 日，国务院在《"十三五"国家科技创新规划》中明确了要大力发展海洋资源高效开发、利用和保护技术。

3）温差能发电站布置

海水温差能发电布置形式分为岸边固定型（或岸基型）和海上型。

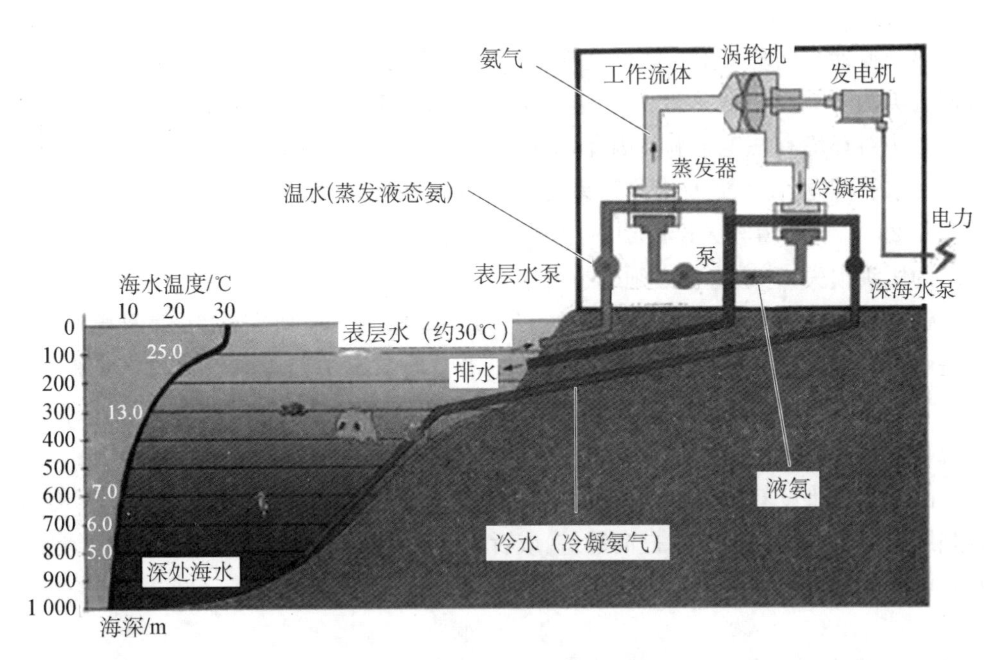

图 2-2　海水温差能发电原理图

发电装置设在岸上的称为岸基型，它将抽水泵延伸到 500～1 000 m 或更深的深海处；海上型又分成浮体式(包括表面浮体式、半潜式、潜水式)、着底式和海上移动式三类。

岸基型的冷水管线一般可分为 3 段：近岸段(水深至 15 m)可设置明沟内，防波浪和海流冲击；中段(水深至 100 m)用岩栓将管系固定在海床上，其间隔为 3～6 m；更远段为适应海床，宜将前段的两个端点系栓海床，其余悬浮呈倒链状，以适合海床地形。

4）技术应用

目前温差能发电的应用现状以闭式循环系统最为成熟，已达到商业化水准。但要提高发电效率，工质的性能是关键，虽然氨和 R22 较为理想，还需环保审视和评定。开式循环系统的难点在于低压汽轮机的效率太低。

热交换器的关键在于结构形式和材料。钛管虽然各方面性能好，但价格高。板式热交换器体积紧凑、传热佳且造价低，适宜采用。

采用洛伦兹循环的有机工质汽轮机适于在低温(20～22℃)下工作。它由两个与热源做无温差传热的多变过程和两个等熵过程组成，为变温条件下的理想循环，比卡诺循环更接近实际，使工质与热源温度变化保持最小温差。常采用氟利昂混合工质作为该系统的热载体。

海洋温差能发电尚存在下述若干技术难题，成为制约产业发展的瓶颈[14]。

热交换器表面容易附着海洋生物，使表面换热系数降低，严重降低整个系统的经济性。美国阿贡实验室发现，每天进行 1 h 的间断加氯，可有效控制生物体附着。但这种方法对环境有一定影响。因此，仍有待于寻找更合适的方法。

冷水管问题：冷水管是海洋温差能发电技术发展所面临的极大挑战。因为海水温差仅 20℃，要获得较大设计功率，需要大的冷、热海水流量。为了减少海水在管内流动的压头损失，管道直径必须选择得很大。

针对商业规模电站要求，美国、日本经过小型电站实验研究认为，大型电站的关键是解决低温差热源系统的转换效率。开式循环系统中低压汽轮机效率太低。另外，耐腐设备材料、自然条件、地理位置、发电站与负荷中心距离以及海洋风速、海浪、洋流等影响表面温度的因素都会对装置的整体效率和使用寿命带来直接影响。

由于工程难度较大，大部分电能消耗在抽水阶段，每千瓦投资成本约 1 万美元。若利用沿海电站的高温废水提高温差，或者与开发天然气水合物相结合，建大容量电站是可能的。

2.2 热交换技术

热交换是通过一侧的工质将其辐射热或者对流热量传递到另一侧工质的过程。影响热交换效率主要取决于采用的工质（烟气、水、水蒸气以及低沸点介质）和热交换器的结构设计。

2.2.1 热交换器

热交换技术不改变交换热能的形式，只是通过换热设备将外来热能直接传给自身工艺的耗能过程，是热能回收的有效方法之一。换热器包括传统结构的各种换热器、热管换热器和蒸汽发生器。通常由空气预热器、回热器等回收余热，以降低燃料的消耗，减少烟气排放，提高锅炉效率。各种换热器的特点如表 2-4 所示。

表 2-4 各种换热器的特点

<table>
<tr><th colspan="2">类 型</th><th>换热器特征</th><th>特 点</th><th>温度范围</th></tr>
<tr><td rowspan="2">间壁式换热器</td><td>管式换热器</td><td>不同流体在管壳内外进行换热</td><td>结构坚固、适应弹性大、材料范围广</td><td>适用于烟温大于 1 000℃，平均温差约 300℃</td></tr>
<tr><td>板式换热器</td><td>主体结构由换热板片以及板间的胶条组成，应用于液体-液体之间的换热</td><td>传热系数约为管式的 2 倍，传热效率高、结构紧凑</td><td>入口烟温约 700℃，出口温度 360℃</td></tr>
</table>

（续表）

类　型		换热器特征	特　点	温度范围
	同流换热器	气-气热交换器，主要有辐射式和对流式两类	体积较小、便于安装	允许入口烟温1 100℃以上，将助燃空气加热至400℃
	陶瓷换热器	一种新型的列管式高温热能回收装置，主要成分为碳化硅	导热性能好，强度高，抗氧化、抗热震性能好；寿命长，维修量小，性能可靠稳定，操作简便	适于1 550℃废热，可将助燃空气预热至815℃
蓄热式热交换器		冷热流体交替流过蓄热元件进行热量交换，属于间歇操作的换热设备，分为显热储能和相变潜热储能	相变潜热储能器热量输出稳定，换热介质温度基本恒定，系统运行稳定	显热储能器适于高中温，相变潜热储能器适于低温
热管换热设备		热管是一种高效的导热元件，通过全封闭的真空管内工质的蒸发和凝结相变过程和二次间壁换热来传递热量，储存和换热合二为一	导热性优良，传热系数高，具有良好的等温性，可控温度、热量输送能力强	实际应用的热管使用温度为50～400℃
余热锅炉		它是余热转换成蒸汽的换热器，利用烟气余热、化学反应余热、可燃气体余热等产汽，可用于工艺流程或并入管网供热或发电	余热锅炉把换热部件分散安装在工艺流程各部位，以节省空间	多应用于350～1 000℃烟气余热回收
高凝固点物料蒸馏余热锅炉		利用气相物料冷凝释放的潜热，采用立式与塔直接相连，或采用卧式通过管线与精馏塔分开放置	保证高凝固点物料安全操作，设备和管道不堵塞，又有一定量的低压蒸汽	凝固点为100～200℃的有机物料蒸馏过程

热交换器种类多，且有一定的使用条件。在各种工艺中选用的换热器应与生产条件、工艺流程相匹配。

2.2.2　低沸点工质

研究低温热能的利用离不开对热交换介质的研究和实践。吸收式热变换工艺的重要载体是低沸点工质。

所谓低沸点工质，是指在常压下动力循环系统中所采用的工质沸点比水沸点低的工质，通常应用在回收中低温热能的循环发电或制冷过程中。常见的低沸点工质有低相对分子质量的碳氢化合物(含1～5个碳原子)、各种碳氟化合物和氨等自然物质。

由于低温能源应用条件的特殊性与系统设备投资的关联性，低沸点工质的选择必须符合系统的热力性能、经济性和环保安全性等诸多应用条件。

不同的工质有不同的物性和技术特征。研究的应用工质大致归纳为如下几种：有机工质、无机工质和非共沸点工质。

1) 研究对象

现阶段低温发电技术的研究重点如下：

(1) 工质的热物理特性、环保性能和循环系统优化。

(2) 提高低温热能发电效率，包括混合工质循环、卡琳娜循环、回热、氨吸收式动力制冷循环等。

(3) 基于有限时间热力学的系统最优控制等。

2) 工质选择的基本要求

(1) 安全性：防易爆、无毒、无腐蚀性，如表2-5所示。

表2-5　一些无臭氧破坏能力的工质特性

工质代号	化学式	临界温度/K	临界压力/MPa	安全性	ODP[①] 消耗臭氧潜能值	GWP[②] 全球变暖潜力值
R718	H_2O	647.30	22.14	—	0	0
R717	NH_3	405.55	11.3	A3	0	0
R744	CO_2	304.26	7.3779	A1	0	1
HFC125(五氟乙烷)	CHF_2CF_3	339.18	3.62	A1	0	2800
HC29(丙烷)	$CH_3CH_2CH_3$	369.38	4.25	A3	0	20

① ODP，ozone depression potential(臭氧消耗潜能)。
② GWP，global warming potential(全球变暖潜能)。

(2) 环保性：臭氧破坏能力和温室效应低。

(3) 化学稳定性：避免使用温度下有机工质的热分解。

(4) 成本低廉和容易购买。

3) 综合性能

如何平衡工质热经济性、环保性和价格等因素是低温发电的重要课题。

20世纪80年代采用的有机工质对环境多有破坏性，如CFC类(指含氯、氟、碳的完全卤代烃)或易燃的有机工质如异戊烷。随着《京都议定书》和《蒙特利尔协议》生效，大部分有机工质被淘汰而选用环保型的HFC(含氢、氟、碳的不完全卤代烃)。

由于工质热物理性、工质传热特性、工质流动特性、工质环保特性(ODP/GWP)等对循环系统的性能影响较大,应用时必须选择合适的工质,以兼顾满足各项性能要求[15]。

(1) 最大限度地回收低温热能。尽量选用在低温液体加热段液体比热容低的工质,即在朗肯循环的 $T-S$ 图上趋向于潜热少、显热多的三角形循环的工质。汽化潜热小,与水热源温度相应的蒸发压力接近临界参数。

(2) 回收热能有效地转换成动力。参数匹配,系统所要求的温度范围内工质应具有匹配的参数特性及稳定性。冷凝压力稍高于大气压力,排气比容小;高端压力不高,工质相对焓降量大;工质凝固点小于环境最低温度。

(3) 利用工质超临界特性的优点,为系统提供多功能产品挖掘潜力。

(4) 动力装置必须运行可靠、维修简单。低沸点工质还应与设备材料和润滑油等具有良好的兼容性,易于输送和保存,环境友好。

4) 工质的热物理特性

工质依据膨胀做功后的蒸气湿度分为三类(见图 2-3)。

(1) 工质膨胀结束时进入湿蒸气区域的工质称为“湿工质”,水(R718)、氨(R717)属于此类。

(2) 工质膨胀结束时接近饱和线,即无液滴,过热度也不大,这种理想状态的工质称为“等熵工质”,其饱和蒸气线比较垂直或倾斜度很小。“等熵工质”有丙烷、丁烷、丁烯、R11、R12、R113、R114 及氟利昂等。

(3) 膨胀结束时的蒸气过热度仍较大的蒸汽工质称为“干工质”,即在温熵图上饱和气态线的斜率 $\frac{\Delta T}{\Delta S} \geqslant 0$ 的大多数有机工质,一般(氢)原子数目多的物质属于此类。

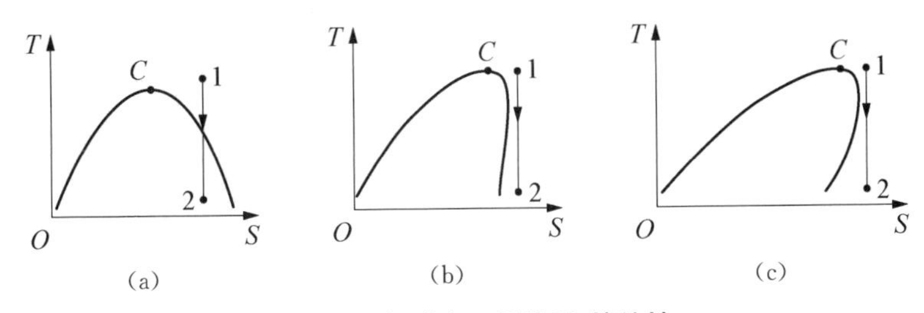

图 2-3　低沸点工质的温-熵特性

(a) 湿工质温-熵特性;(b) 等熵工质温-熵特性;(c) 干工质温-熵特性

5) 低沸点工质的热力特性

(1) 低温下得到较高的蒸汽压力,使其单位加热的蒸发量与汽轮机出口的排气比热容的乘积比较小。

(2) 低沸点工质液体的比热容与其汽化潜热的比值比水大,具有较大的比热容、导热系数、密度等;相对分子质量大、重度高,有利于小温差传热和低的系统流动阻力。

(3) 低沸点有机工质在其温-熵($T-S$)图上饱和蒸汽的斜率大于零或无穷大,也就是说,饱和蒸汽经汽轮机做功后的排气仍然处在过热区域的状态;对此系统需要在冷凝器前增设回热器,即前置冷却器。

6) 非共沸点工质的热力特性

从低温能源利用技术的发展来看,所采用的热变换载体由高沸点工质转向低沸点工质,循环系统以亚临界参数为基点向超临界参数拓展。充分利用低沸点工质的特点,与系统参数较好配合,既实现最大的经济效益,又大幅度地降低区域内的热污染问题。非共沸点工质有着工质气-液变温区特点。

根据理论分析:当系统温度低于 370℃时,水工质已不宜采用朗肯循环;从换热效率分析,有机工质蒸发潜热小,等温蒸发吸热占总热量的比例小,可减少换热不可逆损失。

随着环保型制冷技术的发展,人们利用非共沸混合工质相变时的温度滑移,实现较大温度变化的冷热源下的制冷循环,尽可能接近洛伦兹循环,以提高循环效率,并获得更多冷量。于是非共沸混合工质作为制冷剂受到特别关注。

非共沸混合工质在定压汽化区和凝结区实现饱和液体状态,但随着吸热温度的上升,露点温度也随之升高,相应的分压力也随之升高。由于低沸点的工质分压力升高快(汽化量多),抑制了高沸点工质分压力的上升速度,加速了其过热液体的汽化,所以饱和液温度曲线呈凹型上升,直至达到其全部汽化,与沸点低的工质气体组成混合气体为止。图 2-4~图 2-7 分别为不同压力、不同浓度下的泡点与露点的关系曲线。

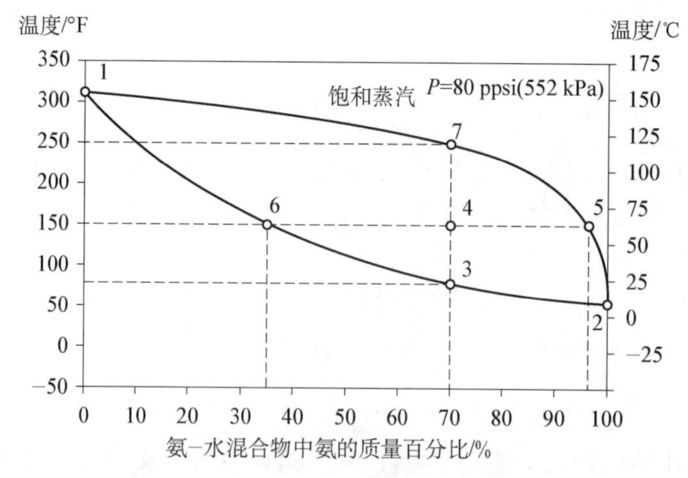

图 2-4　氨水浓度与蒸发段泡点和露点温度

(1 ppsi=6.894 76×10³ Pa)

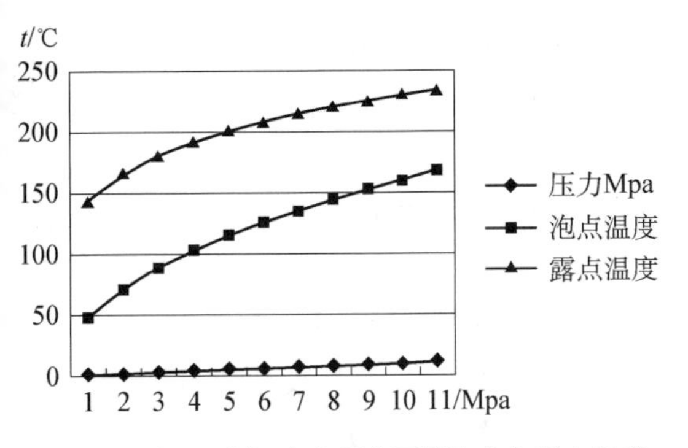

图 2-5　氨(70%)-水在压力下的泡点与露点温度

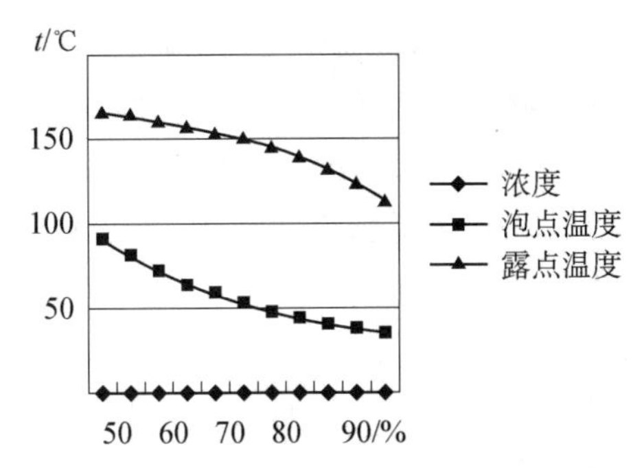

图 2-6　1.25 MPa 氨-水不同浓度下的泡点与露点温度

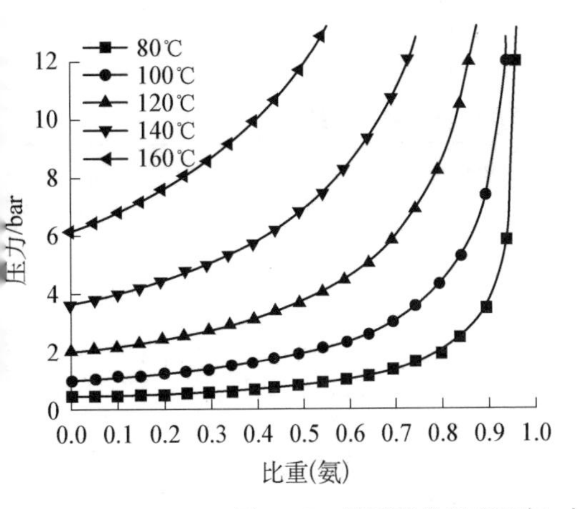

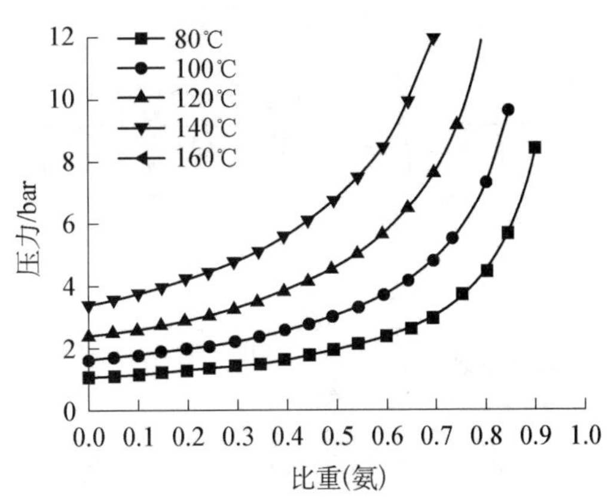

图 2-7　不同蒸发温度下氨-水混合物成分与泡点压力的关系

在变温蒸发区，最大泡点与露点的温差取决于高低沸点的温差。一般饱和气温与饱和液温的最大腹部之差与沸点高的工质占有的质量比有关。如质量比小，则腹部差距向左移，汽化线斜率增大，适合与变温热源相匹配；反之，适合与变温冷源相匹配，减少因传热温差带来的㶲损。但当沸点高的工质占有比小时，虽可适应陡降变温热源，却不能与平坦变温冷源相配合，从而又使放热传热㶲损增大。换言之，由于混合工质的露点较高，为满足与冷却水的最小传热端差，不得不提高排气温度，从而增大㶲损。

为此，提出了兼顾热冷源特点的两种非共沸工质及其最佳混合比。如美国联合碳化物公司采用的“60%吡啶(C_6H_5N)+40%水”的混合工质，吸取燃气轮机的367℃排气余热 ORC 发电，循环效率由 32%提高到 45%；采用“60% R12+40% R114”比纯 R12 热效率提高 13.6%，比纯 R22 提高 14.2%[16-17]。

7）超临界参数的工质特性

近年来，超临界二氧化碳的管内流动及换热特性引起业内关注。大量研究表明，超临界流体具有超常态的特性，其密度与液体很接近，又有气体的扩张性，表面张力为零，反应速度最大，热容量、热传导率等特性出现峰值现象。

在众多低沸点物质中，二氧化碳因廉价易得、蒸发潜热较低以及安全环保性而受市场青睐。自20世纪70年代末，超临界萃取技术在多个工业领域取得很大发展，实现了商业化[14]。二氧化碳作为一种自然制冷工质，具有良好的环保性能和流动传热特性。研究高效、结构紧凑、安全可靠的换热设备以及摸清二氧化碳跨临界循环系统的规律，深入展开相关项目的试验研究，成为近年来的研究热点。

众所周知，超临界流体在临界点附近的一个重要特征是热物性随温度变化非常剧烈，表2-6所示为二氧化碳流体参数对物性的对照。

表2-6　超临界二氧化碳流体与常规流体特性比较[18]

属　性	气态(常温常压)	超临界流体	液态(常温常压)
密度/(g/cm^3)	0.006～0.002	0.2～0.9	0.6～1.6
黏度/(mPa·s)	10^{-2}	0.3～0.1	0.2～3.0
扩散系数(cm^2/s^4)	10^{-1}	10^{-4}	10^{-5}

研究者在D形管换热器的研究中发现[19]：在二氧化碳准临界点附近，剧烈的变异性对对流换热的影响非常复杂。传热系数沿着流体流动方向先增后减，在流体主体温度达到临界温度之前达到最大值；局部传热系数随质量流量增加而增加，当质量流量达到最大值时其影响更明显，然而D形管内壁温度的变化却较为平缓。在考察冷却换热时，冷却水的质量流量变化对传热系数影响较小，先增后降的变化趋势相同。对于D形管的当量直径变化，局部换热系数也相向而行，管径较大者，传热系数增加明显。由此可见，超临界流体的特殊性值得深入研究和应用。

2.3　小温差传热

低沸点工质的热力特性决定其携带的能量品位低，导热系数、比热容、汽化潜热均比水小。在相同的换热条件下，其沸腾放热系数、凝结放热系数都要比水或水蒸气小得多，再则系统工质工作的温度范围小，无论是蒸发器或冷凝器实际上都必须工作在低于10℃的传热温差之下，尤其是海洋温差发电系统中甚至只允许4℃传热温差。

为此必须要求低沸点介质的换热器强化传热及最佳化，以提高低温热发电系统的经济性。

2.3.1　换热表面对传热性能的影响

根据热力学理论，提高中低温热源利用效率的主要途径是强化传热、减少换热器传热温差。由换热器传热计算公式 $Q=KF\Delta t$ 可知，增大传热系数 K 值、减少传热面积 F 是兼顾项目经济效益的积极措施。

无论是蒸发器或冷凝器，控制传热的主要因素是低沸点工质相变放热的热阻，大幅度提高工质沸腾和凝结的放热系数是高效、小温差换热器的研究方向。在同样的热负荷下纵向波纹管比光管的凝结放热系数提高 4.5～7 倍；若采用双面纵向波纹管时，还可以强化管内的单相对流换热，使强制对流放热系数提高 13%[20]。图 2-8 所示为两种管型的凝结放热性能。

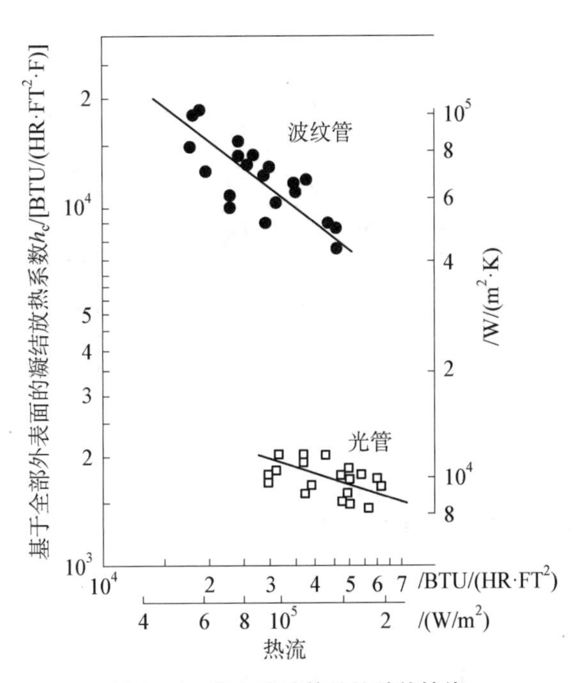

图 2-8　纵向波纹管凝结放热性能

[BTU/(HR · FT² · F)为英制热导单位，1 BTU/(HR · FT² · F)=1 W/m² · K]

对于采用异丁烷的纵槽管的换热表面，得到的凝结放热系数比光管高 4 倍以上。图 2-9 所示为不同表面的沸腾放热性能，图 2-10 为纵向波纹管沸腾放热性能。此外，换热器的污垢热阻不容忽略，由于有机工质中漏入润滑油的缘故，其引起的热阻约占总热阻 15%～25%。

图 2-10 所示为在给定冷热源参数及载热体流量的条件下，对不同型换热器的工作性能进行比较。由比较可知，采用纵向小温差热交换器的性能更优越，循环热效率提高 38%，功率提高 44%，蒸发器热面积减少 29%，冷凝器面积减少 28%。

在换热器中，铝制板翅式换热器有较高的传热系数：强制对流空气为 30～300 kcal/(m² · h · ℃)；强制对流油为 100～1 500 kcal/(m² · h · ℃)；沸腾水为 1 500～30 000 kcal/(m² · h · ℃)。而一般的板翅式换热器存在缺点包括使用温度不超过 200℃、易堵、忌腐蚀介质。

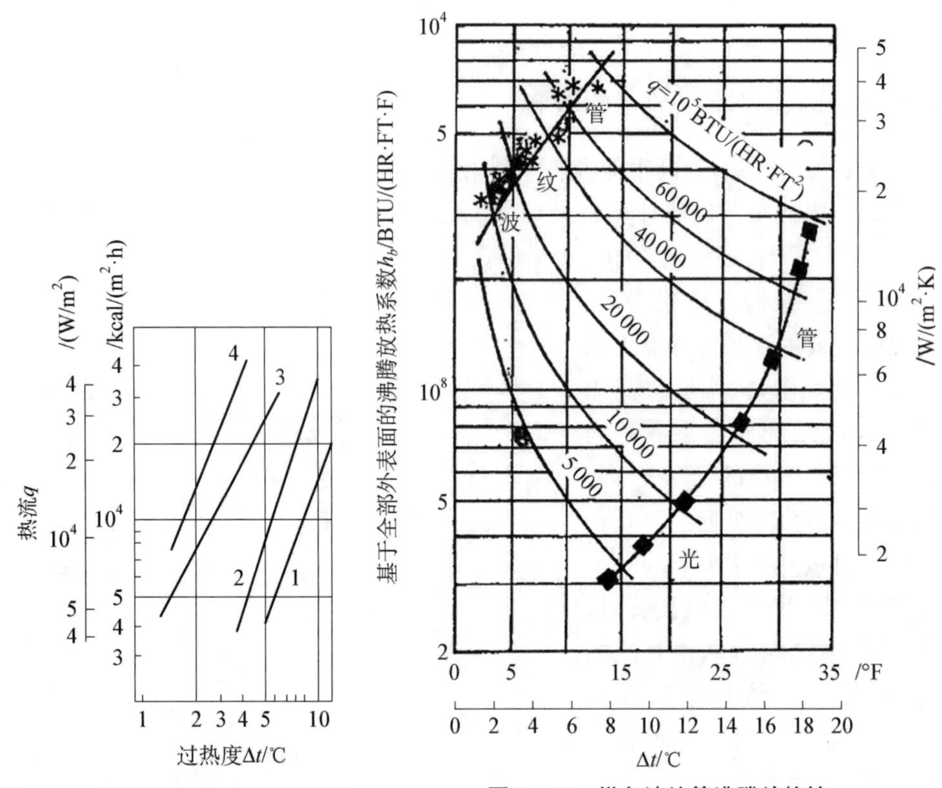

图 2-9　不同表面的沸腾放热性能

1—光管；2—粗糙管；3—烧结管；4—光敏电阻

图 2-10　纵向波纹管沸腾放热性

2.3.2　电场力强化传热

早在 1916 年，英国学者 Chubb 发现在流体中施加电场能够强化传热的现象。直到 1960 年 Bochirol 等人重新研究电流体动力学(electro-hydrodynamics, EHD)强化传热。随着低温能源的开发，EHD 因强化传热、功耗低、易于控制表面热流等优点，被誉为“第二代主动式传热技术”，成为研究的热点。目前，EHD 强化传热技术处在实验为主的研究阶段[21]。主要研究内容包括确定换热系数与外加电场的关系、在电场中流体的受力分析、应用数值模拟对 EHD 强化传热进行研究。

相关研究者在空气-蒸气强化传热的实验装置上验证 EHD 的传热特性。

实验换热器参数：额定蒸气温度为 152℃，额定压力为 0.4 MPa。电极布置：0.4 mm 细铜丝作为线电极，电极间距为 5 mm，内管和外管分别接地。高压电场由高压静电发生器产生，操作电压为 0～30 kV，操作电流为 5 mA。数据采集：研华 16 位

ISA总线数据采集卡 PCL-818L。在外加电压为30 kV时，由实验的努塞尔数 Nu 与雷诺数 Re 的关系(见图2-11)可知，在有无电场的情况下，光管与横纹管的趋势线相同。在电场作用下，小 Re 数流体的换热系数有较大增加；Re 数约为2 000时，横纹管的换热系数是无电场的2倍；随着 Re 数增大，两种管型换热系数趋近。

由 Re 数为4 000时的曲线图上看出，随着外加电极电压升高(见图2-12)，电场强度增强，空气离子化程度越高，流场中的自由电荷受到库仑力的作用也越大，由此垂直于流动方向的径向扰动也越强，导致强化系数提高。

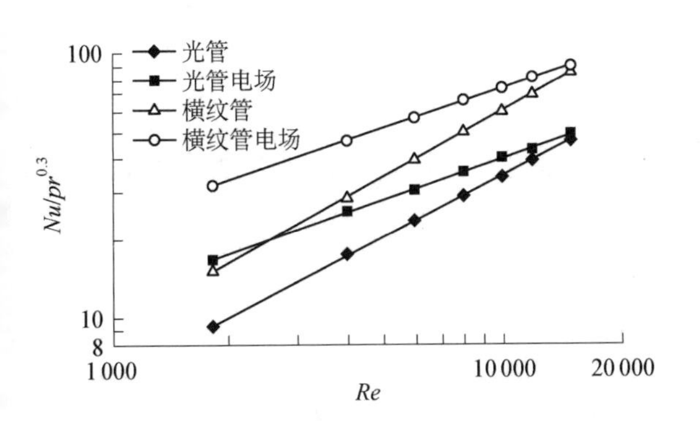

图2-11　努塞尔数与雷诺数的关系曲线

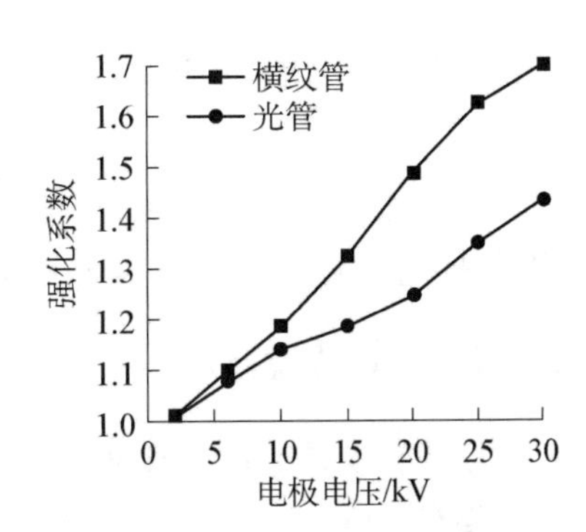

图2-12　强化系数与外加电压的关系曲线(Re=4 000)

研究指出，在 Re 为4 000、外加电场电压为30 kV、电极间距为5 mm的情况下，横纹管和光管的最大强化率依次为1.7和1.43；当外加电场电压大于15 kV，传热强化系数随电压的升高而迅速升高，但是当 Re 大于10 000后，电场强化传热作用不是很明显。对有、无电场及数值模拟情况下壳程压力波动信号的动力学研究表明，在有外加高压电场时，换热器传热系统较易进入混沌，从而强化传热。

另有研究者在管内油介质的层流流动换热试验中采用内插螺旋线圈和外加高压电场两种强化技术，进行复合强化换热实验研究。实验发现电场强化换热(EHD)以非常小的能耗取得相当好的强化效果。内插螺旋线圈强化管可以强化层流对流换热约1倍左右；采用高压电场强化换热技术，换热强化率可再提高4倍左右；而油温、流速对换热强化率没有显著影响，换热强化特性基本取决于外加高压电场[22]。也有研究发现，采用EHD技术对垂直管内的沸腾换热有明显的强化效果；低热流密度时，强化效果较好，增大热流密度时，强化效果减弱；当热流密度维持不变时，强化系数随着电场电压的增大而增大[23]。

2.3.3　换热器的热阻理论

关于换热器中的传热计算，总存在约束条件下的优化和效率的问题，长期以来一直困扰着设计者。有专家通过热学与其他物理分支学科的比较,提出了温差场的均匀性原理和“火积”的概念[24]。在对流换热中,速度和温度梯度是传热的两个驱动力。这两个“力”的夹角越小,“合力”就是越大。由于速度和温度梯度都是场,是驱动力场之间的协同,也称之为场协同。于是用比拟找到了新的物理量,用热量乘上温度再除 2,即称为“火积”。也就是热量的能量称为“火积”。输入和输出的“火积”之比就是传热效率;场协同好,可使得“火积”耗散最小。该理论为换热器的优化设计指出了明确的方向。

2.4 低温热力循环系统

低温热源的利用一直是困扰工程实施的难题,也是对动力装备热力循环系统降能耗、提高低温资源利用率的挑战。

2.4.1 余热转换技术

热功转换是通过回收利用余热转换成电能的一种技术。目前,低温余热发电技术主要有热电效应转换技术、斯特林和爱立信(Ericsson)循环技术、低温水蒸气朗肯循环技术、ORC 循环以及卡琳娜循环技术。热功转换技术是现在使用较多的可以方便地传输和使用低品位余热的技术,但所需设备复杂、技术较难[25]。

目前,国内余热发电使用的是低温水蒸气朗肯循环系统,它包括单双压蒸发、闪蒸和补燃发电技术,主要优点是系统结构相对简单、经济性好、对环境的污染小[26]。低温余热发电技术仍然存在许多不足之处,需要进一步优化,如调整低温余热发电系统中的热力学参数、减少余热锅炉漏气的热损耗、优化余热发电与工业生产的关系等。有研究者通过对传统吹炉余热锅炉的改造,使用背压式饱和蒸气发电机组代替降压减压阀,实现了余热锅炉减压过程中蒸气余热的回收利用。

2.4.2 热电效应转换

所谓的热电效应,是当受热物体中的电子(空穴)随着温度梯度由高温区往低温区移动时,所产生电流或电荷堆积的一种现象。而这个效应的大小则是用称为热电能(thermopower)Q 的参数来测量,其定义为 $Q=E/\mathrm{d}T$(E 为因电荷堆积产生的电场,$\mathrm{d}T$ 则是温度梯度)。从原理上说,在热电材料的两端维持一个温差,就能产生电功率输出。最早把这种发电模式实用化的国家是苏联,他们在边远地区利用煤油灯或木材燃烧作为热源为家用无线电接收机供电[27]。

热能发电功率范围从几瓦到数百瓦。热能发电作为一种有效的余热发电技术手段受到越来越多的关注。一般来说,余热资源丰富的有冶金、化工、发电、石化等行业。最普遍的形式是管道热水或废气，尤其是携带热量的液体。与直接燃烧燃油产生高温不同，通常废热载体的温度很少超过 120℃，因此加在热电材料两端的温差只有数十度到 100℃左右。在这个工作温度范围，目前热电转换效率最高的材料是碲化锡类。因此，可以采用现有的标准化的热电制冷模块作为发电的热偶单元。

低品位工业余热温差发电系统结构如图 2－13 所示，该系统由储热系统、导热油循环系统、温差发电机组、循环冷却水系统和电能输出控制等系统组成。储热系统由储热罐组成，储热罐体中的储热介质可与不同形式的热源进行热交换，将低品位工业余热储存起来，其传热介质为 320 号导热油。导热油的传热效率高、散热快、热稳定性优异、沸点高、可在较低压力下获得较高温度，从而作为 200～400℃的工业传热介质被广泛应用。其工作流程：工业余热通过换热器使导热油的温度上升，经过循环泵使导热油循环流动，从而使温差发电片的高温侧温度升高，在低温侧则通过循环水进行降温。

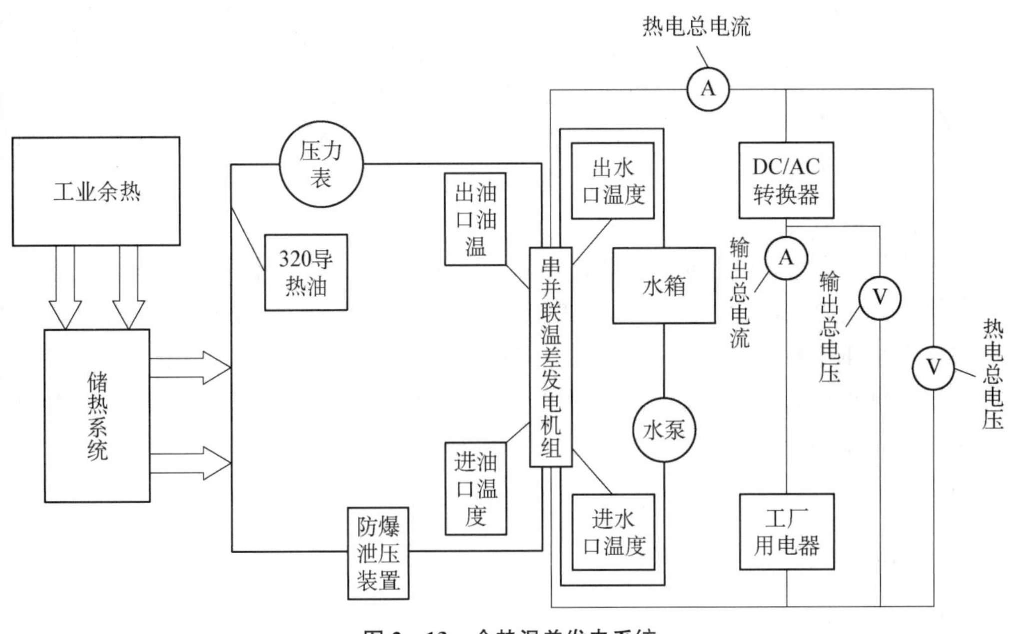

图 2－13　余热温差发电系统

当冷热端温差为 260℃时，热油式温差发电器的最大输出功率可达 160.05 W 直流电。按 95％的 DC/AC 转换效率计算，单个热油式温差发电在 260℃温差时可输出 152.05 W 交流电。

日本大阪大学与英国威尔士大学合作研究大规模利用工业低温余热以产生兆瓦级电功率的项目。该项目研究以钢铁厂冷却水为热源，温度约为 100℃，冷端亦用循环冷却水，在冷热两端产生 60～80℃温差。该研究表明输出功率与水量、输出电流均有关系，在匹配条件下可实现最大的输出功率。该样机采用碲化物材料作为转换元件。从经济性评估看，其关键同样取决于热电转换元件的价格与使用寿命。

2.4.3 斯特林循环和爱立信循环

由于回收大量存在的中低温余热资源的热交换技术的经济性较差，因而被回收的热量可能无法满足工艺流程提出的要求。热功转换技术则与热交换技术不同，通过将余热转换为电能，提高了余热能量的品位，且更便于输送和使用，能有效地克服热交换技术存在的不足，成为工业余热回收中的重要技术。

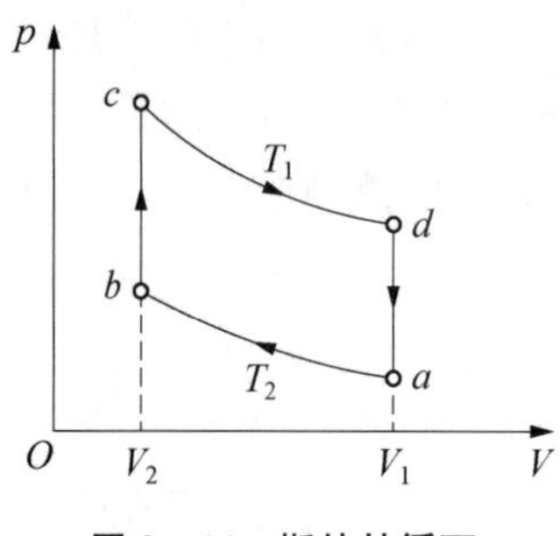

图 2-14 斯特林循环

如图 2-14 所示，斯特林循环是由等温压缩、等容加热、等温膨胀以及等容放热四个过程组成的闭式循环。爱立信循环的过程与之相似，但是加热过程与斯特林循环不同，是由等温压缩、等压加热、等温膨胀、等压放热四个过程组成。尽管爱立信和斯特林循环理论上的循环效率较高，但上述循环为了实现整个部件的可逆传热，需要提供无限长传热时间和无限大换热面积，这在实际过程中很难达到[26]。目前斯特林循环和爱立信循环主要应用于高温热源驱动的 500～900℃的 50 kW 以下的小装机容量系统。

水蒸气朗肯循环已经应用了几百年，技术发展成熟，是发电设备采用的最广泛形式。值得一提的是，水蒸气朗肯循环也能用于低温热能发电，双压蒸发、复合闪蒸或汽轮机中间补气等应用于水泥余热发电的技术是其中的典型代表。但是因为余热发电过程中热源的温度比较低，并且受到应用对象规模和水蒸气自身热物性等因素的影响，从系统效率、经济性以及系统稳定维护性考虑，水蒸气朗肯循环主要应用于中高温大装机容量 300～750℃的机组[28]。

2.4.4 有机朗肯循环

1924 年首次开始对有机朗肯循环进行研究，有人针对有机朗肯循环以二苯醚作为循环工质进行了探讨。20 世纪 70 年代，国内外学者开始关注低温余热资源的价值。其中，对有机朗肯循环开展了较为深入的研究工作。

1) ORC 原理

有机朗肯循环(ORC)是一种特殊的朗肯循环，以有机液体替代水作为热机的工质，回收中低品位热能。ORC 系统以热量输入，电能输出，系统(见图 2-15)主要设备包括蒸发器、汽轮机、冷凝器、储液罐、循环泵等。由于 ORC 发电系统利用 300℃以下的中低温余热，因而有更好的应用优势[29]。

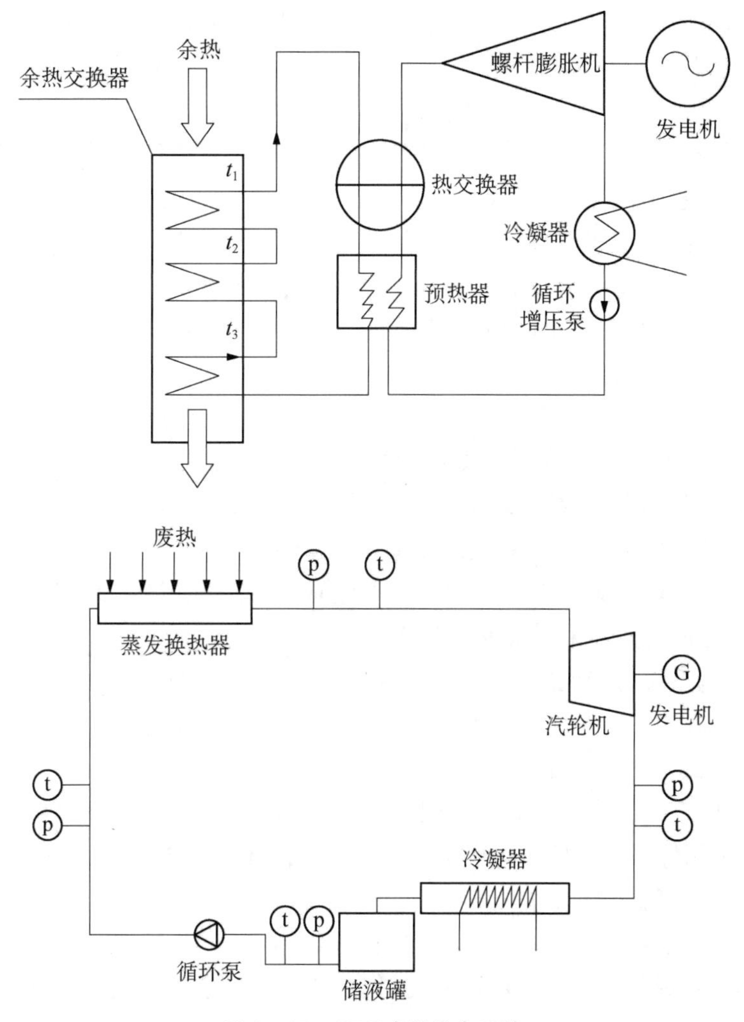

图 2-15　ORC 余热发电系统

ORC 系统循环 $T-S$ 图如图 2-16 所示：冷凝后的流体由循环泵加压到预定压力(1—2)，余热载体在蒸发器与有机循环工质间壁式逆流换热(2—3—4—5)。工质吸热蒸发后进入汽轮机做功(5—6)，做功后的工质在凝汽器里凝结成液态(6—7—1)，再通过工质循环泵进入预热器预热，最后又回到蒸发器里形成一个循环。

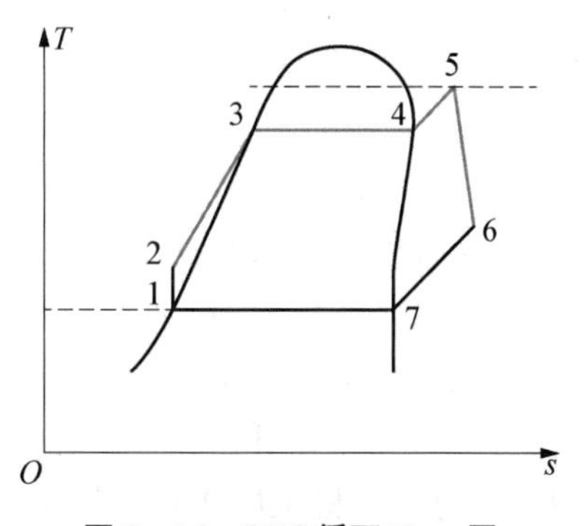

图 2-16　ORC 循环 $T-s$ 图

2) 示范应用

一些国家利用 ORC 回收余热的技术应用在

工业余热、地热发电等领域。日本三井造船公司于1981年在日新钢建立了利用340℃炉窑废烟气的ORC余热电厂，装机14 MW，实际运行热效率和㶲效率分别达16.1%和48.2%[30]。

美国机械技术公司就化工工艺装置平均温度(120～220℃)的余热源以及以可用发电的余热规模(1 500～3 500 kW)，设计了R131为工质的ORC系统[31]。以色列ORMAT公司早在20世纪80年代就开始生产超过300 kW规模的ORC发电机组，于1999年在德国Lengufrt水泥厂建成了世界首座水泥厂ORC纯低温余热发电站，回收熟料冷却机约275℃的废弃烟气余热，热效率为14%，输出功率为1 400～400 kW，可用率为98%[32]。

1987年，天津大学热能研究所成功研制出我国第一台两相地热双循环发电的小型试验装置(5 kW)[33]，此后天津大学继续对双螺杆膨胀机的性能、调节方法、设计、加工及组装技术进行了系统的理论和实验研究，并于20世纪90年代初进行了功率相当于400 kW的单循环发电系统工业试验并取得成功。

国内ORC低温发电系统有1993年建成的那曲地热电站，其引进以色列ORMAT公司的机组，装机容量为1 MW。

ORC发电系统与传统的水蒸气发电系统相比主要优势如下：

(1) 与水蒸气发电系统相比，ORC发电系统的有机工质的声速低，在低叶片速度时能获得有利的空气动力配合，在50Hz时能产生较高的汽轮机效率，不需要装齿轮箱。ORC发电系统设备转速低，噪声也小。

(2) 可采用螺杆膨胀机替代汽轮机，其结构相对传统汽轮机简单得多，额定功率小，尤其适用于低温能源动力机。

(3) 可套用系列小汽轮机。有机工质蒸气比热容、焓降小，故所需汽轮机的尺寸(特别是汽轮机末级叶片的高度减小)、排气管道尺寸及空冷冷凝器中的管道直径均较小。

(4) 如使用直接混合换热，则可选取与有机工质氟利昂不相容，且不会发生化学反应的导热油，采用油与有机工质氟利昂直接接触热交换的方法，可进一步提高换热效率。

(5) 在缺水地区，优先使用空气冷却的冷凝器。ORC电厂使用的空冷冷凝器要比水蒸气电厂使用的空冷冷凝器的体积小得多，价格也低得多[34]。

3) ORC工质超临界参数对系统效率的影响

低沸点工质的超临界参数与亚临界比较，超临界工况在理论上有着系统温度匹配等优势。国内研究者对工质(如R113、R115、R21、R11)的热力特性进行探索和比较，分析有机工质在超临界工况下朗肯循环低温余热发电系统的热循环效率[35]。表2-7为不同有机工质在超临界工况下与水工质的热效率比较[36]。

表2-7　不同工质热效率

名称	水	正戊烷	异戊烷	五氟丙烷	正丁烷	六氟丙烷	异丁烷	七氟丙烷	四氟乙烷	丙烷
工质代号	R718	R601	R601a	R245fa	R600	R236fa	R600a	R227ea	R134a	R290
热效率/%	5.15	16.11	16.06	15.43	15.11	14.20	14.72	12.81	13.24	13.12
计算条件	汽轮机进口温度100℃,凝结温度30℃									

文献[34]以HFC125(五氟乙烷)工质为例进行比较,计算条件:蒸发压力为3.8 MPa、进汽机温度为75.25℃、冷凝温度为25℃,取加热器温差为10℃,忽略管道阻力及散热,算得85℃以上的热源就可以循环,其热效率为11.55%。

由表2-7可见ORC循环效率高于水2~3倍。在超临界工况下不存在亚临界定温蒸发段的吸热过程,纯工质从超临界的过冷液体吸热到大于临界温度的流体,其吸热的变温过程能很好地与余热源变温特性匹配,做功后的工质压力降低到亚临界状态,故凝结的相变过程在定压、定温下完成,这与环境冷源定温特性也能较好吻合,所以采用工质的超临界循环在理论上能较好地逼近变温热源驱动下的理想循环。

4)典型的设备流程图

图2-17为典型ORC循环系统。图2-18为一种典型的汽轮膨胀机,利用工质在汽轮机叶片流道中流动时速度的变化来进行能量转换,工质气体在汽轮膨胀机的通流部分中膨胀获得动能,并由工作叶轮轴端输出轴功,因而降低了膨胀机出口工质的内能和温度。对于径流式向心汽轮机,工质气体流动方向从周向进入,沿着叶轮直径方向流向叶轮圆心然后沿轴向排气。

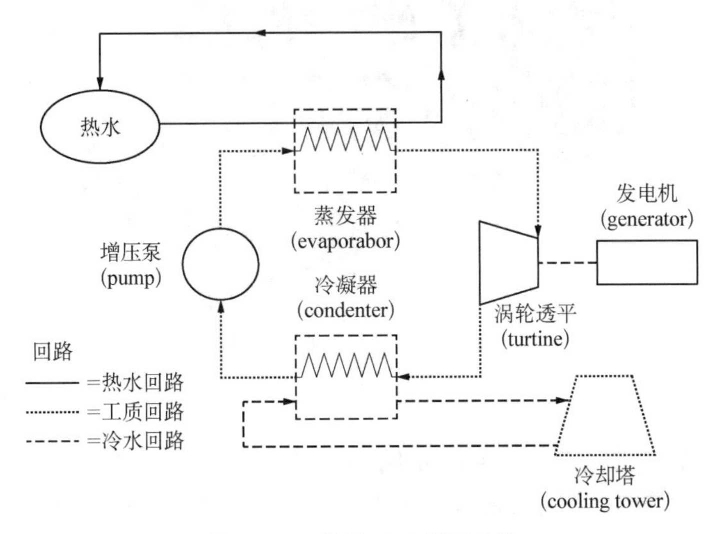

图2-17　典型ORC循环系统

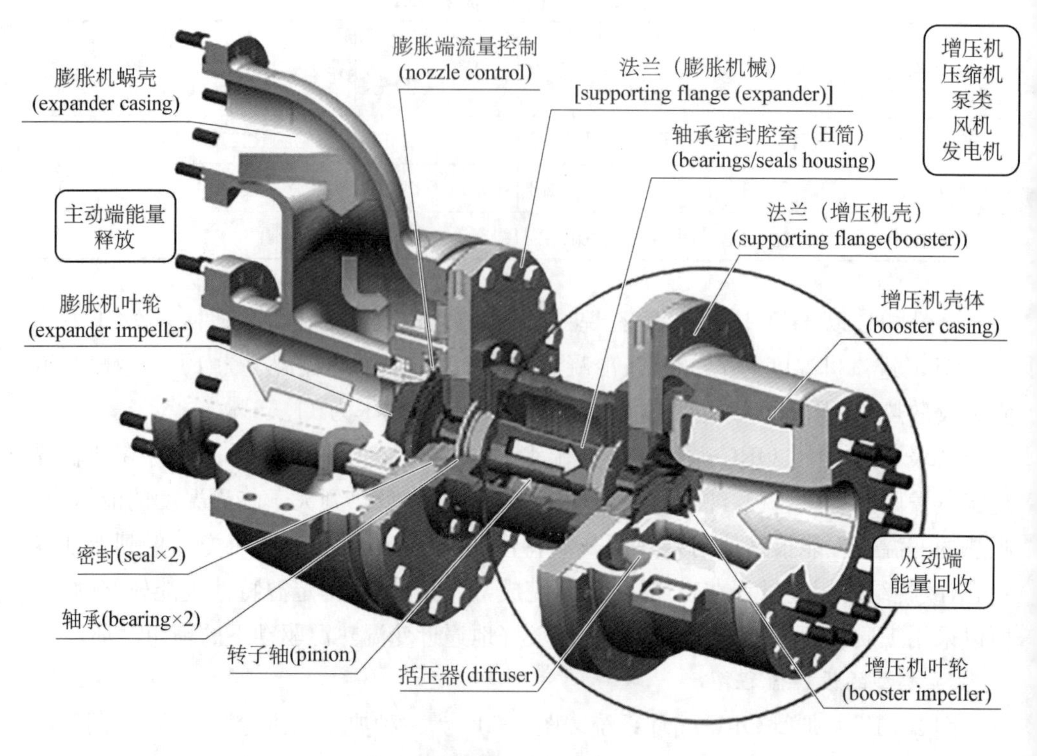

图 2－18　汽轮膨胀机示图

5）应用案例

某公司尿素车间具备 80 万吨/年的尿素生产能力，但其系统设计不合理，余热资源没有利用。对该车间进行改造后如图 2－19 所示，2 套 1.2 MW ORC 汽轮发电机组回收余热发电，每年可发电近16 GW·h；同时还节省冷水系统的水耗量。

图2-19　ORC装置外形图

ORC装置选择有机工质制冷剂R245fa。这种制冷剂是一种新型环保型安全工质，非常适合低温热能回收系统，其热力学性质不同于常用的HFC制冷剂，能最大限度地提高ORC循环效率和系统经济性；相比许多碳氢化合物工质或氨水工质，其具有良好的安全性、低毒性，且不可燃、无腐蚀，其臭氧消耗潜能值(ODP)为0，全球变暖潜能值(GWP)为950，是一种环境友好性工质。

系统由143℃水加热ORC有机工质，使之成为具有一定过热度的高压蒸气，进入发电机组发电；排放的低压蒸气，进入ORC系统的冷凝器，冷凝液进入储液罐，再通过工质泵循环。其工质性能如表2-8所示。

表2-8　工质性能

化 学 名 称	1,1,1,3,3-五氟丙烷
分子式	$CF_3CH_2CHF_2$
闪点	无
沸点(1.01 bar)	15.3℃/59.5 ℉
凝固点(1.01 bar)	−107℃/−160 ℉
液体热容/[kJ/(kg·K)]	1.36
蒸气热容/[kJ/(kg·K)](常压1.01 bar)	0.893 1

2.4.5　卡琳娜循环

卡琳娜(Kalina)循环是一种以朗肯循环为基础，利用氨-水混合物作为工质的新颖、高效的动力循环[37]。

1) Kalina技术原理

1981年A. I. Kalina提出了控制氨水混合工质浓度的动力循环(见图2.20)。通过在系统上增加一个分离器和一个回热器，将凝汽器分设为高压和低压两部分，以便调节沸点低的工质占有比。汽轮机排气先经回热器放热降温，再与由分离器分离出来的水气(经节流阀降压后)混合稀释后形成"基本工质"(氨占有比较少)进入低压凝汽器凝结，使之与冷却水升温线相匹配。由于降低了混合工质的露点，从而降低了汽轮机排气压力。

与传统水蒸气朗肯循环相比，卡琳娜循环可以利用温度更低的余热资源，如地热水、工业废热水等，并且维持不错的循环效率。原则上卡琳娜循环是在朗肯循环基础上发展起来的一种"升级技术"，即将"纯"的循环工质改进为氨和水的混合物，伴随而来的还有循环过程的改变。

使用卡琳娜循环，具有以下 3 方面的优点：

(1) 在蒸发过程中工质变温蒸发，减少工质吸热过程的不可逆性，降低了热源的排烟温度，提高了热源的利用率，改善了循环性能。

(2) 冷凝过程中的基本工质含氨较少，减少了混合工质在冷凝过程中的不可逆性，抑制了混合工质在动力循环"冷端"部分的不利因素，同时实现了在较低压力下工质完全冷凝的问题。

(3) 利用内部回热技术，将汽轮机排气的部分余热用于分馏过程所需能量，既解决工艺用热，又节约了能量。

2) Kalina 技术的研究

借鉴国外研究的示范成果，国内在 20 世纪 90 年代开始了卡琳娜循环技术的应用研究。东南大学的研究者在 120 kW 样机上试验获得初步成功。试验证明，采用非共沸混合工质的 Kalina 循环是开发中低温热源动力回收的最有效途径之一。然而 Kalina 循环在循环参数与热源种类、初温的匹配、混合工质的组成、浓度优化控制、传热特性、流量、循环装置的调节变工况运行及热经济学仍需要进一步研究，ORC 装置的密封泄漏、系统设备制造技术以及政策管理等问题也有待进一步探讨。

虽然 Kalina 循环的理论分析性能指标比纯有机工质的性能指标高，但由于氨-水混合液蒸发过程的复杂性未能获得降低传热温差的期望值，而换热系统的复杂性导致热力性能的下降，再则对低温发电系统性能评价不一，如系统热力性能与环境结合的"能耗污染综合指数"、表征系统多目标统一量化的"综合性能指标"等，缺乏总能系统的统一的评价体系，Kalina 循环的推广应用还需更深入的研究和示范，尤其是政策的激励措施。

根据氨-水混合物的物性，以 5 000 t/d 新型干法水泥生产线为研究对象，运用仿真模拟，研究不同热源温度下 Kalina 循环系统的工质参数匹配。计算结果表明，Kalina 循环系统比 Rankine 循环系统发电功率提高 20.4%，热效率绝对值提高 2.66%，效率达到 44.31%[38]。在 5 000 t/d 水泥生产线的烟气热源条件下，Kalina 循环与常规 Rankine 循环余热发电对比如下。

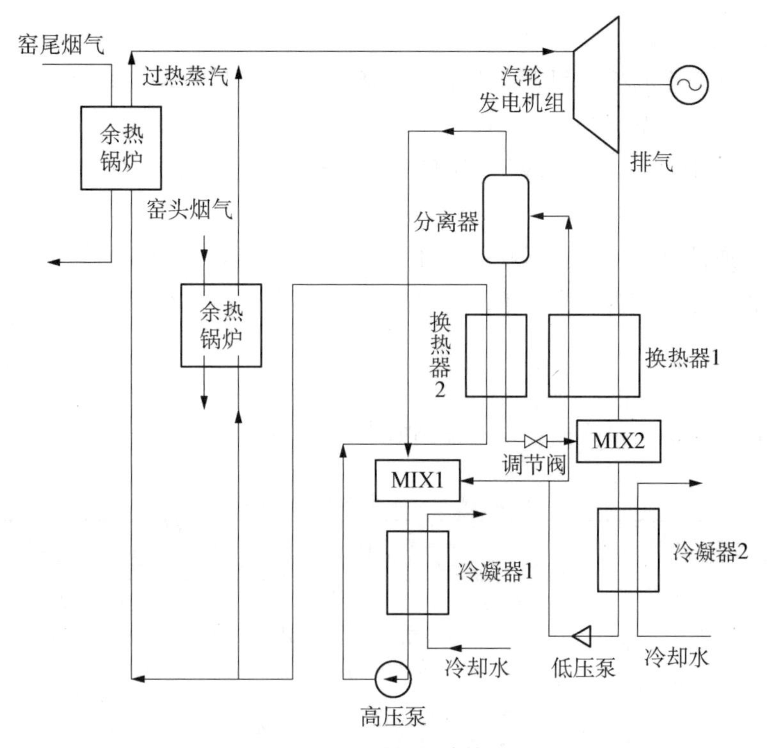

图 2-20　循环系统简图

(1) 当汽轮机进口压力大于 5.25 MPa 时，Kalina 循环发电量刚开始大于朗肯(Rankine)循环实际发电量；蒸气压力为 12.25 MPa 时，Kalina 循环相比 Rankine 循环多发电 1 492.12 kW。

(2) 当压力低于 6 MPa 时，Kalina 循环氨-水工质泡露点温度较低，吸放热传热温差较大，工质吸热曲线与烟气放热曲线匹配性不佳，余热锅炉总可用能损失较多。

(3) 高压的 Kalina 循环与实际工程采用低压参数的 Rankine 循环比较，存在系统设备与管道配件的投资增大，投资回收期延长等问题。

(4) 烟气温度降至 200℃，宜采用低沸点有机工质循环(ORC 循环)进行余热回收发电。

由于 Kalina 循环吸放热传热温差减小，传热和冷却换热器的受热面积加大，按照欧洲标准，Kalina 循环系统投资比 Rankine 循环增加 1.3 倍，单位发电量投资增加 45%～50%，投资回收期延长 5～8 年。针对国内情况，Kalina 循环的投资将为 Rankine 循环的 2 倍左右。因此，Kalina 循环系统及装备的商业化还需深入研究。

有研究者提出新型氨吸收式动力-制冷复合循环，以精馏分离器(布置有塔顶冷凝器和塔底再沸器)代替闪蒸器，利用分离的浓氨水作为制冷剂，经节流降温后蒸发吸热，实现功冷并举。其与 Kalina 相比，循环总能利用率由 14.5%提高到 19.5%，效率由 31.2%提高到 31.6%[39-40]。

制冷循环产生的冷量用于动力循环冷凝过程，以降低汽轮机排汽压力，提高汽轮机出力。这种中低温混合工质的联合循环，与常规的混合工质动力循环相比，汽轮机排汽由 0.44 MPa 降到 0.17 MPa，循环平均放热温度由 79.2℃降到 39.9℃，总能利用率由 10.3%上升到 13.4%，效率由 40.8%提升到 53.3%。

通过正逆耦合循环，使得制冷系统的高温热源充当动力系统的低温热源，而动力系统的排热换热器成为制冷系统的高温驱动热源，两者的有效整合，提高了动力循环系统的整体经济性。

3）案例

一些运行中的卡琳娜循环电站案例如表 2-9 所示。

表 2-9 卡琳娜循环电站案例

项目	规模	技术参数	备 注
美国卡诺加公园(Canoga Park)联合循环电站	6.5 MW 初装 3 MW(余热发电)+后增燃机(尾气余热)，构成联合循环	氨气轮机进口：流量31 450 lb①/h，氨气浓度 0.70，温度 960℉②，压力 1 600 ppsi；氨水冷凝温度 16C，冷凝压力 0.148 MPa，冷却水水温 11℃；发电机出线端 3.05 MW	(1) 3 MW 卡琳娜循环于 1991 年建成，1992 年 8 月全面投运； (2) 卡琳娜循环为底部循环，由 HRVG(余热回收蒸发系统)、AVTG(氨气轮发电机组)、DCSS(分馏冷凝系统)等子系统组成
冰岛胡萨维克地热电站	2 MW (实际功率 2.130 MW)	124℃地热水流量 90 kg/s，冷却水温度 5℃；蒸发器出口 121.2℃，干度 0.74；汽轮机进口 32.5 bar，$X=0.946$；分离器稀氨溶液 $X=0.472$；汽轮机排气压力 5.6 bar；喷淋混合后 $X=0.821$，干度 0.29；实际功率 2 130 kW，冷却水 5℃	(1) 2000 年 6 月安装完成； (2) 启动时蒸发器通地热水，投入循环冷却水；氨气加热蒸发，走旁路系统，直到额定参数，汽轮机进气阀打开，发电机组冲转并网，升负荷运行； (3) 采用管壳式蒸发器，方便管子结垢后清洗
日本福冈市 Rankine/Kalina 联合循环装置	4.5 MW(实际发电功率 4.179 MW)	废热回收 Kalina 发电采用 KCS33 系统，氨水浓度 $X=0.72$，蒸汽流量 5.78 kg/s，$t=191$℃，$t_{冷}=20$℃	1998 年建成
德国安达赫治(Unterchaching)地热电站	净功率 3 MW (3.731 MW)	地下水产量 150 L/s，温度 122℃；回水温度 65.6℃，冷却水温度 9.4℃	(1) 2009 年 2 月投运； (2) 生产井：井深 3 350 m，回灌井：井深 3 300 m，回灌直径 6 in(即 406 mm)

（续表）

项目	规模	技术参数	备　注
日本富士炼油厂	3 MW(3.876 MW)	蒸气流量 4 t/h，温度 134.78℃，热水流量 33.925 kg/s，温度 116.3℃，热水温度 73℃，冷却水 30℃	2006 年投产
日本住友金属公司鹿岛卡希马钢铁厂	3.5 MW(实际功率 3.8 MW)	废热源温度低于 100℃，88%氨和水的混合物，热水流量 1 300 t/h 温度 98℃，回水 76℃，冷却水 18℃	(1) 1999 年建成投运； (2) 采用 KCS 34 系统
中石化海南炼化	3 MW (1 不投工况/ 2 投工况)	(1) 热源条件(采用 KCS34 系统) 入口温度 113/118℃；出口温度 57.5/70℃；流量 456/784 t/h (2) 冷源 流量 2 426/3 506 t/h；入口温度 33℃，出口温度 43℃	(1) 2017.11 投运发电； (2) 2 工况为不投/投邻二甲苯工况； (3) 输出功率：1 299/3 070 kW；效率：4.4%/7%

① lb，质量单位，1 lb＝0.453 592 kg。
② ℉，华氏温度，华氏度＝32℉＋摄氏度×1.8。

2.5　余热制冷

除了将余热直接进行热利用之外，也可通过余热转化及回收装置将工业生产过程中的废热转化为可供吸收式制冷机组工作的驱动能源并实现制冷。传统压缩制冷是电能的转换过程。压缩机将蒸发器内所产生的低压低温的制冷剂气体（如氟利昂）吸入汽缸内，经压缩后成为压力温度较高的气体排入冷凝器。之后冷凝成液体，再经调压阀节流降压进入蒸发器，此时低压制冷剂气体汽化吸收蒸发器内的热量而降温[41]。但是，压缩过程需要消耗较大电能。

2.5.1　溴化锂制冷

余热制冷是一种吸收式制冷节能技术。利用低位热能，例如 0.8 Pa 压力的蒸气，或 60℃以上的热水以及利用工业废气余热作为制冷的热能补偿。

吸收式制冷一般是指用溴化锂作为工质，溴化锂溶液只是吸收剂[42]，其中水才是真正的制冷剂，利用水在高真空下低沸点汽化，吸收热量来达到制冷。它能制取 0℃以上的冷媒，适合制备空调所需冷冻水。来自发生器的高压水蒸气在冷凝器中冷却为高压液态水。通过膨胀阀后成为低压水蒸气进入蒸发器。在蒸发器中，冷媒水与冷冻水进行热交换而发生汽化，带走冷冻水的热量后成为低压冷媒蒸气进入吸收器，被吸收器中的溴化锂溶液（又称浓溶液）吸收，吸收的热量送入吸收器由冷却水带走，吸收后的溴化锂水溶液（又称稀溶液）由溶液泵送至发生器，通过与送入发生器中的热源（热水或蒸气）进行热交换而使其中的水汽化，重新产生高压蒸气。同时由于溴化锂的蒸发温度较高，稀溶液汽化后，吸收剂则成为浓溶液重新回到吸收器中。这一过程实际上包括了两个循环，即制冷剂（水）的循环和吸收剂（溴化锂溶液）的循环，只有这两个循环同时工作才能保证整个制冷系统的正常运行。溴化锂制冷机组的一个主要特点是节省电力。从其制冷循环中可以看出，它的用电设备主要是溶液泵，电量为 5～10 kW，这与压缩式冷水机组相比是微不足道的。

吸收式制冷装置由发生器、冷凝器、蒸发器、吸收器、循环泵、节流阀等部件组成，工作介质包括制取冷量的制冷剂和吸收、解吸制冷剂的吸收剂，两者组成工质对。

2.5.2 氨制冷

浓氨水溶液在发生器中被加热，分离出一定流量的蒸发冷剂，进入冷凝器中冷却，凝结成液态[43]；液态冷剂经过节流降压，进入蒸发器，在蒸发器内吸热蒸发，产生冷效应，冷剂由液态变为气态，再进入吸收器中；另外，从发生器流出的稀溶液经换热器和节流降压后进入吸收器，吸收来自蒸发器的冷剂蒸气，吸收过程产生的浓溶液由循环泵加压，经换热器吸热升温后，重新进入发生器，如此循环制冷。

氨水吸收式制冷以自然存在的水或氨等为制冷剂，对环境和大气臭氧层无害；以热能为驱动能源，除了利用锅炉蒸气、燃料产生的热能外，还可以利用余热、废热、太阳能等低品位热能，在同一机组中可以实现制冷和制热（采暖）的双重目的。整套装置除了泵和阀件外，绝大部分是换热器，装置运转安静，振动小；同时，制冷机结构简单、安全可靠、安装方便。在当前节能降耗与保护生态环境的形势下，吸收式制冷技术以其特有的优势见长。

2.5.3 应用余热制冷的特点

（1）节能。利用遗弃的工业余热制冷，提高了能源利用率。在具有合适的余热资源而又需要冷量（适合溴化锂吸收式制冷提供的温度水平）的场所，尤其是需要在不同季节交替供暖与制冷负荷的场所，应优先考虑采用余热制冷。

（2）工业余热的合理利用是个复杂的问题。对于拥有多种余热资源的企业应通过整体“总能系统”的分析，把握梯级利用能源的原则来实施。

（3）不同类型的溴化锂吸收式制冷机组，其性能及市场价格不同。选用时，原则上应该将高品位工业余热尽量用于双效、三效及多效的溴化锂吸收式制冷机组。

三效机组的热力系数为 1.67～1.72，热源温度范围为 200～230℃。由于热力系数的显著提高，当有合适热源时可选用三效机组。对于两级吸收溴化锂吸收式制冷机组，因其热源为 70～80℃热水，这为低品位余热利用开辟了一个重要途径。目前，吸收式制冷[44]正向着小型化、高效化的方向发展。吸收式制冷已经成为制冷技术的主要发展方向之一。

2.6　热泵

目前低品位余热回收存在热回收困难以及利用难度大等诸多问题。通过热泵技术能够提高余热的品位实现质的提升，或者提高余热的利用效率实现量的扩大，还可以将余热回收并入工艺流程，使其在区域供热和供冷方面发挥作用。余热利用有多种热泵(见表 2－10、图 2－21)可供选择[45]。

表 2－10　热泵参数规范

热泵类型	压缩式	吸收/吸附式		化学热泵 (属于增温型)
		第一类	第二类	
余热品位	低品位	低品位	余热品位递增	反应物吸热分解反应，吸收低品位余热
热源温度/℃	—	80～150	70～100	
输出温度/℃	55～100	70～95	100～150	150～200

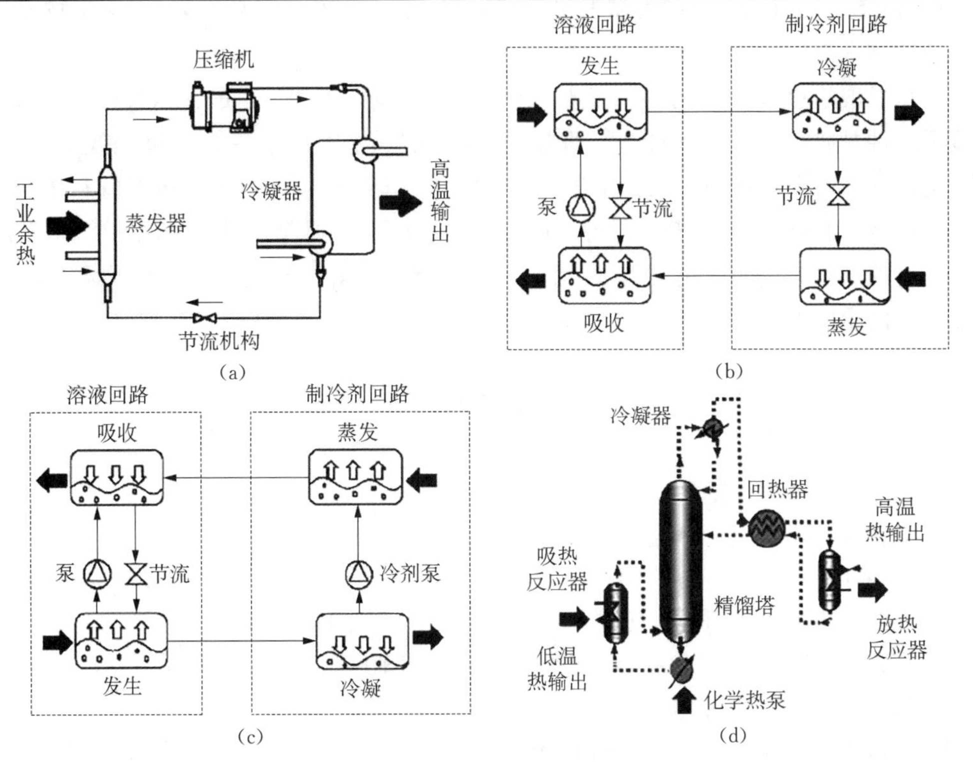

图 2－21　热泵类型示意图

(a) 压缩式热泵；(b) 第一类吸收式热泵；(c) 第二类吸收式热泵；(d) 化学热泵

国内关于余热回收高温压缩式热泵技术的研究主要集中在高校。上海交通大学利用混合工质将冷凝水从70℃加热到90℃，同时结合太阳能发电技术，针对压缩机频率和COP的关系开展了一系列研究[45]。西安交通大学设计搭建了余热回收高温热泵系统测试平台，采用压缩机喷油冷却技术，有效控制了螺杆压缩机在高温工况下的排气温度，使得出水温度达到85℃，在此基础上开发出制热量700 kW的油田余热回收高温热泵机组和制热量420 kW的印染工艺用高温热泵机组，并进行了实际应用。天津大学研究了混合工质BY3和BY4的热力学特性，并研究开发出水温度可达100℃的高温热泵机组[46]。合肥通用机械研究院分析研究了高温热泵用压缩机，并进行了实验测试，得到了良好的应用效果。

我国的吸收式热泵和制冷技术最早由上海第一冷冻机厂和中船工业七〇四所等单位共同引进并进行研究。早期研究主要集中在制冷方面，直到1990年才由上海交通大学、上海第一冷冻机厂和上海溶剂厂共同研制出350 kW第二类吸收式热泵并通过鉴定，然而产品并没有得到产业化应用[47]。经过上海第一冷冻机厂和江阴溴化锂制冷机厂的研究，以及远大和双良等公司的诸多技术改进，目前我国吸收式热泵行业已经具备了直燃式、热水式和蒸气式机组的设计加工能力，可根据应用场合需求设计出两级、单效和双效等不同类型的机组，逐步形成了完善的产品系列，推动了技术的产业化和标准化。

从发展趋势来看，对于压缩式热泵，热泵工质、输出温度、容量、能效、可靠性与温度适应性是研究的主要方向[48]。吸收式热泵在技术推广中存在的问题是效率低、热源适应能力和温升能力有限。化学热泵需要进一步突破化学热泵热效率低和稳定性不足的技术瓶颈，并验证其可靠性。同时在热泵技术的耦合应用方面，不同温区及应用场合的热泵广谱化应用准则，以及热、电、冷、储、运等综合需求的网络化利用是未来研究的重要方向。

参考文献

[1] 吴金星. 工业节能技术[M]. 北京：机械工业出版社，2014.

[2] 张正敏. 工业二次能源（余热）的计算方法[J]. 中国能源，1977，1：40－46.

[3] 贡晓丽. “一带一路”引导下中俄能源合作保障能源安全[J]. 能源研究与利用，2015，5：14－15.

[4] 杨丽，孙占学，高柏. 干热岩资源特征及开发利用研究进展[J]. 中国矿业，2016，25(02)：16－20.

[5] 何雅玲. 工业余热高效综合利用的重大共性基础问题研究[J]. 科学通报，2016，17：1856－1857.

[6] 马伟斌，龚宇烈，赵黛青，等. 我国地热能开发利用现状与发展[J]. 中国科学院院刊，2016，31(02)：199－207.

[7] 钱伯章. 以色列积极开发可再生能源[EB/OL]. [2010－01－06]http://newenergy. in-en. com/html/newenergy-548892. shtml.
[8] 郑浩，汤珂，金滔，等. 有机朗肯循环工质研究进展[EB/OL]. 能源工程，2008，4：5－11.
[9] 王友才. 陆上式 100 千瓦海水温差实验电厂评价[J]. 海洋技术学报，1985，1：65－74.
[10] 高小荣. 做地热能开发利用的领军企业[J]. 中国石化，2018，11：54－55.
[11] 杨鹏程，章学来，王文国，施敏敏. 海洋温差发电技术[J]. 上海电力，2009，22(01)：38－41.
[12] 高祥帆，游亚戈. 海洋能源利用进展[J]. 中国高校科技与产业化，2004，6：36－39.
[13] 夏登文. 海洋能开发利用关键技术研究与示范重点项目[J]. 中国新技术新产品，2008，6：63－65.
[14] 李伟，赵镇南，王迅，等. 海洋温差能发电技术的现状与前景[J]. 海洋工程，2004，2：105－108.
[15] 陶邦彦. 低沸点工质在热机中的应用技术. 2013 年火电厂污染物净化与绿色能源技术研讨会暨环保技术与装备专业委员会换届(第三届)会议论文集[C]. 成都：中国动力工程学会环保技术与装备专业委员会，2013.
[16] 马文智，李建刚. 中低温热源的动力回收[J]. 汽轮机技术，1992，1：19－28.
[17] 姚煜东，王金民，郭晓洁，等. 超临界二氧化碳技术产业化若干问题的探讨[J]. 染整技术，2007，3：8－10.
[18] Wang H Z, Shen Z H. Shale gas exploitation with supercritical CO_2 technology [J]. Engineering Sciences, 2012，10(4)：1－3.
[19] 张丽娜，刘敏珊，董其伍. 超临界二氧化碳 D 型管内对流换热研究[J]. 机械设计与制造，2010，7：102－104.
[20] 王维城，朱明善，倪振伟. 低温能源开发中的高效小温差换热器[J]. 清华大学学报(自然科学版)，1980，3：69－77.
[21] 黄岗，罗小平，高贵良. 换热器 EHD 强化空气对流传热及其动力学分析[J]. 石油机械，2008(07)：7－10.
[22] 刘振华，易杰. 电场和螺旋线圈复合强化管内强制对流的实验[J]. 热能动力工程，2002(05)：475－477，541－542.
[23] 安恩科，姜富明，魏敦崧，等. 高压直流电场强化垂直管内沸腾传热试验研究[J]. 同济大学学报(自然科学版)，2001，5：560－563.
[24] 过增元. 对现有热学理论的思考. 中国科学技术协会学会学术部. 新观点新学说学术沙龙文集 38：热学新理论及其应用[C]. 北京：中国科学技术协会学会学术部，2010.
[25] 刘鹏博，王发辉. 工业余热利用技术研究概述[J]. 现代制造，2016，27：75－75.
[26] 任庚坡，任春江，魏玉剑. 余热利用技术与应用[J]. 上海节能，2009，5：2－7.
[27] 刘晓宇. 新型钴基氧化物热电材料的制备及其性能研究[D]. 长春：长春理工大学，2011.
[28] 和婷. 中低温热水发电系统及效率分析[J]. 中国新技术新产品，2015，4：68－69.
[29] 于立军，朱亚东，吴元旦. 中低温余热发电技术[M]. 上海：上海交通大学出版社，2015.

[30] Hirakawa Y, Suuzki T. 14 MW ORC plant insatlled nippon steel. Organic Rankine Cycel. 1982:45 - 49.

[31] 顾伟,翁一武,曹广益.低温热能发电的研究现状和发展趋势[J].热能与动力工程,2007,22(2):115 - 119.

[32] Legmann H. Recovery of industrial heat in the cement industry by means of the ORC process. IEEE-IAS/PCA 2002 Cement Industry Technical Conference [C]. Jackson Ville. FL, USA:2002.

[33] 董胜明.工业余热 ORC 发电系统应用研究[D].天津:天津大学,2013.

[34] 王华,王辉涛.低温余热发电有机朗肯循环技术[M].北京:科学出版社,2010.

[35] 严家騄,苏志军.部分低沸点工质热力性质图表编制,工程热物理学报[J], 1991,5:113.

[36] 黄晓艳,王华,王辉涛.超临界有机朗肯循环低温余热发电系统的分析[J].工业加热,2009,38(03):22 - 24.

[37] 聂晶.基于朗肯循环和卡琳娜循环的中低温余热动力循环分析[J].制冷,2015,64(3):40 - 44.

[38] 黄锦涛,彭岩,郝景周.5 000 t/d 水泥窑 Kalina 循环余热发电系统应用[J].沈阳工程学院学报(自然科学版),2010,6(01):6 - 9.

[39] 金红光,郑丹星.分布式冷热电联产系统装置及应用[M].北京:中国电力出版社,2010.

[40] 陈宜,韩巍,孙流莉,等.一种基于正逆循环耦合的低温制冷系统[J].工程热物理学报,2015,36(10):2077 - 2082.

[41] 王正明,申朝晖,胡进考.余热制冷技术[J].冶金能源,1996,4:49 - 52.

[42] 黄志坚,袁周.热泵工业节能应用[M].北京:化学工业出版社,2014.

[43] 高攀.基于温焓关系的中高温热泵非共沸工质的循环特性分析[D].天津:天津大学,2007.

[44] 盛颖.基于高温热泵再生的转轮除湿空调机组的设计与性能研究[D].天津:天津大学,2013.

[45] 王如竹,王丽伟,蔡军.工业余热热泵及余热网络化利用的研究现状与发展趋势[J].制冷学报,2017,38(2):1 - 10.

[46] Yan T, Wang R Z, Li T X, Experimental investigation on thermochemical heat storage using manganese chloride/ammonia [J]. Energy, 2018,143:562 - 574.

[47] 李志红.溴化锂制冷节能技术的应用[J].化工设计通讯,2018,44(10):133 - 134.

[48] Wu S, Li T X, Yan T, et al. Experimental investigation on a thermochemical sorption refrigeration prototype using EG/$SrCl_2$-NH_3 working pair [J]. International Journal of Refrigeration, 2018,88:8 - 15.

第3章 储能技术

储能系统的基本任务是克服在能量供应和需求之间的时间性或者局部性差异，最大限度满足供给与需求侧在时间、空间或强度上的不匹配所造成的缺口，确保达到全系统的平衡。储能技术是通过装置或物理介质将能量储存起来以便以后需要时使用的技术。电网的调峰调频、可再生能源发电的大规模开发利用和智能电网的建设，构成了储能技术应用的主要驱动力。储能技术是实现智能电网信息互动化、大量兼容可再生能源电力和平衡能源供需关系的关键，能在很大程度上解决新能源发电随机性和波动性的缺陷，使得大规模可再生能源电力平滑输出且可靠地并入电网。

3.1 概况

储能系统在电网中具有以下功能：

（1）实现发电能量管理和负荷调节。

（2）辅助供电功能，频率响应调节，作为旋转备用容量、备用电源，进行无功功率控制。

（3）提高输配电系统稳定性，抑制电压冲击、凹陷、振荡等。

（4）促进可再生能源利用，实现智能电网大容量电力储能、电能质量控制、潮流灵活控制。

储能技术的多样性，与其容量、功率、响应时间等技术特性以及与系统的相关经济性关联密切。按照储存介质进行分类，储能技术可以分为机械储能、电气储能、电化学储能、热储能和化学储能等几大类。机械储能主要有重力势能储能（抽水储能）、压缩空气储能和飞轮储能等，前两者可以用于大规模的储能，而飞轮储能更适合用于中间存储。电气类储能主要有超级电容器储能和超导储能。电化学类储能主要包括各种二次电池，如铅酸电池、锂离子电池、钠硫电池和液流电池等，这些电池大多技术上比较成熟，近年来成为关注的重点，并且获得了许多实际应用，其缺点是相对成本较高。化学储能主要是指利用氢或合成天然气作为二次能源的载体。热储能是将热能储存在隔热容器的介质中，在需要时可以将存储的热能转化回电能或者直接利用热能。储热利用技术有着悠久的发展历史，一直来实际应用主要处在低品位热能的储存和利用。各种不同储能技术各有优缺点，在实际应用中，需要经过综合比较和研究来选择合适的储能方式，各种储能技术特点和成本如表 3－1 和表 3－2 所示[1]。本章主要讲述储热技术和压缩空气储能技术。

表 3－1　各种储能技术特点一览

储能技术		额定功率/响应时间	特　点	应用范围
抽水储能		100～2 000 MW/4～10 h	容量大、出力变化率快、运行费用低，受制于地理环境条件	负荷调节、调频和系统备用
飞轮储能		5 kW～5 MW/15 s～15 min	高效、响应快、寿命长、成本高	调频调峰、UPS 及改善电质量
压缩空气储能		100～300 MW/6～20 h	大容量，受制于地理环境条件；小容量，采用多个受压容器	调频调峰、系统备用、再生能源配合使用、分布式储能
电池储能	锂电池	1 kW～10 MW/1 min～9 h	能密度高、寿命长、成本高、安全性差	改善电能质量、备用、电动汽车
	钠硫电池			适合电力储能
	液流电池	5～100 kW/1～20 h	响应快、高输出、充放电转化率高、自放电率低，能密度低	改善电能质量、备用电源、可再生储能、EPS、调峰
	铅酸电池	1 kW～50 MW/1 min～3 h	成本低、寿命短、易污染环境	改善电能质量、备用、黑启动
	金属空气电池	1～10 kW/数小时	结构紧凑、能密度很高、充电性不佳、效率低	改善电能质量、中小型移动电源、便携电源
超导磁储能		10 kW～20 MW/1 ms～5 min	功率高、能密度低、成本高	利于输配电稳定、电能质量调节
超级电容器储能		1～100 kW/1 s～1 min	储能大、充放电速度快、能密度低、放电时间短	高峰值功率、低容量的场合
相变储能		kW 级/数小时	能密度大	制冰蓄冷、熔盐储热

表3-2　储能技术成本一览

成　本	抽水蓄能	压缩空气蓄能	电池储能	飞轮储能	超级电储能	超级磁储能
投资成本/(美元/千瓦)	1 500～3 000	550～1 250	1 085～2 500	350	300	300
固定运维成本/[美元/(千瓦·时)]	5	15	250～800	7.5	5.5	25
可变运维成本/[美元/(千瓦·时)]	0.5	1.7	1.0	4	5	20
建设周期/年	5	3	0.5～2	—	—	—

国际能源署(IEA)于2010年制定了《能源技术路线图改进和实施指南》，于2014年发布了《储能技术路线图》，主要内容包括调查能源系统中储能的优点并分类；探索新的方法，使得在利用储能优势的同时降低成本，识别实施部署中的障碍；对其他技术进行竞争分析[2]。2011年欧盟委员会提出《能源技术材料战略规划》(*Materials SET Plan*)，在《低碳能源技术材料路线图》中详细描述了未来10年欧盟将推进11项能源技术发展的关键材料研究和创新活动。日本在"氢能生产、运输与存储技术路线图"中指出，制氢由水解、化石燃料产氢到发展可再生能源制氢和光催化制氢，可以极大地节约成本。

如图3-1所示，据中关村储能产业技术联盟(CNESA)项目库不完全统计，截至2016年底，全球投运储能项目累计装机规模168.7 GW，同比增长2.4%。其中电化

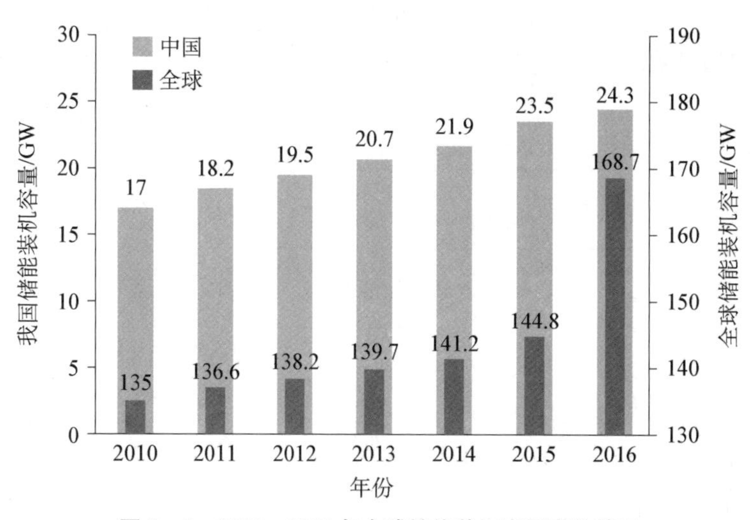

图3-1　2010—2016年全球储能装机容量变化情况

学储能项目的累计装机规模达 1 769.9 MW，同比增长 56%。据 IEA 预测，2030 年，世界可再生能源发电量由 2006 年的 3.47×10^{12} kW·h 提升到 7.7×10^{12} kW·h。电力市场对储能产业有着相当大的牵引力。

我国电力储能技术的研究起步较晚，但发展空间很大。“十三五”期间，力争完成 2.2 亿千瓦火电机组灵活性改造(含燃料灵活性改造)，提升电力系统调节能力 4 600 万千瓦。优先提升 30 万千瓦级煤电机组的深度调峰能力。改造后的纯凝机组最小技术出力达到 30%~40%额定容量，热电联产机组最小技术出力达到 40%~50%额定容量；部分电厂达到国际先进水平，机组不投油稳燃的纯凝工况最小技术出力达到 20%~30%[3]。我国在《关于促进储能技术与产业发展的指导意见》(发改能源〔2017〕1701 号)中提出发展规划，即第一阶段实现储能由研发示范向商业化初期过渡；第二阶段实现商业化初期向规模化发展转变，并在资金方面支持采用多种融资方式，鼓励引导社会资本向储能产业倾斜。

在“十三五”期间，我国将建成一批不同技术类型、不同应用场合的试点示范项目；研发一批重大关键技术与核心装备，主要储能技术达到国际先进水平；初步建立储能技术标准体系，形成一批重点技术规范和标准；逐渐形成较为完整的储能产业体系，以全面掌握具有国际领先水平的储能关键技术和核心装备[4]。

截至 2016 年底，中国投运储能项目累计装机规模 24.3 GW，同比增长 4.7%。其中电化学储能项目的累计装机规模达 243.0 MW，同比增长 72%。2016 年中国首个配套有熔融盐储热的光热电站在青海投运，一些典型的储能应用示范工程如表 3－3 所示。

表 3－3　一些典型的储能应用示范工程[3]

序号	项目与地点	规　模	时间	应用目标
1	辽宁卧牛石风电场项目	5 MW/10 MW·h 全钒液流电池	2013 年并网	提高并网特性
2	Tehachapi 风电场储能	8 MW/32 MW·h 锂离子电池	2013 年运行	提高并网稳定性
3	国家风光储输工程	一期 70 MW 储能电站	2013 年投运	风光储，联合调峰调频
4	Marengo 储能电站	20 MW/10 MW·h	2016 年建设	PJM(美国电力市场运营商)市场调频
5	华电西藏尼玛县可再生能源局域网工程	12 MW·h 锂离子电池，36 MW·h 铅炭电池	2016 年并网	光储、柴油，微网电站
6	山西同达电厂储能 AGC	9 MW/4.478 MW·h	2017 年建设	电力调频

（续表）

序号	项目与地点	规 模	时间	应用目标
7	圣迭戈配电站液流电池	2 MW/8 MW・h液流电池储能系统	2017年投运	电网调频/调压电管理
8	智能装备产业园艾科电站	0.75 MW/6 MW・h铅碳电池	2017年投运	园区电费管理
9	无锡新加坡产业园	20 MW/160 MW・h铅碳电池	2018年运行	用户侧峰谷套利

储能技术的创新和突破成为新能源能否顺利发展的关键。据预测[5]：2020年我国大规模储能产业装机容量达到33.6～80 GW，储能比例为1.74%～4.13%，可减排CO_2 3 619.2万吨～243.8亿吨。

储能技术在电力系统中对运行稳定性、功率波动、电能质量、风电低电压穿越的贡献大小，取决于储能系统的构成和优化配置以及不同应用场合下储能系统的控制策略[6-7]。近年来，为实现我国提出的2020年、2030年非化石能源消费比重分别达到15%、20%的目标（发改能源〔2018〕364号），电能储能技术在能量、功率密度等方面做了大量努力，且有了一些突破和创新。

除了常规的储热发电外，为适应社会各种需求，还涌现出不少新技术和传统技术的更新（见表3-1）。许多国家开展MW级电池储能示范工程，全钒液流储能电池（VFB）与风电、光伏发电构成离网型或微电网发电系统，对于孤岛、远离电网的边缘地区是最佳的能源组合。

3.2 抽水蓄能

抽水蓄能是目前广泛使用的电力储能系统，全国抽水蓄能电站装机容量发展趋势如图3-2所示。我国"十二五"期间新投产抽水蓄能装机容量6.12 GW，到2015年底，全国抽水蓄能的总装机容量达23.03 GW。截至2016年4月，全国抽水蓄能电站装机容量为50.325 GW，运行容量23.385 GW，在建容量26.94 GW。其中，蒙西电网机组容量为1.2 GW，运行容量1.2 GW；南方电网机组容量1.028 GW，运行容量5.44 GW，在建容量4.84 GW；国家电网机组容量38.845 GW，运行容量16.745 GW，在建容量22.10 GW[8]。"十三五"期间，开工建设60 GW抽水蓄能电站和金沙江中游龙头水库电站。到2020年，抽水蓄能电站装机规模达到40 GW（其中"三北"地区11.40 GW）[3]。

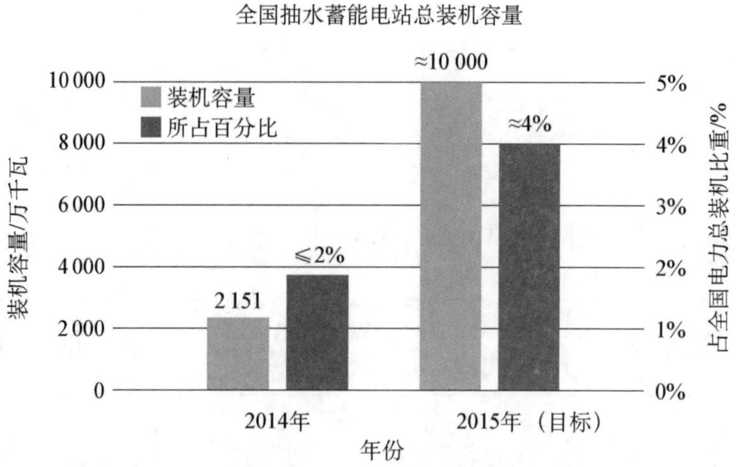

图 3-2　全国抽水蓄能电站装机容量发展趋势

3.3　蓄电池储能

在大规模储能领域具有很好应用前景的几种电池技术的应用情况和性能比较分别如表 3-4 和表 3-5 所示。

表 3-4　电池储能技术应用情况简介[5]

储能技术	国外应用情况	国内应用情况
铅酸电池	德国柏林的 8.5 MW/1 h、美国的 10 MW/4 h 等	没有示范的储能系统运行
镍镉电池	美国的 46 MW 系统，其中 27 MW/15 min，40 MW/7 min	没有示范的储能系统运行
钠硫电池	全球总装机约 300 MW	上海硅酸盐所 100 kW/8 h 系统
镍氯电池	英国 Beta R&D 生产，在北约新型潜艇救援系统中使用	没有示范的储能系统运行
锂电池	美国的 32 MW(26 000 MW·h/a)系统	深圳 5 MW/4 h 系统，张北 6 MW/6 h 和 4 MW/4 h 系统等
燃料电池	德国将建设超过 20 个氢燃料电池示范电站项目	没有示范的储能系统运行
金属-空气电池	美国 Fluidic Energy 公司参与产品研发	没有示范的储能系统运行
钒电池	美国的 1 MW/8 h 系统	河北 500 kW/2 h 系统和辽宁的 60 kW/5 h 系统等
锌溴电池	美国的 0.5 MW/4 h 系统	没有示范的储能系统运行

表3-5 几种化学储能电池性能比较

电池类型	铅酸	钠硫	锂离子	全钒液流
功率上限	十兆瓦级	十兆瓦级	十兆瓦级	百兆瓦级
比容量/(W·h/kg)	35～50	100～150	150～200	25～40
循环寿命/次	500～1 500	2 500～4 500	1 000～5 000	>10 000
服役寿命/年	5～10	5～10	5～10	>15
充放电效率/%	50～75	65～80	90～95	65～80
容量	衰减后不可恢复	衰减后不可恢复	衰减后不可恢复	可在线再生
成本(RMB/kW·h)	(当前)1 800 (未来)1 100	(当前)3 000 (未来)2 000	(当前)3 500 (未来)1 500	(当前)4 000 (未来)2 000
安全性	好	中	差	好
目前主要应用领域	系统备用电源	系统调频、调峰	电动汽车、移动式储能	大规模储能
优势	技术成熟、价格最低	能量密度高、占地少	能量密度高、效率高	充放电次数高、使用寿命长
劣势	能量密度低、不能深度放电、报废电池处理难度大	运行条件苛刻、寿命受深度充放电影响	安全性差、生产成本高	能量密度低、占地面积大

液流电池具有电热联储、火电机组调频(火电+储能)、提高风光电灵活性(风光电+储能)的功能。全钒液流电池技术是目前发展最为成熟的液流电池技术之一,现处于产业化示范阶段,其工作原理如图3-3所示。

1) *全钒液流电池基本原理*

钒电池的电能以化学能形式存储在不同价态钒离子的硫酸电解液中,通过电池堆体内泵入电解液,使其在不同的储液罐和半电池的闭合回路中循环流动,质子交换膜作为电池组的隔膜,电解质溶液平行流过电极表面并进行电化学反应,由双电极收集和传导电流,使得储存在溶液中的化学能转换成电能。全钒液流电池,氧化还原液流电池的基本原理如下。

正极:
$$VO_2^+ + 2H^+ + e^- \underset{\text{放电}}{\overset{\text{充电}}{\rightleftharpoons}} VO^{2+} + H_2O \tag{3-1}$$

负极:
$$V^{3+} + e^- \underset{\text{放电}}{\overset{\text{充电}}{\rightleftharpoons}} V^{2+} \tag{3-2}$$

总反应:
$$VO_2^+ + 2H^+ + V^{2+} \underset{\text{放电}}{\overset{\text{充电}}{\rightleftharpoons}} VO^{2+} + H_2O + V^{3+} \tag{3-3}$$

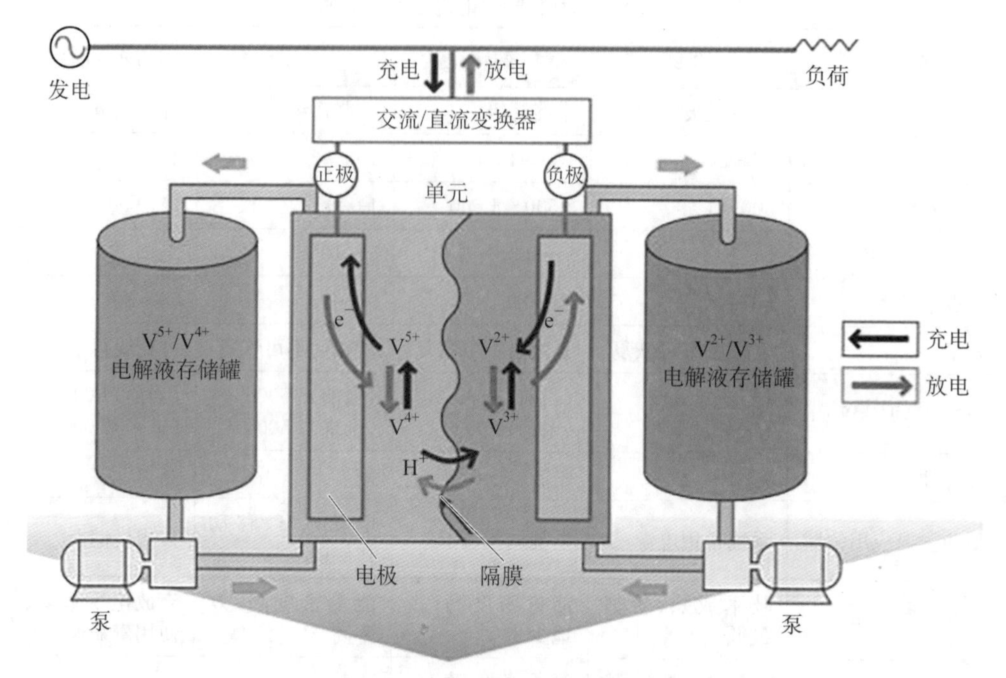

图 3-3　全钒液流电池技术原理图

2）全钒液流电池特点

（1）安全性好，常压常温运行、储能介质为水溶液、单电池一致性好、热量有效排出。

（2）寿命长，惰性电极、充放电过程无相变、100%放电深度（depth of discharge, DOD）、容量可恢复。

（3）配置灵活，功率与容量相互独立、容易实现大规模功率和容量扩展。

（4）能量密度略低，适于大规模储能、不适用动力电池。

3）应用案例

我国在高能量密度、低成本液流电池新体系研究取得新进展。中科院大连化物所研究团队成功开发了新一代高能量密度、低成本中性液流锌铁液流电池体系。

据报道，中国建筑工程总公司中标承建全球规模最大的全钒液流电池储能电站——大连液流电池储能调峰电站国家示范项目，电站总规模为 200 MW/800 MW・h，其中一期项目建设规模为 100 MW/400 MW・h[9]。

项目设计中，单体蓄电池容量为 33 kW，采用 8 串 2 并和 8 串 3 并的接线方案组成 500 kW 和 800 kW 两种规格的储能电池组，每个储能电池组配置一个 500 kW 或 800 kW 储能变流器（power converter system, PCS），具体参数如表 3-6 所示。

4 台 500 kW 或 800 kW PCS 接入 1 台 2 500 kVA 或 4 000 kVA 低压侧的四分裂储能变压器，每 12 台或 9 台储能变压器串联组成 24 MW 或 28 MW 储能单元，每个 24 MW 或 28 MW 储能单元经过 1 条集电线最终接入变电站，其模块化应用如图 3-4 所示。

表 3-6　500 kW/2 MW·h 电池模块

额定功率	500 kW	额定容量	2 000 kW·h
直流电压	DC416～645 V	交流输出电压	AC250 V(三相)
最大直流	AC1200 A	通信接口及协议	RS485，Modbus-RTU
响应时间	<100 ms	自用电率	11%
湿度要求	5%～95%	运行环境温度	5～35℃

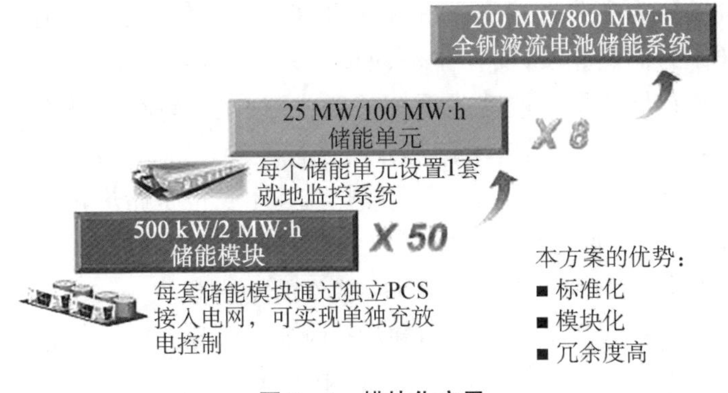

图 3-4　模块化应用

3.4　储热技术

储热是利用物理热的形式将暂时不用的余热或多余的热量储存在合适的介质中，在需要使用时再通过一定的方法将其释放出来，从而解决供热与用热在时间或空间上的不匹配和不均匀所导致的能源利用率低的问题。储热利用技术发展历史悠久，一直以来其实际应用主要处在低品位热能的储存和利用。随着大量可再生能源的应用以及日益严峻的环境问题，高品位储能、余热高效回收利用技术备受关注，为大规模应用储热技术提供了发展机遇。

储热系统一般是由储热材料、装载储热材料的容器、换热器以及其他配套设备组成。装载储热材料的容器通常称为储热罐体，它一方面用于存储储热材料，另一方面通过罐体的保温措施来减少储热材料对环境的热量损失。当储热系统工作时，一个完整的工作流程至少包括三个过程：充热过程、待机过程和放热过程。在实际应用中，充热、放热过程有可能同时发生，而在一个工作循环中，也可能同时存在多个充热、放热过程。

3.4.1 储热系统的分类

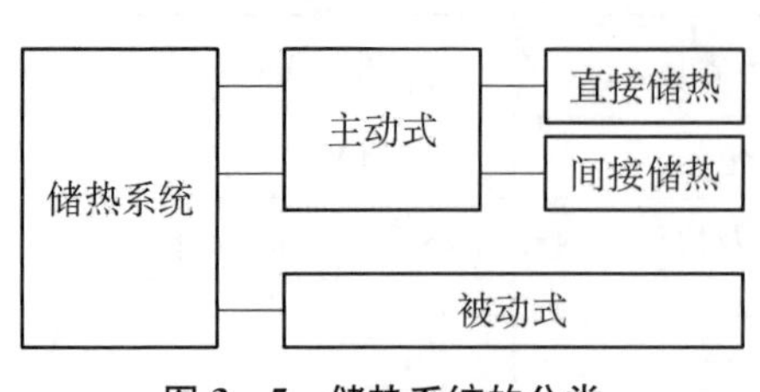

图 3-5 储热系统的分类

储热系统一般可以分为两类：主动式系统（见图 3-5）和被动式系统，主动式系统最主要的特点是使用泵等设备强迫储热介质自身不断循环流动（强制对流）来实现充/放热。储热介质本身在换热器（也可以是太阳能接收器或者蒸气发生器）内循环，使用一个或者多个罐体存放储热介质。主动式系统又进一步可以分为主动直接式系统和主动间接式系统。在主动直接式系统中，换热流体同样作为储热介质；而在主动间接式系统中，除了换热流体外，通常使用另外一种介质来存储热量。被动式系统一般为双介质系统：储热介质本身不循环流动，换热流体流经储热介质时对储热介质进行换热，从而实现系统的充/放热。

对于主动直接式储热系统，由于高温换热流体本身也是储热介质，因此所选用材料的特性必须满足既是好的换热流体又是好的储热材料的要求。使用熔融盐或者蒸汽作为换热流体/储热材料可以避免使用高成本的换热器。

对于被动式系统，换热流体在充热和放热时流经储热介质，而储热介质本身并不进行循环流动。储热介质可以是固体、液体、相变材料、化学反应物或者吸附反应物，目前其研究和应用主要以固体储热介质（如混凝土、镁砖、浇注料材料及相变材料等）为主。

3.4.2 储热机理的分类

根据储热机理的不同，储热系统一般可以分为三类：显热储热、潜热储热及化学储热，这三种类型储热系统的储热能力（储热密度）依次递增。显热储热系统的热量存储在吸热时温度不断升高的固体或者液体材料中；潜热储热主要是通过储热材料相态的转化来存储热量；化学储热是利用储热材料之间发生化学反应，通过化学能和热能的转换把热能储存起来。一般而言，显热储热技术系统相对简单、成本较低，是目前技术最成熟且在商业化太阳能热发电站中得到普遍应用的储热方式。潜热储热和化学储热技术由于其储热密度大的技术优点，有望在未来应用于太阳能热发电站的储热过程。目前看来，潜热储热技术主要受相变材料的选择、整体储热系统的复杂性以及成本等因素的制约。而化学储热技术由于技术和工艺的原因仍处于实验室研究阶段，距离实际工程应用尚存在很多不确定性。接下来将主要介绍显热储热技术和潜热储热技术。

显热储热是相对研究最多并且相对最成熟的技术。现已发现很多低成本的适合于工程实际应用的显热储能材料。显热储热主要利用储热介质的热容量进行储热，化学和机械稳定性好、安全性高、换热性能好，但是单位体积的储热量相对较小，并且不能保持在一定温度下进行吸热和放热。显热储热系统一般包括储热介质、罐体和流体进出口装置等。罐体在存放储热材料的同时还需要能够有效防止热能的损失。显热储热系统的储热量是和储热材料的比热容、温度变化值以及储热材料质量相关的函数，如下式所示：

$$Q=\int_{T_a}^{T_b} mc_p \mathrm{d}T = mc_{p,\text{aver}}(T_b - T_a) \tag{3-4}$$

式中，Q 为显热储热系统的储热量(J)；T_a 为储热介质的初始温度(K)；T_b 为储热介质的最终温度(K)；m 为储热介质的质量(kg)；c_p 为储热介质的比热容[J/(kg·K)]；$c_{p,\text{aver}}$ 为储热介质在温度和温度之间的平均比热容[J/(kg·K)]。

对于显热储热系统而言，除了储热材料的密度和比热容这两个重要热物性外，系统运行温度、热导率和热扩散率、工作压力、材料之间的化学相容性和稳定性、表面积和体积比相关的热损失系数以及成本等也都是非常重要的因素。

潜热储热是一种储热密度更高的热能存储方法。潜热储热系统利用物质在相态变化(比如固—液、固—固或汽—液)时，单位质量(体积)潜热量非常大的特点把热能储存起来加以利用。在潜热储热系统中，热量以相变潜热的方式存储在等温或者近似等温状态下的材料中，这些材料称为相变材料，以固—液相变材料为主。由于物质的相变潜热往往比显热大很多，因此相变材料可以在相对小的体积中存储大量的热能，因此和显热储热系统相比，潜热储热系统可以有效减小储热系统的体积并降低成本。显而易见：高储热密度和能够基本保持恒定的相变温度储热这两个特点使得潜热储热非常有吸引力。

潜热储热系统的储热量表达式如下：

$$Q=\int_{T_a}^{T_m} mc_p \mathrm{d}T + ma_m \Delta H_m + \int_{T_m}^{T_f} mc_p \mathrm{d}T \tag{3-5}$$

式中，T_m 为相变材料的熔化温度(K)；a_m 为熔化比；ΔH_m 为单位质量相变潜热(J/kg)。

但是，相变材料在相变过程中产生了相态变化，其换热机理和换热过程变得更加复杂，因此设计潜热储热系统以及选择合适的相变储热材料会更加困难，并且有些相变材料在经过多次的相变循环后材料性能会下降。

潜热储热的相变可以有以下几种形式：固—固相变、固—液相变(熔化、凝固)、液—汽相变(汽化、液化)和固—气相变(升华、凝华),其相变潜热一般依次逐渐增大,而后两种因为发生相变时相变材料的体积变化比较大,因此尽管相变潜热很大,在实际应用中却很少选用。固—固相变通过固体材料晶体结构的改变来储热,这种情况下的相态改变和固—液相变相比,一般来说潜热较小、材料体积的变化也很小。这种相变的优势在于对放置相变材料的容器的要求不高,设计上可以更加灵活。主要固—固相变材料包括季戊四醇、Li_2SO_4、KHF_2 等,使用这些材料的 Trombe 墙的性能优于普通混凝土 Trombe 墙。固—气相变和液—汽相变的潜热值很大,但是发生相变时的材料体积变化也很大,会产生很大的蒸发压,这就给放置相变材料的容器带来了严重问题并且大大限制了其实际应用。固—液相变的潜热值要小于液—汽相变的潜热值,但是固—液相变时材料的体积变化相对较小(一般小于 10%)。综合分析以上不同相变过程的特点可见:固—液相变是一种在储热系统应用中非常有前景的经济型的技术方式。

在潜热储热中,相变材料本身不能作为换热介质,因此需要使用另外单独的换热介质并且通过换热器来实现相变材料和热负荷之间的热量传递。此外,大部分相变材料具有较低的热扩散系数,选用的换热器需要特别考虑并设计。1982 年美国加州建成首个大规模太阳能热试验电站 SolarOne,采用导热油作为储热材料。于是,开发中高温储热材料及其制备方法成为储热技术发展的关键[4]。

目前储热材料分为显热材料、热化学材料以及潜热材料,并把纳微米复合结构的储热材料作为研发的重点。然而,中高温热量的有效转换、传输回收和存储是储热材料开发的核心。各种储热材料的研究如表 3-7 所示。

表 3-7 各种储热材料的研究一览表

储热特征	原 理	材料特性	备 注
显热	$Q=m\int_{T_1}^{T_2} c_{ps}\mathrm{d}T$ 式中储热量为材料质量乘以比热容在温度区间内的积分	固态:高温混凝土/浇注陶瓷,通常以填充颗粒层形式换热;增加石墨粉提高导热系数或优化结构设计; 液态:水/导热油/液体钠/熔盐等,宜低温储热; 多元混合熔盐为研究热点	固态材料储热密度低,控制温度难,体积大; 液态油价高,易燃; 熔盐凝固点较高,不当操作易导致结晶析出,且有较强腐蚀性,对设备系统要求高
热化学	利用物质的可逆吸放化学反应存储或释放热量	适用范围较宽,储热密度大	目前处在理论和初期实验阶段

（续表）

储热特征		原　理	材料特性	备　注
潜热	共性	利用相变潜热（相变温度＞120℃）实现中高温存储	储热密度高，吸放热过程近似等温	具备条件：适宜熔点、高比热容和相变焓、熔化温度一致性、良好热稳定性和导热性、相变体积小、无毒、不易爆、成本低等
	金属/合金		合金成分直接影响热物性，如铝硅类相变潜热大，温度数适中、热稳定性导热性好，是较好的太阳能储存介质；铝锰锌合金相变对容器（SS304 L）有较好兼容性	1980年开始研究由Al、Si等元素组成的二元/三元合金热物性
	无机盐		相变焓值大（68～1 041 J/g），相变温域较宽（250～1 680℃）；共晶盐结晶能力强，“过冷”现象小；不锈钢对大多数熔盐有较好的兼容性	例如$LiNO_3$、$NaNO_2$的相变焓分别为357 J/g、222 J/g；碱金属氯化物熔盐导热系数与温度的回归方程：$\lambda = \lambda_m + b(T - T_m)$
复合结构储热		以熔点高于相变熔点的有机物或无机物为基体与相变材料复合	通过加工工艺解决相变材料应用中面临的腐蚀性、相分离和低导热性的瓶颈；按储热材料结构分为微胶囊（包括原位聚合、界面聚合等）和定型结构两种	基于微胶囊受制于包覆工艺复杂等原因，开发不局限于包覆的复合结构，分直接混合制备和预制体浸渗工艺

相变材料（包括主储热剂、相变点调整剂、防过冷剂、防分离剂及相变促进剂等）是指在一定温度范围下可以改变其形态（气、液、固）的功能材料。通过不同相的变化过程完成吸收或释放大量潜热，实现储热、放热的功能。在实际应用中，相变材料按形态分为固—固相、固—液相、液—汽相相变材料，由于前两个相变过程的体积变化率小因而被业内广泛使用。

固—液相变材料多为水合盐、石蜡等；固—固相变材料凭借晶型的变化，改变潜热的吸放，其材料一般选用多元醇、高密度聚乙烯以及具有“层状钙钛矿”晶体结构的金属有机化合物等。目前中高温的相变储热材料主要为金属/合金与无机盐类两种，其材料开发与选择非常丰富（见图3-6、图3-7）。

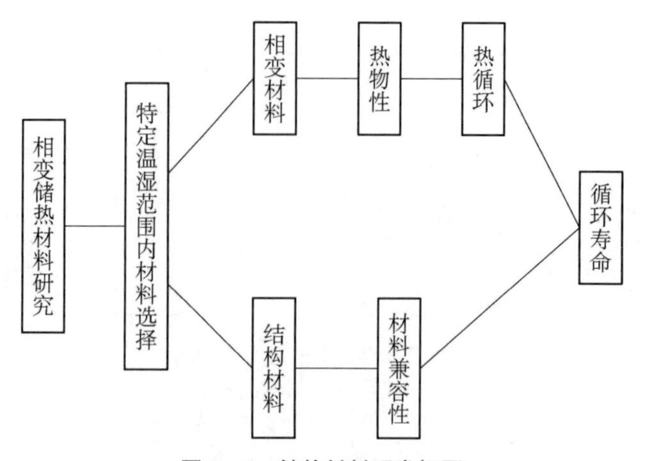

图 3-6　储热材料研发框图

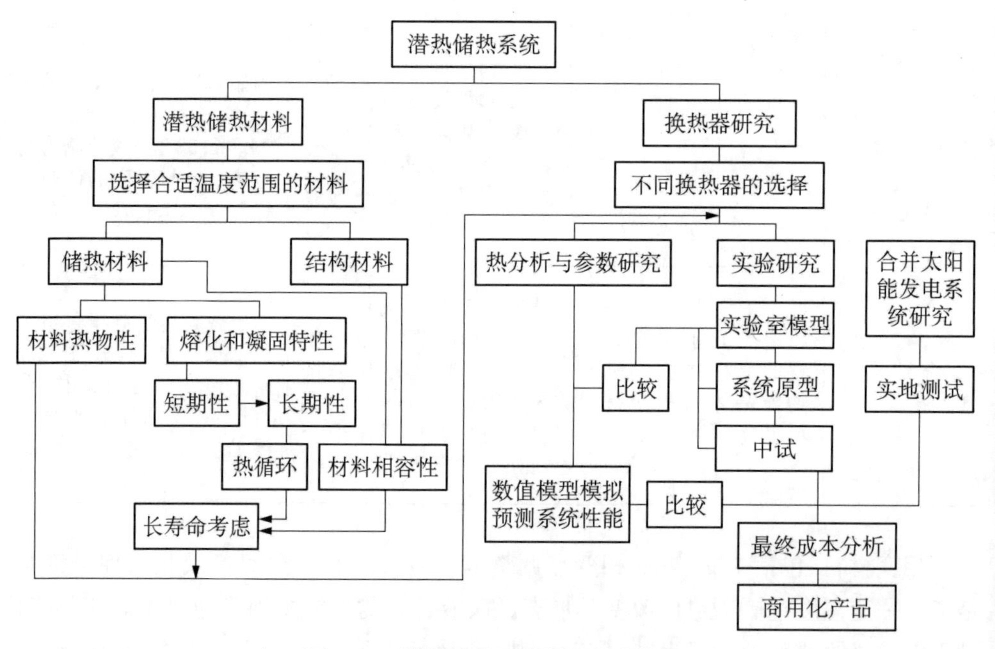

图 3-7　潜热储热系统的研究路线图

化学储热可以分为化学反应储热和热化学(吸附)储热两种。化学反应储热系统通过使用收集的热量来激发一个可逆吸热化学反应,储存的热量在这个可逆化学反应的逆向反应中释放出来(有时需要添加催化剂),即利用可逆化学反应通过化学能与热能的转换来实现储热。以水合盐热化学吸附储热为例,储热系统在吸热脱附时打破水和吸附剂之间的结合来实现储热,在相反过程的吸附时释放热量。化学储热的优势在于:很高的能量存储密度、在接近环境温度下无限长的存储周期以及泵热能力。但是,总体来说,可逆的热化学反应储热的研究还处于早期阶段,离成熟应用尚有较大距离。

3.4.3　显热储热

储热罐体内的流体温度不同会导致密度不同,高温流体由于密度低会处于罐体的顶部,低温流体由于密度高会处于罐体的底部,而罐体中间介于高温流体和低温流体之间会出现一个过渡层,这个过渡层把高温流体和低温流体分开,被称为斜温层。图 3-8 描述了高度热分层、中度热分层以及没有热分层(充分混合)三种情况。

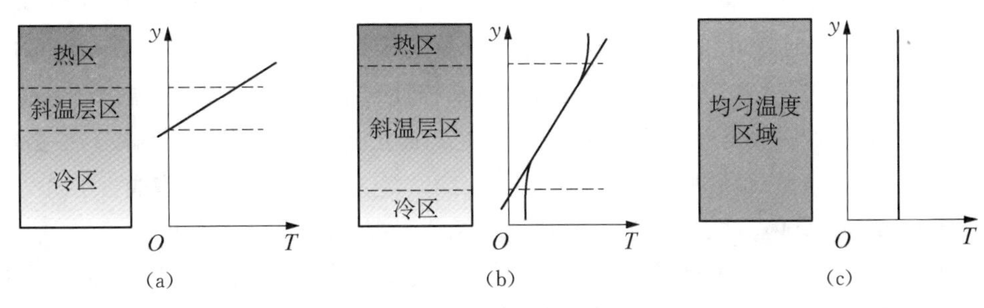

图 3-8　储罐内不同程度的热分层

(a) 高度热分层;(b) 中度热分层;(c) 无热分层

从 1970 年开始的相关研究已经充分证明热分层对于显热储热系统具有非常重要的影响。这些研究表明:具有热分层的显热储热系统相比充分混合的储热系统具有更好的储热性能。以与太阳能集热器相连接的显热储热系统为例,当储热系统存在热分层时,底部温度低,顶部温度高。在充热时,从底部返回集热器的换热流体温度更低,与集热器中间的温差更大,从而有利于集热器释放更多的热量给换热流体。同样在放热时,从顶部流出的换热流体温度更高,有利于释放更多的热量。

然而,一些客观存在的因素会弱化或破坏热分层,如在充热和放热的过程中,不断流入的换热流体会和储罐中已有的流体混合;沿着储罐的壁面存在着热传导;不同温度的流体层之间存在着热传导以及储罐壁面存在着散失到周围环境中的热损失等。因此,需要采取相应的措施来减小或者消除热分层的破坏。对于由于新流入流体和罐体内原先已有流体的混合所造成的对热分层的破坏而言,不仅可以考虑降低换热流体的入口流速,还可以考虑在入口处引入合理设计的阻挡,如把入口处改为锥度的结构、在入口处和出口处增加均流扩散结构以及在入口处增加多孔歧管或者冲击板等,更进一步甚至可以考虑把不同温度的流体在罐体内进行物理分隔来维持稳定的热分层。研究发现换热流体的质量流速对显热储热系统的性能影响较大。当增加换热流体的入口质量流速时,流入罐体的换热流体会加速沿着罐体轴线方向向下流动,并且形成剪切向涡流,导致罐体内冷热流体的加速混合并破坏热分层。并且随着充热过程的进行，斜温层的厚度会增厚。当初始温度差增大时，会增大密度差，从而强化热分层效果，但同时也增大了斜温层的换热率，因此对斜温层性能带来了恶化。从降低罐体壁面的热传导的角度出发，罐体可以选用低热导率的材料（如玻纤或HDPE），而罐体的长径比（长度与直径的比值）对罐体的轴向导热的影响很大，因此在设计时需要格外关注这一参数。对罐体采取充分的保温措施可以降低罐体对环境的热损失。

为了更精确地对热分层程度进行定量化分析，研究人员采用了不同的方法，例如，从热分层程度和变化的角度来分析斜温层梯度和厚度等；从热力学第一定律的角度分析充/放热效率或者可回收热量等；从热力学第二定律的角度分析㶲效率和可用能比例等。研究人员建立并发展了不同的模型来描述竖直方向热分层的温度分布情况。出于简化考虑，一般是一维模型，温度分布是与高度这一参数相关的函数。一般分为六种不同的温度分布模型：线性分布、步进分布、连续线性分布、总体线性分布、基本三区分布以及总体三区分布。考虑到计算结果的精确度和计算量的大小，一般认为三区温度分布模型是最优的，而其中基本三区模型最简便，总体三区模型更为精确。

早期传统的方法在进行显热储热系统（包括系统的换热器）的最优化设计研究时，通过系统能够存储热量的多少来评估系统的储热性能，即从热力学第一定律的角度通过储热系统能够存储多少热量来评估储热系统的效率。在这种情况下，当流入储热罐体的换热流体拥有的热能和储热罐体内储热材料的数量都相同时，能够存储更多热量的储热系统被认为储热效率更高。但是这种方法仅仅从“量”的角度来评估储热系统的热性能，而不能从“质”的角度来评估储热系统。早在1978年，Bejan就指出：储热系统的作用和目的并不是存储热量，而是存储有用能。而㶲作为一种评价能量价值的参数，从“量”和“质”两个角度评价了能量的“价值”。当用㶲来评价显热储热系统的热性能时，发现尽可能多地存储热量和尽可能多地存储有效能这两个目标可能会产生直接的冲突。

Domanski等对一个显热储热系统的完整充/放热过程进行了系统的热力学第二定律研究，计算了最佳的换热模块数量、充热时间等参数及最优的效率，从而证明了热力学第二定律是一种非常好的研究方法，可以更好地用于评估储热系统的㶲效率并对储热系统进行优化设计。更多的研究发现：采用热力学第二定律，从㶲的角度来研究和设计储热系统会更加客观、更有优势。基于热力学第二定律的㶲分析法不仅可以真正说明实际的储热性能与理想情况之间的差别，而且可以更清楚地发现储热系统发生热力学损失的原因和相关环节，因此，可以用于提高并优化储热系统的设计和运行参数。

利用基于热力学第二定律的㶲分析法对于充分理解储热系统的热力学行为、合理评价并提高不同储热系统的效率具有非常重要的作用，可以对储热系统进行更为准确的定性和定量分析，获得更为恰当的储热系统效率指标，评价热分层的影响，评价整个循环过程中每个子过程的性能，同时可以考虑环境变化以及储热持续时间等的影响。基于这种方法，可以发现一些能够提高储热系统效率的可供进一步深入研究的方向：通过提高改善保温措施来减小罐体的漏热损失；降低换热器的温差、使得用于加热储热材料的流体以更合适的温度流入罐体来尽量避免温度降级；维持并充分利用热分层特性来减小不同温度的流体混合所造成的损失；通过使用更高效的泵、减小换热流体的摩擦以及设置合适的温度阈值来降低需要使用的泵功。在工程实际中以上因素都需要进行充分考虑和合理设置。

最后，值得提出的是，基于热力学第二定律的㶲分析法不仅可用于显热储热系统的研究，而且可广泛地应用于潜热储热系统以及包含了显热和潜热两种储热方式的混合储热系统的研究中。同时，在使用热力学第二定律时，结合热力学第一定律进行补充，可以更加全面地了解储热系统的热力学特性。

3.4.4 潜热储热

3.4.4.1 技术进展

潜热储热系统由于相变材料的低热导率会导致储热系统低的充/放热速率，研究人员提出了多种方法试图克服这一缺点。从改善材料的热物性的角度出发，开展的一些研究包括采用石墨基体、金属泡沫、在相变材料中混合碳纤维或者其他高热导率颗粒等；从强化换热的角度出发，通过引入翅片等方式扩大换热面积从而提高换热性能。这些方法在提高了储热系统的充热速率和放热速率的同时，不可避免地带来了成本的大幅增长。

引入翅片可以增加换热面积，达到强化换热的目的。翅片的一般布置方式可以是轴向也可以是径向，而翅片的形状和分布方式会影响强化换热的效果。Zhang 和 Faghri[10] 的研究发现，通过增加翅片数量以及增加翅片的厚度和高度可以显著提高相变材料的熔化比例。Castell[11] 等对引入了纵向石墨翅片的情况进行了实验研究，发现尽管翅片的引入影响了自然对流，但是并没有强化材料的换热系数，而是减小了相变材料的凝固时间。Lamberg[12] 采用了类似的研究方法发现自然对流和导热相比是可以忽略的。Ermis[13] 等对于引入径向翅片的相变换热进行了数值模拟和实验研究，发现增大翅片半径和减小翅片间距可以增大储热系统存储的热量。

对于采用流化床强化换热而言，固体颗粒材料的几何尺寸、物理性质和空气动力学性质对流化床的形成及发展有很大的影响。近年来，这项技术开始应用于相变储热的研究。Lzquierdo-Barrientos 等研究了微胶囊化封装的相变材料空气流化床储热系统的性能，发现应用相变材料的流化床储热系统比普通非相变材料的流化床或固定床储热系统的充热效率更高。同时，增加流化床的高度时，虽然达到某一温度的时间增长，但是可以获得更高的效率，而且更高的流速也可以达到更好的性能。

对熔化和凝固过程的换热特性研究一直是传热学界的一个重要的研究方向。尽管发生相变过程时的传热机理由热传导和液相的自然对流共同组成，但是早期的研究往往只考虑了一维纯物质的热传导。Stefan首先就相变过程中的传热问题进行了系统的研究，发现此类问题的一个特性：控制方程是热传导方程，并且存在一个或多个移动的相界面，并且在该相界面上发生热量交换，其在界面上的热平衡条件如下。

$$\Delta H_{m}\rho\left(\frac{\mathrm{d}s(x)}{\mathrm{d}t}\right)=\lambda_{s}\left(\frac{\delta T_{S}}{\delta x}\right)-\lambda_{l}\left(\frac{\delta T_{1}}{\delta x}\right) \tag{3-6}$$

式中，ΔH_{m} 为相变潜热(J/kg)；ρ 为密度(kg/m^3)；δx 为表面位置(m)；λ 为热导率[W/(m·K)]；下标S和 l 分别代表固态和液态。

这类问题统称为Stefan问题或者移动边界问题。研究存在相变的换热过程比研究非相变的换热过程要复杂很多，这类问题的求解难点主要在于：在相变过程中由于固—液界面的移动造成所研究问题的强非线性；相变过程中液相的自然对流对固—液界面上发生的换热过程会产生影响；储热罐体和相变材料之间的界面热阻存在不确定性；同一物质不同相下的热物性变化；相变时会产生体积变化以及相变材料之间的空隙等。目前求解相变问题的方法主要包括解析求解和数值模拟。从求解解析解的角度出发，有整体热平衡法、变量法、等温迁移法、源和汇法、周期解等不同方法，但都只能获得一维的解析解。而从数值解的角度出发，则包括有限差分法、有限元法、等温边界移动法、贴体坐标法、热焓法等。其中热焓法是应用最广泛的求解方法，使用热焓法可以大大简化相变换热的研究，其优势在于控制方程和单相的控制方程相类似，固—液界面不需要设定条件，可以使用固定的网格来求解，焓公式允许两相之间的模糊区域存在，从而避免明显的不连续性导致数值不稳定性问题等。对于不同结构的相变潜热储热系统，研究人员提出并研究了不同的数值模型，一些主要的结构包括矩形结构、球形结构、圆柱体结构、堆积床结构、翅片结构、多孔和纤维结构等。

3.4.4.2 储热材料

1) 金属类

金属/合金类材料特别适用于300℃以上的储热。据测试分析，由Al、Cu、Mg、Si和Zn组成的二元、三元合金直接影响其热物性，高熔点元素组成的合金，一般储热性能较高。如Al和Si的二元合金在780～850℃的储热密度最高，受到市场广泛重视。三元铝基合金如60%Al-34%Mg-6%Zn对容器有着较好的兼容性和循环性能[14]。

(1) 特点。它在属性特质上具有密度大、过冷度小、导热率高、过程控制容易，且反复相变后能保持长期的性能稳定，是有效、性价比良好的储能方式。

在功能上，金属/合金类材料解决了能量供求在时间和空间上的矛盾，显著地提高设备和能源的利用率，起到电网“削峰填谷”和风电、光电等新能源广泛应用的作用，成为目前主要应用的储能方式。金属/合金类材料用于太阳能高温 700～950℃储热时，储能密度为 2 700～2 800 MJ/m^3，较之盐类和石蜡具有更多的优点。

在技术应用中，涌现出不少新型储能技术的发明，如金属与熔盐储能式供热装置等。

储热温度和储热量是储热系统中最重要的参数。

研究表明，在高温时合金的储热性优于无机盐，但液态合金较强的化学特性使其容易与储热容器材料发生反应；控制适当的操作温度可兼顾利弊得失。当使用温度在 400～450℃范围内时，可选择 Zn－Al 系合金作为储能材料。图 3－9 为部分合金的熔化潜热值[14]。

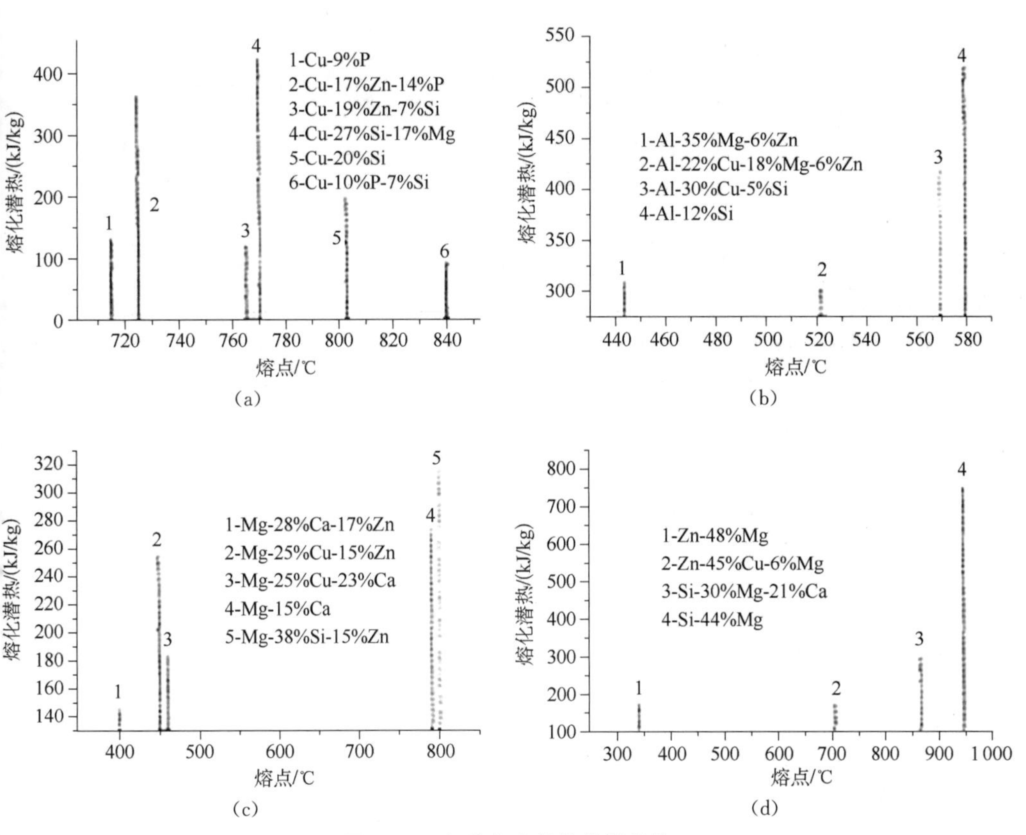

图 3－9　部分合金的熔化潜热值

(a) Cu 基合金；(b) Al 基合金；(c) Mg 基合金；(d) Zn，Si 基合金

研究者通过热力学计算和热分析,如差热分析法(differential thermal analysis, DTA)/差示扫描量热法(differential scanning calorimetry, DSC)实测共晶合金的熔热焓值和转化温度。图 3 - 10 所示为一些共晶合金的熔化潜热值。

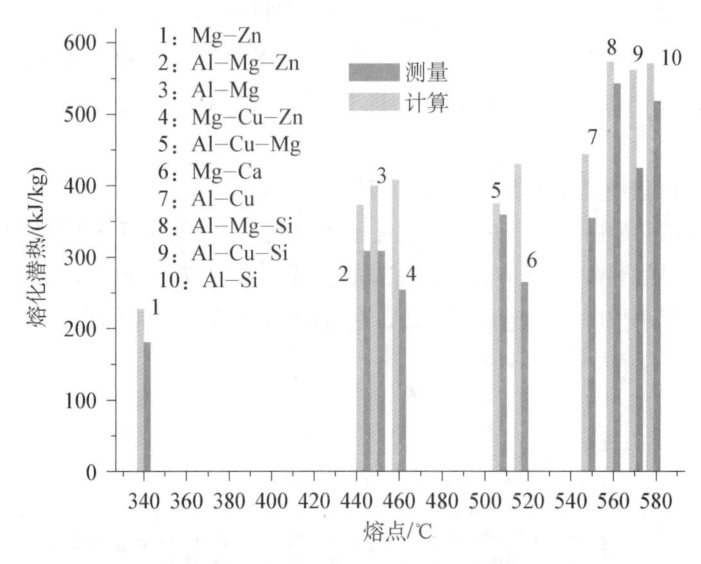

图 3 - 10 某些共晶合金熔化潜热的测量与计算值

(2) 传热特性。材料在吸放热过程中,存在复杂的相变和相变传热两种物理过程。过程的变化参数大多采用数值法求解。

(3) 与容器的兼容性。针对金属储能材料的化学活性,选择合适的温度范围,防止或降低储能材料与容器间的分子扩散造成的微量元素成分的溶解,即腐蚀。如已证实 0Cr18Ni9 不锈钢和钛合金钢为合金相变储热的容器材料。渗硼后的碳钢和合金钢在 500～630℃静止的液态铝和锌中浸 6～120 h,对比渗硼前,其溶解度要小很多。其次,选材注意热腐蚀性疲劳、蠕变断裂、脆化以及容器的抗氧化性。

2) 无机盐

(1) 热物性。无机盐相变温域较宽、相变焓值范围广,可使用多元混合熔盐调整相变温度,从而获得广泛的应用研究,现已将相变温度 220～290℃的无机共晶盐的应用拓展到太阳能热发电领域。

研究者以蓝宝石作为标准,通过差示扫描量热法对锂、钠、钾的氢氧化物以及其硝酸盐的热物性测定,得到不同组分熔盐的比热容数据。

(2) 导热系数。导热系数是应用储热材料的重要特性,直接影响整个储热系统的设计。图 3 - 11 显示特定储热材料下单位面积所需要换热管数与导热系数 λ 的关系。可知随着储热材料 λ 的增加,单位面积内的换热管数减少,从而可实现储热系统的优化设计。

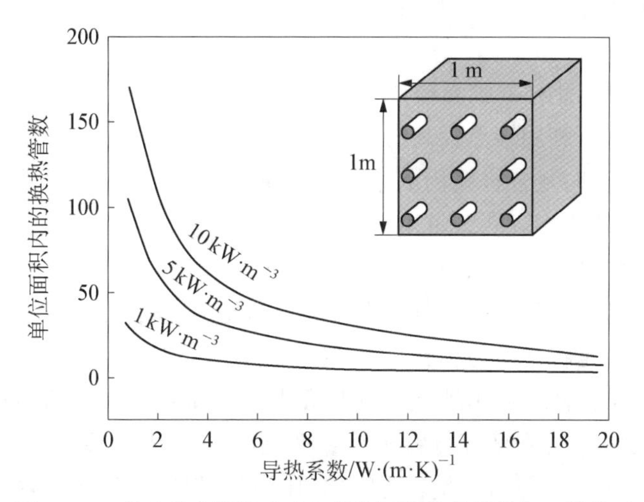

图 3-11 给定体积能量密度下单位面积换热管数与 λ 的关系

(3) "过冷"现象与相变体积的变化。"过冷"现象是无机盐凝固结晶的热力学特征,而晶型结构、结晶速度以及成核中心都显著影响熔盐体系的"过冷度"。研究发现,在氯化物中加入成核剂或者利用能够形成共晶盐的熔盐相变材料,都能有效减少"过冷"现象的发生。

相变体积的变化率也是影响储热系统和设备性能的重要因素。当其体积变化率超过 10%时,增大凝固后熔盐相变体系内的空穴,降低了储/释热速率以及动态性能。

(4) 相变材料与容器材料的兼容性。研究表明:不锈钢对大多数熔盐有较好的防腐蚀效果,其中以掺杂钼、铌、钨等难熔金属的材质为佳。熔盐体系的长期热稳定性决定了其循环使用寿命。如 $NaNO_2$ 熔盐体系的研究表明,其参与高温氧化反应是影响熔盐热稳定性的主要因素,添加剂的使用可有效延长亚硝酸盐的氧化时间,提高熔盐体系的热稳定性。尽管如此,金属合金相变材料还受防腐和价格的影响;而熔盐体系的相变温度可调,价格适中,呈现出较大的发展潜力。但是,熔盐的导热性不佳且与金属相变材料一样都存在较严重的高温腐蚀,故终究形成开发复合结构储热材料的发展趋势。

3) 复合结构储热材料

复合结构储热材料为相变材料提供更好的微封装,有望打破制约相变储热材料应用的主要瓶颈。按其结构大致分为两类,即微胶囊和定型结构。

(1) 微胶囊。这类储热材料采用高分子聚合、喷雾干燥、溶胶-凝胶和电镀复合工艺,其比表面积大,可解决材料相变时渗出、腐蚀等问题;但受到复合物强度差、导热速率低且易燃以及加工等因素的影响，此外高温相变时金属间的合金化问题严重，限制了微胶囊储热材料的应用。如何提高包覆率和较好的包覆效果都需要进一步研究。

(2) 定型结构。针对微胶囊储热材料的不足，提出不限于表面包覆型结构的一种复合材料。它可以利用熔点较高的特种基体的层状或微孔结构与相变材料进行复合制备，在发生相变时复合材料仍依靠自身毛细管力保持其定型结构，降低了对容器的要求，降低了系统成本。有些定型相变材料可与传热介质直接接触，有较好的换热效率。因此它在中高温储热领域具有广阔应用前景。

复合结构材料按制备方法又分为直接混合和预制体浸渗两类。

直接混合工艺是将基体与相变材料通过冷压、热压方式制备成复合结构，或者采用直接混合烧结工艺使基体出现微孔或网状结构与相变材料(无机盐或共晶盐)复合而成。对不同成型工艺的复合材料进行热性能测试，结果表明冷压制备简单有效。复合体内增加15%～20%石墨量，导热系数比纯盐增加20倍；对熔盐相变特性的研究显示单轴冷压结构的性能优于冷等静压所得的复合结构，研究者选用的熔盐为$KNO_3/NaNO_3$，所得复合结构材料如图3-12所示。

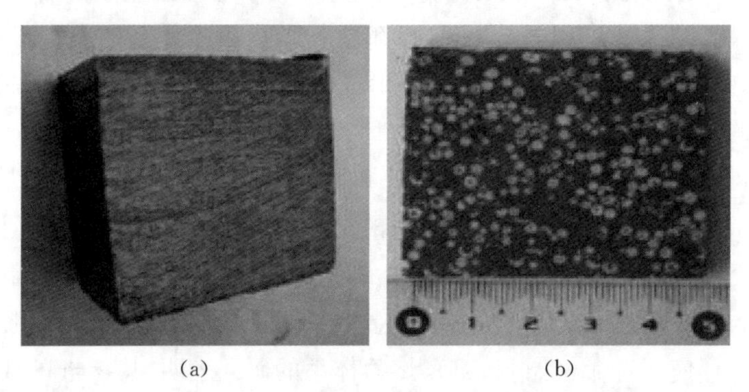

(a)　　　　　　(b)

图3-12　单轴冷压、冷等静压所得"石墨+熔盐"复合结构材料

(a) 单轴冷压；(b) 冷等静压

复合结构材料解决了容器腐蚀问题，使换热元件与换热介质直接接触降低热阻，从而降低系统成本。

预制体浸渗工艺又称为二级制造法，利用预制基体的多孔或者网状结构与相变材料熔融浸渗制备的一种方法，可确保材料相变时不外漏。实践中该工艺又可分为自发浸渗和真空浸渗两种方法。

就上述两种工艺而言，直接混合法操作简单，易规范化应用，但复合体结构性能难以保证；预制体浸渗制备法所制复合结构性能优越，但工艺复杂，自发浸渗率太低，对高温变压操作的设备要求高，且预制基体增加成本。

此外，复合结构为相变材料提供结构支撑及增强导热系数的同时，又降低了材料的储热密度。因此，平衡复合结构储热材料的结构特性、导热性能和储热性能是其制备方法的研究重点。

4）研究动态

（1）储热陶瓷（heat-storage ceramic）。日本东京大学研究者开发一种长期存储热能的固—固体相变材料，称为储热陶瓷，能够在弱压条件下释放储热。

这种材料为条状 $\lambda - Ti_3O_5$，其储热机制为：在压力条件（60 MPa）的触发下，条状 $\lambda - Ti_3O_5$ 相变成 $\beta - Ti_3O_5$，并释放潜热 230 kJ/L；反之，通过输入热量，条状 $\beta - Ti_3O_5$ 相变成条状 $\lambda - Ti_3O_5$，进而储热。储热陶瓷的储存/释放热特性如图 3-13 和图 3-14 所示[15]。

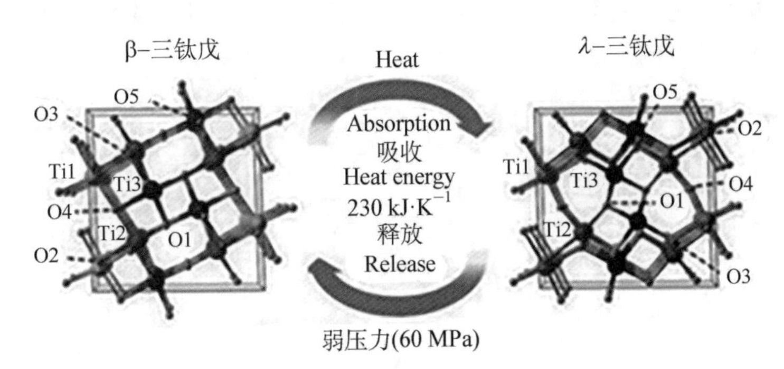

图 3-13　储热瓷的储存/释放热特性

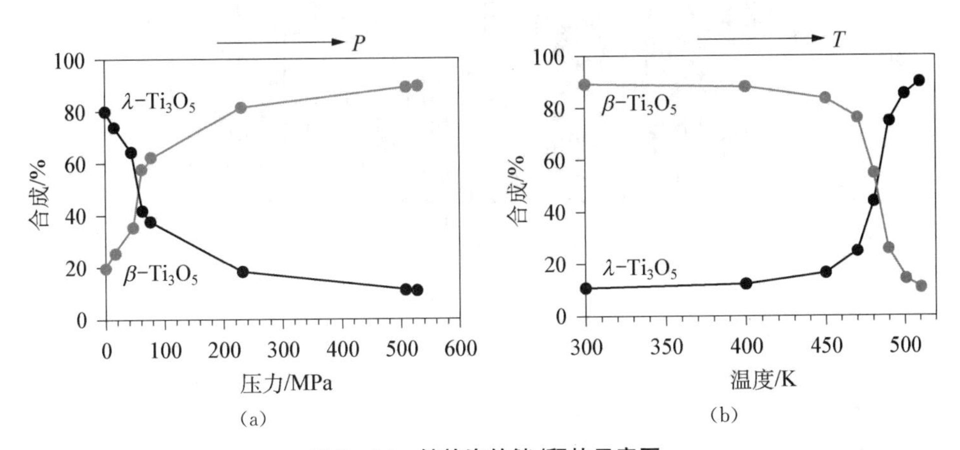

图 3-14　储热瓷的储/释热示意图

(a) 释热过程中相组分的压力变化；(b) 储热过程中相组分的温度变化

储热陶瓷优势：环保型相变材料，储量丰富；释热过程完全可控（压力触发），随需随取、长期储存等。

(2) 改良钙基吸收剂储热。2014 年美国南方研究院开发一种新型的高温热化学储热系统。基于闭式循环的反应器设计,该系统的正常运行温度可达到 900℃,改良钙基吸收剂储能密度超过 1 MW·h/m^3,而现有熔盐系统的储能密度仅为 0.25～0.40 MW·h/m^3[15]。

(3) 复合结构储热材料。复合材料主要包括相变储热材料、结构支撑材料和导热强化材料,通过材料选择、配方和制备成型等多尺度纳微米复合结构实现其高性能。

结构支撑材料和导热强化材料的选择主要根据复合体的结构、导热强化要求和热/化学稳定性进行筛选。根据无机盐的优点对单一熔盐及多元熔盐进行筛选。例如,太阳能热发电和中高温余热项目可选 400～500℃ 范围内的熔盐体系(见图 3-15)。由于碳酸熔盐体系相变焓较大、价格适中且设备腐蚀性相对较小,适合用于复合结构储热材料的配方。

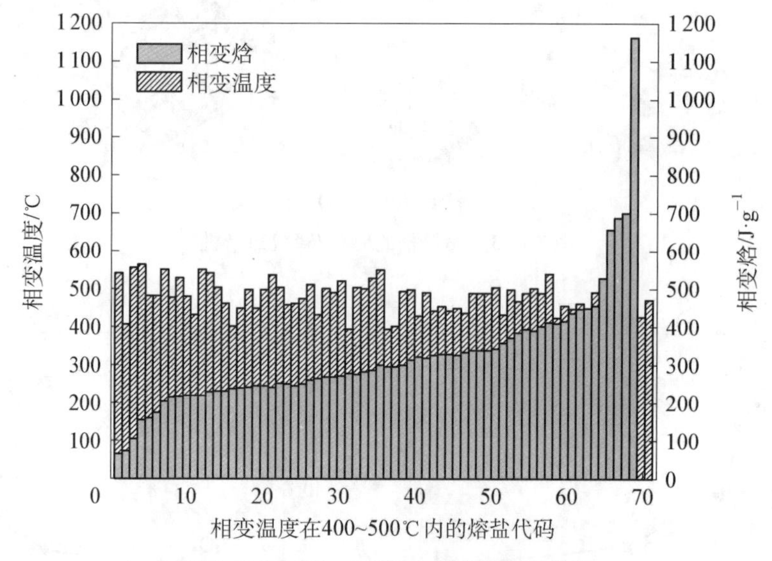

图 3-15　400～550℃ 内相变温度与焓值

通过冷压-烧结成型,将纳微米的材料有机结合,制备高性能复合结构的储热材料。如熔盐-金属氧化物-碳基导热材料,其储热密度高达 500 J/g(300℃温差),室温下导热系数在 3 W/(m·K)以上,所制备材料的 SEM(扫描电子显微镜)图及样品形貌如图 3-16 所示。由图 3-16(a)可见,复合储热材料组分均匀且结构致密;图 3-16(b)显示支撑材料在制备中形成骨架结构;图 3-16(c)和(d)表示相变材料、结构支撑材料和强化导热材料在制备后性能良好的复合结构。

固体显热储能材料热量密度小，放热工程难以恒温控制，体积大且效率不高；固体的热特性、熔盐的腐蚀性和高温凝结等问题仍需深化研究。热化学储热材料的温域宽、储热密度大，但工艺复杂、技术成熟度低。相变储热材料则存在腐蚀性、热/化学稳定性、循环使用寿命以及与结构材料的兼容性问题，需进一步研究。

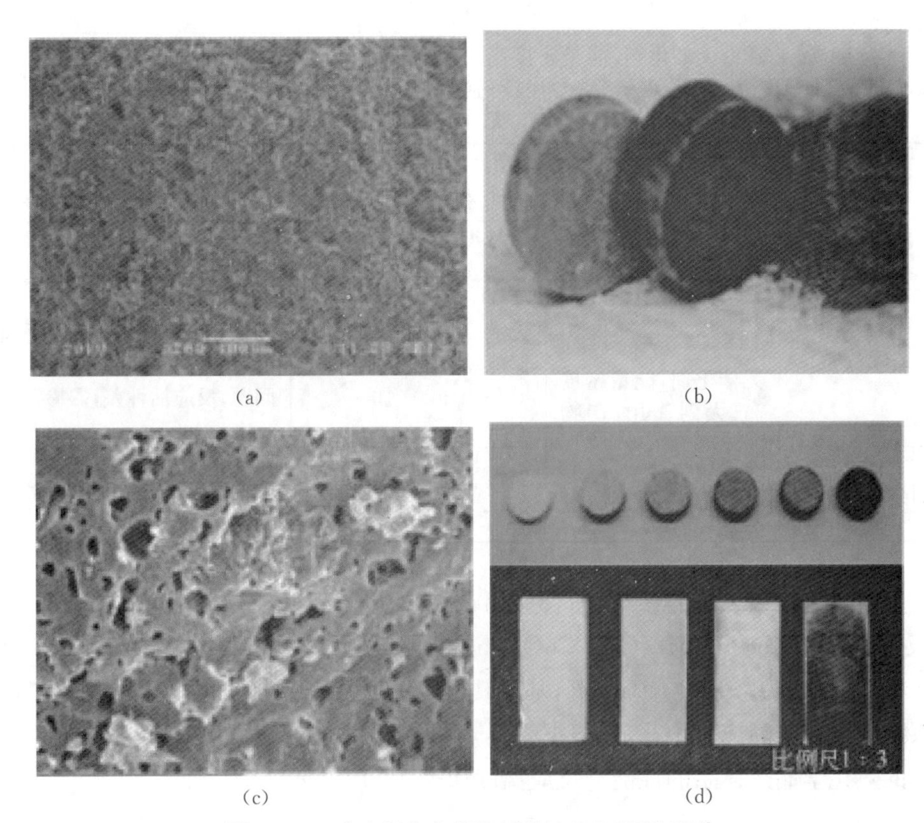

(a)　(b)　(c)　(d)

图3-16　中高温复合储热材料的SEM图和照片

(a) SEM；(b) SEM；(c) 数码照片；(d) 数码照片

3.4.5　热化学储热

热化学储热是利用可逆的化学反应，通过化学键的断裂重组实现能量的释放和储存。该法具有更大的储热密度及反应温度范围(600～1 100℃)。化学键的储热量约为潜热的5倍，显热的10倍，且具有化学键稳定、能量损失小，所涉及的设备结构紧凑、成本低、效率高等优点。

常见的热化学储热材料有碳酸盐、金属氧化物、金属氢化物、氨、有机物以及氢氧化物等[16]。利用无机氢氧化物以及碳酸盐热分解进行热化学储热的优缺点分别如表3-8和表3-9所示。

表 3-8　无机氢氧化物储能的优缺点

储能体系	优　点	缺　点
$Ca(OH)_2/CaO$	无催化剂,能量密度高(实验值为 300 kW/m³),可逆性好;常压;无副作用,产物易分离;无毒	反应物容易聚集和烧结,体积变化(95%),传热性能差
$Mg(OH)_2/MgO$	无催化剂,能量密度高(理论值为 380 kW/m³);常压;可逆性好;无副作用,产物易分离;无毒	体积变化大,产物活性(50%),传热性能差

表 3-9　碳酸盐分解储能的优缺点

储能体系	优　点	不同之处	缺　点
$CaCO_3/CaO$	无催化剂,能量密度高;无副作用,产物易分离	无毒 储能密度理论值(692 kW·h/m³)	反应物易聚集烧结,体积增大(105%);涉及 CO_2 的储存问题;反应活性差,需掺杂钛
$PbCO_3/PbO$		储能密度理论值(300 kW·h/m³)	反应活性差,涉及 CO_2 的储存问题,产物有毒

金属氧化物因氧气的参与,适合应用在太阳能燃气轮机系统。常见的金属氧化物反应对有 Mn_2O_3/Mn_3O_4、CuO/Cu_2O、Fe_2O_3/FeO、Co_3O_4/CoO、Mn_3O_4/MnO、V_2O_5/VO_2、BaO_2/BaO 等,基于其反应温度区间、成本等因素,可应用在不同的系统中。在实际应用中,可以根据外界热源的温度,选取不同的热化学储热体系,常见的热化学储热体系的性能与反应温度如表 3-10 所示。

表 3-10　常见的热化学储热体系的性能与反应温度

热化学储热体系	反应方程式	储能密度/(kW·h/m³)	反应温度/℃
氨	$NH_3 + \Delta H \rightleftharpoons \frac{1}{2}N_2 + \frac{3}{2}H_2$	745	400~700
氢氧化物	$Ca(OH)_2 \rightleftharpoons CaO + H_2O$	437	350~900
	$Mg(OH)_2 \rightleftharpoons MgO + H_2O$	388	250~450
甲烷重整	$CH_4 + CO_2 \rightleftharpoons 2CO + 2H_2$	7.7	700~860
	$CH_4 + H_2O \rightleftharpoons CO + 3H_2$	7.8	600~950
碳酸钙	$CaCO_3 \rightleftharpoons CaO + CO_2$	692	700~1 000
碳酸铅	$PbCO_3 \rightleftharpoons PbO + CO_2$	303	300~1 457

（续表）

热化学储热体系	反应方程式	储能密度/(kW·h/m³)	反应温度/℃
金属氢化物	$MgH_2 \rightleftharpoons Mg + H_2$	580	250～500
金属氧化物	$2BaO_2 \rightleftharpoons 2BaO + O_2$	328	690～780
	$2Co_3O_4 \rightleftharpoons 6CoO + O_2$	295	700～850

热化学储热的研究热点主要集中在以下几个方面：

(1) 选择合适的储能体系，包括反应可逆性好、腐蚀性小、无副反应、适宜的操作条件。

(2) 储能、释能反应器和热交换器设计，高温热化学储能系统能量储/释过程研究。

(3) 热化学储能系统能量储、释循环的稳态和动态特性及其建模。

(4) 储能系统㶲流结构模型和反应物物料流、能量流转换过程的理论与模型。

(5) 热化学储能式太阳能发电的中试放大研究及整个发电系统的技术经济分析。

3.4.6　储热技术的实际应用

在光热领域内，储热技术的成本经济是能否保持光热发电技术长期竞争力的关键。研究者[15]对导热油、混凝土和铸铁这三种载热体进行了比较。采用修正集总热容方法建立固体储热单元的1D非稳态模型，以流体出口温度和发电量为约束条件及单位发电成本为目标函数的优化设计，提出系统储热单位的最低发电成本所对应的优化参数：换热管数量 N、储热块长度 L、换热管内流速 U 和储热单元管径比 η。以导热油为传热流体，混凝土和铸铁两种固体储热材料为对象进行储热物性、设计参数及成本的对比分别如表3-11、表3-12和表3-13所示。

表3-11　传热流体和储热材料的热物性参数(300℃)

材料	密度/(kg/m³)	比热容/[J/(kg·K)]	热导率/[W/(m·K)]	黏性系数/(Pa·s)
导热油	749	2 480	0.084 4	0.000 17
混凝土	2 250	1 050	1.20	—
铸铁	7 200	560	37.0	—

表 3-12　混凝土和铸铁在不同发电量要求下的最优化设计参数

材料	Q_{total} /MW·h	L /m	N	η	$r_{total}\times10^3$ /[\$/(kW·h)]	$R_{total}\times10^{-4}$ /\$
混凝土	1	70.8	112	2.0	1.52	1.11
	5	63.4	841	2.0	2.46	8.98
铸铁	1	59.5	22	2.0	1.84	1.34
	5	51.1	240	2.0	3.34	12.18

表 3-13　储热模块优化设计成本对比

材料(能耗)	混凝土	碳钢管	铸铁	导热油能耗	导热油(泵压)
单位	\$/kg	\$/kg	\$/kg	\$/(kW·h)	\$
成本	0.05	2.2	1	0.064	1 883

如图 3-17 所示的计算结果表明,混凝土储热材料的单位发电成本较铸铁更低。对混凝土储热块而言,换热器材料的成本所占比例最大,超过 50%。当系统日发电量较大时,储热系统的运行成本(循环泵用电成本)将会迅速上升,成本比例超过 30%。对此建议将储热块分成若干个独立的储热模块分别进行充放热,以降低整个系统整体的储热成本。

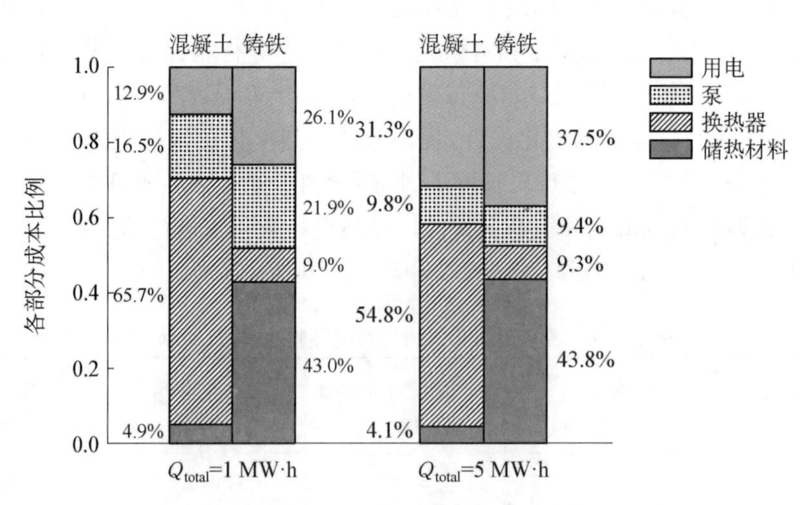

图 3-17　优化设计后的各部分成本所占比例

将混凝土储热、沙子储热直接应用在 DSG(直接蒸气发生)光热电站的流程如图 3-18 所示[17]。

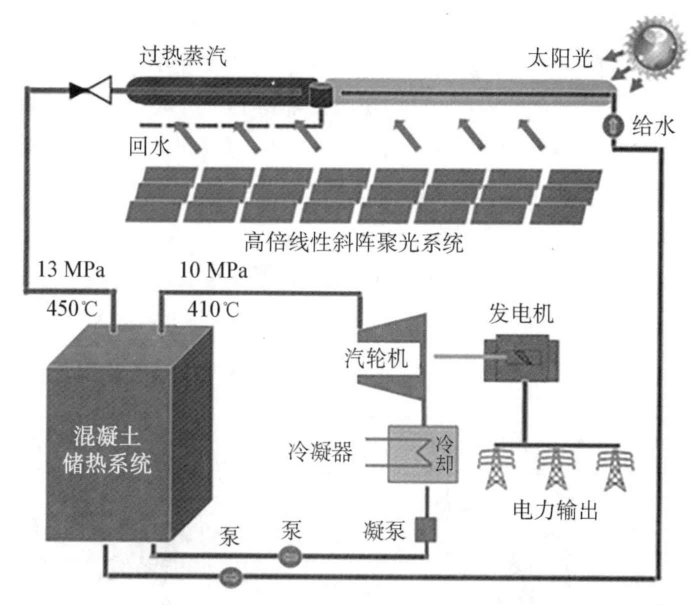

图3-18　兆阳15 MW DSG光热电站流程图

3.5　压缩空气储能技术

压缩空气储能电站是一种环保型再发电的形式。1978年联邦德国在亨托夫成功地投运了一个290 MW的压缩空气储能燃机电站，并获得了优异的可利用率和可靠性[18]（见表3-14）。研究表明：有经济效益的压缩空气储能电站是用25～50 MW（或其倍数）的标准单元组装而成的，可明显地减少投资和规划工作量[19]。显然，该技术也适用于太阳能利用、海水淡化的储能系统。

表3-14　国外建成典型的压缩空气储能电站

投运时间	国别	电站名称	电站类型	储能容量/(MW·h)	发电功率/MW	储气空间	效率/%
1978年	德	Huntorf	补燃式	580	290	地下600 m洞穴	42
1991年	美	McIntosh	补燃式	2 860	110	地下450 m洞穴	54
1998年	日	上砂川町	补燃式	2	2	地下400 m洞穴	—

压缩空气储能发电方式有多种（见图3-19），可根据现场条件和发电经济性选用适宜的类以及与其他发电装置耦合的方式。

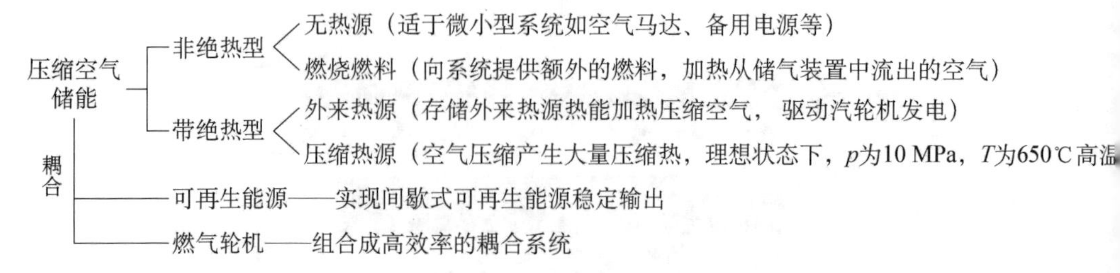

图 3-19　压缩空气储能方式

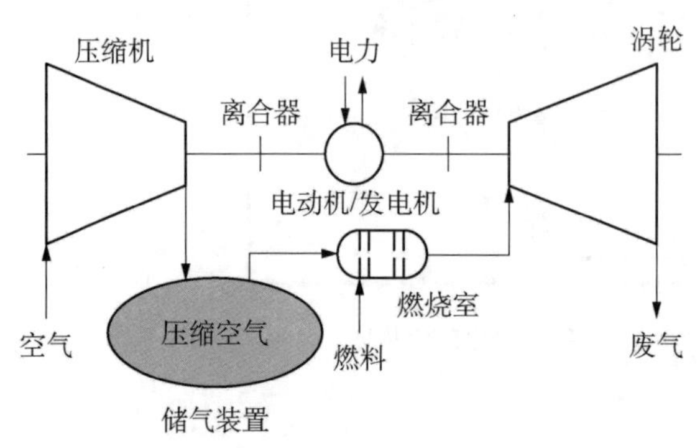

图 3-20　压缩空气储能系统工作原理图

3.5.1　工作原理

压缩空气储能系统的工作原理如图 3-20 所示[20-21]，其压缩机与涡轮不同时工作。在储能时，压缩空气储能系统消耗电能将空气压缩并存于储气室中；在释能时，高压空气从储气室释放，进入燃气轮机燃烧室同燃料一起燃烧后，驱动涡轮发电。由于储能、释能分时工作，在释能过程中，并没有压缩机消耗涡轮的输出功。因此，相比于消耗同样燃料的燃气轮机系统，压缩空气储能系统可以多产生 1 倍以上的电力。

压缩空气储能系统一般包括 6 个主要部件：①压缩机，一般为多级压缩机带级间冷却装置；②膨胀机，一般为多级涡轮膨胀机带级间再热设备；③燃烧室及换热器，用于燃料燃烧和回收余热等；④储气装置，地下或地上洞穴或者压力容器；⑤电动机/发电机，分别通过离合器和压缩机以及膨胀机连接；⑥控制系统和辅助设备，包括控制系统、燃料罐、机械传动系统、管路和配件等。

3.5.2　技术特点

压缩空气储能技术特点及发展趋势与其他储能技术相比，具有容量大、工作时间长、经济性能好、充放电循环寿命长等优点。

(1) 压缩空气储能电站仅次于抽水储能，可以持续工作数小时乃至数天，工作时间长。

(2) 大型压缩空气储能系统的单位建造成本和运行成本均比较低，具有很好的经济性；小容量系统可采用多个球罐存储压缩空气。

(3) 压缩空气储能系统的寿命长，可以储/释能上万次，并且其效率可以达到70%左右，接近抽水蓄能电站。

3.5.3　压缩空气储能技术的应用现状

迄今为止，已有大规模压缩空气储能电站投入商业运行的成功案例。例如1978年联邦德国在亨托夫(Huntorf)投运的290 MW压缩空气储能燃机电站。目前该电站仍在运行中，系统将压缩空气存储在地下600 m的废弃矿洞中，矿洞总容积达3.1×10^5 m^3，压缩空气的压力最高可达10 MPa。机组可连续充气8 h，连续发电2 h。冷态启动至满负荷约需6 min，在25%负荷时的热耗比满负荷高211 kJ，其排放量仅是同容量燃气轮机机组的1/3，燃烧废气直接排入大气[18]。

1991年美国亚拉巴马(Alabama)州的McIntosh压缩空气储能电站投入商业运行，其储气洞穴在地下450 m，总容积为5.6×10^5 m^3，压缩空气储气压力为7.5 MPa。该储能电站压缩机组功率为50 MW，发电功率为110 MW，可以实现连续41 h空气压缩和26 h发电，机组从启动到满负荷运行需约9 min。该机组增加了回热器用来吸收余热，以提高系统效率。美国俄亥俄(Ohio)州从2001年起开始建设一座2 700 MW的大型压缩空气储能商业电站，该电站由9台300 MW机组组成。压缩空气存储于地下670 m的地下岩盐层洞穴内，储气洞穴容积为9.57×10^6 m^3，其设计发电热耗为4 558 kJ/(kW·h)，压缩空气耗电0.7 kW·h/(kW·h)。美国艾奥瓦(Iowa)州的压缩空气储能电站是世界上最大风电厂的组成部分，该风电厂的总发电能力将达到3 000 MW。该压缩空气储能系统针对75～150 MW的风电场进行设计，系统能够在2～300 MW宽范围内工作，从而使风电厂在无风状态下也能正常工作。

日本于2001年投入运行的上砂川町压缩空气储能示范项目位于北海道空知郡，输出功率为2 MW，是日本开发400 MW机组的工业试验用中间机组。它利用废弃的煤矿坑(约在地下450 m处)作为储气洞穴，最大压力为8 MPa。

瑞士ABB公司开发联合循环压缩空气储能发电系统，该项目发电机用同轴的燃气轮机和汽轮机驱动。储能系统发电功率为422 MW，空气压力为3.3 MPa，系统充气时间为8 h，储气洞穴为硬岩地质，采用水封方式。该系统的燃烧室和燃气涡轮都分别由高压和低压两部分构成，采用同轴的高、中、低压3个涡轮，机组效率可达70.1%。

3.5.4　压缩空气储能-可再生能源耦合系统

风能、太阳能等可再生能源具有间歇性和不稳定性特征，压缩空气储能系统可以将间歇式可再生能源“拼接”起来，并稳定地输出，为可再生能源大规模利用提供有效的解决方案[7]。

1）太阳能的压缩空气储能发电系统

由理论分析可知，膨胀比一定时涡轮机前温度越高，单位质量空气做功能力越强。

一般来讲，晴天太阳能热辐射强度高，太阳能集热器的热量除供应机组额定功率发电以及辅助系统能耗外，还剩有许多富裕热能，可通过储热系统吸纳储能；晚上启用太阳能储热器，提高涡轮机前空气温度，从而提高涡轮机出力，同时增加太阳能发电机组的连续运行时间，提高工程投资回报率。

太阳能集热器可分槽式、盘式、塔式等。槽式太阳能集热器比较成熟，集热温度可达 300～400℃；盘式的功率较小；塔式太阳能集热器温度可以达到很高，功率也可达到较大，其加热部分是固定的，便于设计，技术上有优越性，但价格较高。

载热介质可以利用水、导热油或者相变介质。

如图 3-21 所示，利用太阳能加热水和蒸气，它的吸热段包括蒸发器和过热器，利用汽包将湿蒸气进行气水分离。将太阳能锅炉生产的饱和水和过热蒸气分别引入储热器，储热器内设饱和水放热段和过热蒸气放热段，过热蒸气放热段置于储热器的高温端，即涡轮机侧，饱和水放热段置于储热器的低温端，即储气装置侧。过热蒸气和饱和水在储热器冷却后，其凝结水由水泵打入蒸发器加热，产生的湿蒸气进入汽包，气水分离，饱和水引入储热器的低温加热段，汽包中的蒸气进入过热器，然后引入储热器的高温段。水在该系统中是封闭的，只作为加热空气的传热介质，并不直接做功。

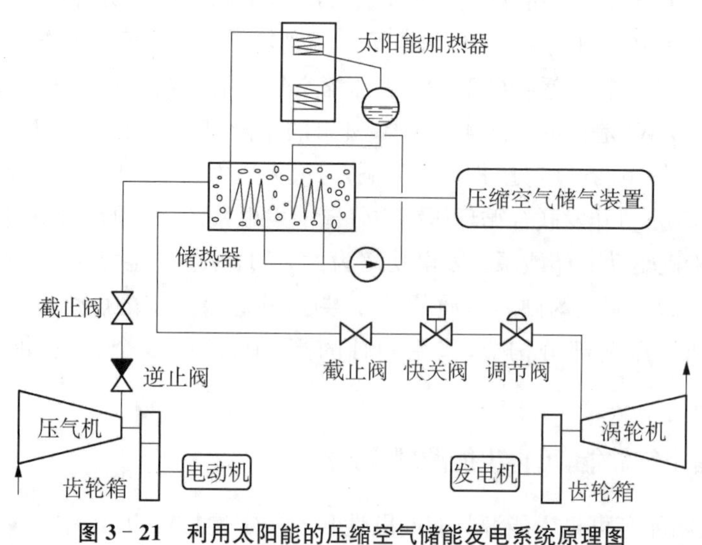

图 3-21　利用太阳能的压缩空气储能发电系统原理图

假设涡轮机前温度达 400℃，压力为 0.7 MPa，排气压力为 0.1 MPa，其等熵绝热焓降为291.6 kJ/kg。实际焓降则为251 kJ/kg。当机械效率为0.98,发电机效率为0.97时,吸纳1 kW·h电能可发出0.874 2 kW·h电能。

2）压缩空气储能-风能耦合系统

图3-22为压缩空气储能-风能耦合系统示意图[22]。在用电低谷,风电厂的多余电力驱动压缩机,压缩并储存压缩空气;在用电高峰,压缩空气燃烧并进入燃气涡轮机发电,用以填补风电对电网/用户的供电不足。采用压缩空气储能-风能耦合的系统可将风电在电网中的供电比例提高至80%,远高于传统40%的上限[22]。

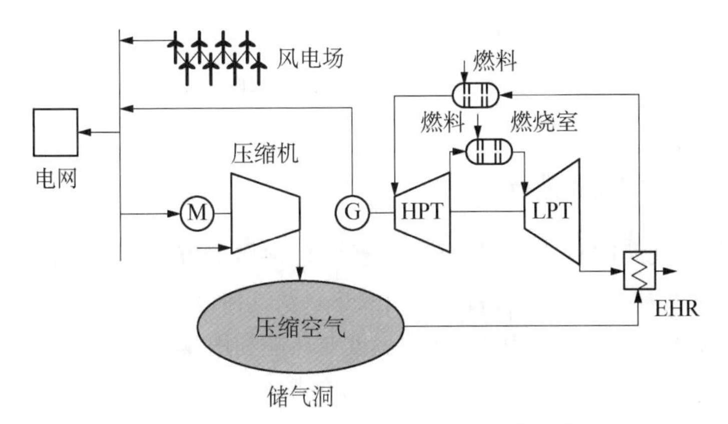

图3-22　压缩空气储能-风能耦合系统示意图

压缩空气储能系统与风力发电系统有如下两种耦合方式。

(1) 在电力销售侧建造压缩空气储能系统,这样可以根据电能的消耗需求来调节储/释能,存储低谷、低价电,而在高峰、高价时段出售,从而产生优越的经济效益。但是,如果风电厂和储能系统分别管理,风电厂将不能分享储能得到的收益。

(2) 在风电厂侧建造压缩空气储能系统,根据风电厂的发电功率调节储/释能,并根据风电厂的容量因子调整输电线路的载荷,而不必根据最大发电功率配置输电线路,从而大幅提高输电线路的有效载荷。但是它根据发电功率调节储/释能,而不是根据市场的电力需求调节,因此比第一种方式的经济性差。

如果将风电系统与压缩空气储能-燃气轮机系统耦合则可形成一种双模式压缩空气储能-风能耦合的发电系统,如图3-23所示。在储能模式下,风电驱动压缩机产生高压空气,并存入储气洞穴;释能时,压缩空气燃烧,并驱动涡轮做功,也可以直接切换至燃气轮机模式,风电驱动电动机-压缩机产生压缩空气,取代传统的燃气轮机中通过燃气涡轮带动压缩机部件压缩空气,这部分压缩空气进入燃烧室与天然气混合燃烧后做功。

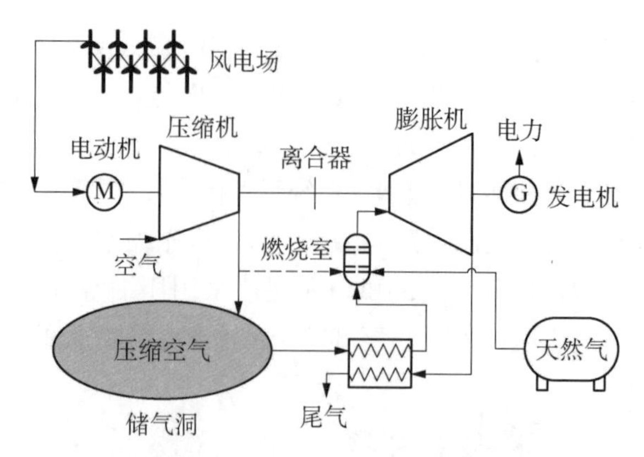

图 3-23　双模式压缩空气储能-风能耦合系统示意图

3.5.5　压缩空气储能关键技术

(1) 压缩空气储能总体流程的优化设计，包含压缩方式（如等温压缩与绝热压缩）、压缩级数，高压储气系统的储气空间散热以及气体泄漏，回热利用子系统不同的换热介质（水储热与熔融盐储热）及换热温度对热能利用效率的影响。

(2) 子系统接口参数的优化配置，实现完好耦合。

(3) 地下洞穴储气技术，其工程建设和运维成本直接影响该储能方式的效益。

(4) 优化控制与调度技术，利用被弃风电、被弃光电、被弃水电及低谷电来压缩空气，其运行过程中所生产的高品位电能的多少以及高低品位电能价格的差异也是影响其经济性的重要因素。

(5) 空气干燥及除尘技术，是压缩空气储能技术安全推广的重要基础。

(6) 高压储气空间的探伤和修复技术，是储能系统安全性的重要支撑。

(7) 汽轮发电子系统控制与保护技术。当外部电网发生有功功率或无功功率的扰动时，汽轮发电子系统控制中心仍应能给出正确的控制指令，以增强电网对扰动的鲁棒性(robust)。

3.6　技术发展趋势及未来展望

储能技术对于电力系统的削峰填谷、调压调频、负荷跟踪、电能质量控制和备用电源等起着重要作用，如何在能、电系统以及电网安全稳定条件下以较少的投资实现最大经济效益，发挥储能技术的最大价值，成为深化节能减排的重要任务。在未来一段时间里，抽水蓄能技术在大规模电力存储上仍为主力技术。飞轮储能将围绕不断提高能量密度和降低成本进行发展，同时高温超导磁悬浮形式的飞轮储能将是未来的研究方向之一。

压缩空气技术在大型领域已比较成熟，如何规避地形限制，发展小型高密度空气储能将是未来研究的重点。随着大规模储能需求和电动汽车的发展，新型高效电化学储能电池将不断研发和推广示范，提升电池寿命、降低成本将是接下来研究的重点。超导磁储能技术具有高响应速度和高功率密度等特点，如何突破高温超导材料的研发，降低使用成本将是突破的关键。超级电容储能将在不断提高能量密度、降低成本和提高器件使用寿命等方面持续关注。熔融盐蓄热储能会随太阳能发电技术的进展而不断推进，一些新型混合熔融盐将不断开发以适应未来的储热需求。中高温热量的有效转换、传输回收和存储是储热材料开发的核心，其简单、安全的介质循环储热系统将是采用的优先条件。

新能源发电的不稳定性和间歇性加剧了市场供需和大规模开发利用的矛盾。客观上，储能应用技术的水平将决定再生能源的利用水平。储能技术是分布式能源、智能电网、可再生能源接入、电动汽车发展的主要支撑技术之一。目前整个储能产业仍处在技术研发和市场推广期。未来储能市场的发展将主要集中在分布式储能、“分布式光伏＋储能”、微网等配网侧和用户侧等领域。国家能源局发布的《能源技术革命创新行动计划(2016—2030年)》中表示，到2020年示范推广10 MW/100 MW·h超临界压缩空气储能系统、1 MW/1 000 MJ飞轮储能阵列机组、100 MW级全钒液流电池储能系统、10 MW级钠硫电池储能系统和100 MW级锂离子电池储能系统等一批趋于成熟的储能技术。伴随电力体制改革的不断深入，储能技术也将收获更多的市场机会。目前，我国储能产业距离整体健康发展还有一定的距离，储能商业化应用面临着储能成本偏高、电力交易市场化程度不健全、储能技术路线不成熟、缺乏储能价格有效激励等问题。尽管当前储能产业的发展可谓机遇与挑战共存，然而伴随着化石能源的日益枯竭和能源需求的加速增长，同时以可再生能源与新能源技术为代表的新一轮科技革命的蓬勃发展和产业变革的兴起，储能技术必将促进全球范围内的能源结构调整，进而改变世界能源格局。

参考文献

[1] 钱伯章.国内储能技术应用进展[J].电力与能源，2014，35(2)：204-207.
[2] 张军，戴炜轶.国际储能技术路线图研究综述[J].储能科学与技术，2015，4(03)：260-266.
[3] 中华人民共和国国家发展和改革委员会，国家能源局.关于提升电力系统调节能力的指导意见[EB/OL].[2018-2-28].http://www.ndrc.gov.cn/g2dt/201803/t20180323-880128.html.

[4] 张亮. 未来10年内分两个阶段推进储能产业发展[J]. 中国设备工程,2017,24:1.

[5] 严晓辉,徐玉杰,纪律,等. 我国大规模储能技术发展预测及分析[J]. 中国电力,2013,46(08):22-29.

[6] 赵晏强,周伯柱. 国际储能关键技术竞争态势[J]. 科技促进发展,2017,13(10):745-751.

[7] 叶季蕾,薛金花. 面向电力系统应用的储能技术/经济性分析研究[J]. 电力电网,2017,36(16):20-28.

[8] 艾欣,董春发. 储能技术在新能源电力系统中的研究综述[J]. 现代电力,2015,32(05):1-9.

[9] 梁立中. 200 MW/800 MW·h全钒液流电池大型储能电站建设方案介绍及关键技术研究,2018火电灵活性改造及深度调峰技术交流研讨会[C]. 沈阳:2018.

[10] Zhang Y, Faghri A. Heat transfer enhancement in latent heat thermal energy storage system by using the internally finned tube [J]. International Journal of Heat Mass Transfer, 1996,39(15):3165-3173.

[11] Cabeza L F, Castell A, Barreneche C, et al. Materials used as PCM in thermal energy storage in buildings: A review[J]. Renewable and Sustainable Energy Reviews, 2011,15(03):1675-1695.

[12] Lamberg P, Kai S. Approximate analytical model for solidification in a finite PCM storage with internal fins [J]. Applied Mathematical Modelling, 2003,27(07):491-513.

[13] Ermis K, Erek A, Dincer I. Heat transfer analysis of phase change process in a finned-tube thermal energy storage system using artificial neural network [J]. International Journal of Heat and Mass Transfer, 2007,50(15-16):3163-3175.

[14] 孙建强,张仁元. 金属相变储能与技术的研究与发展[J]. 材料导报,2005,19(08):99-101,105.

[15] 汪翔,陈海生,徐玉杰,等. 储热技术研究进展与趋势[J]. 科学通报,2017,62(15):1602-1610.

[16] 闫霆,王文欢,王程遥. 化学储热技术的研究现状及进展[J]. 化工进展,2018,37(12):4586-4595.

[17] 胡康,徐飞. 利用相变储热提升电力系统可再生能源消纳[J]. 工程热物理学报,2018,39(01):1-7.

[18] 陈来军,梅生伟. 面向智能电网的大规模压缩空气储能技术[J]. 电工电能新技术,2014,33(08):1-6.

[19] 余耀,孙华,许俊斌,等. 压缩空气储能技术综述[EB/OL]. (2018-03-24)[2019-2-25]. http://www.cscn.com.cn/news/show0509963.html.

[20] 高京生. 压缩空气储能电站及实施方案设想[C]. 贯彻"十二五"环保规划,创新火电环保技术与装备研讨会论文集. 中国动力工程学会,2011:19-24.

[21] 刘金超,徐玉杰,陈宗衍,等. 压缩空气储能储气装置发展现状与储能特性分析[J]. 科学技术与工程,2014,14(35):1671-1815.

[22] 张新敬,陈海生,刘金超,等. 压缩空气储能技术研究进展[J]. 储能科学与技术,2012,1(01):26-40.

第4章　燃料电池技术

燃料电池(fuel cell, FC)是一种将存在于燃料与氧化剂中的化学能直接转化为电能的发电装置。燃料和空气分别送进燃料电池,电就被奇妙地生产出来。在日益严峻的环境和能源形势下,燃料电池技术显得尤为重要。

4.1　概述

在当今世界,能源作为支撑整个社会的三大支柱之一,推动着人类社会向前发展[1]。而人口的持续增长和科学技术的进步刺激了过去一个世纪能源消费的空前增长。与此对应的就是由能源开采、消耗等所带来的一系列环境问题,由此人类正面临着严峻的能源与环境挑战。其中,能源短缺与环境污染已成为世界关注的焦点问题,尤其在化石燃料能源的过量使用造成温室效应的背景下[2]。而燃料电池的横空出世带来了新的希望,作为一种新型清洁能源技术,它具有不受卡诺循环制约的高效率,相对于涡轮机等设备的高可靠性、良好的环境效益和操作灵活性,对能源结构优化以及环境保护有重大的作用[3]。世界上许多国家尤其是日本等发达国家对燃料电池技术青睐有加,并制定一系列利好政策鼓励其产业化发展。燃料电池技术已经成为当代最炙手可热的高新技术之一[4]。在我国产业结构转型的战略机遇期内,加快电力结构调整,增加新能源发电比例是节能减排、确保地区能源安全的重中之重,因此发展燃料电池已成为当务之急。

4.1.1　国外燃料电池技术现状

从第一次定义燃料电池到目前,我们正处于的燃料电池商业化发展之路已历经200多年。具体来说,在1802年,Humphry Davy通过在阳极与阴极上分别使用碳基燃料和硝酸,成功构建了原始燃料电池,从而有效证明了燃料电池的概念。随后在1838年,科学家Christ Friedrich Schonbein开始研究燃料电池的一些基本原理。1839年,身为化学家、物理学家和律师的William Grove研究了原始氢燃料电池,他使用充满氢气和氧气的试管以及铂棒充当电极和催化剂,并将其浸入稀硫酸电解液。

通过得出的结果，最终证明了在铂催化剂上的氢和氧之间发生电化学反应并产生了电流。1889年，“燃料电池”一词首次提出，并由德国出生的英国科学家Ludwig Mond及其助理Charles Langer首次使用，该团队创建了具有多孔电极以增加三相边界的更实用的燃料电池，同时使用空气和煤气作为易商业化的气体来操作设备[5]。他们还澄清了氧电极的损耗以及内阻的作用。20世纪初，他们进一步尝试将煤炭直接转化为电力，但技术仍然有待于发展。

燃料电池发展中最重要的技术贡献出现于1932年，剑桥的教授Francis Bacon修改了Mond的设备，开发了第一个碱性电解质燃料电池(AFC)，但直到1959年，Bacon才演示了实用的5 kW燃料电池系统，从而使燃料电池研究向前迈进了一大步。此后1960年代初期，苏联政府和美国宇航局开始了工业伙伴合作，开发用于载人航天任务的燃料电池发电机。作为新技术的聚合物电解质燃料电池(PEMFC)也由此产生并发展。之后的20世纪七八十年代，由于政府、企业和个人逐步提升的环保意识以及相应立法的出现，将燃料电池引入汽车行业，开始试验燃料电池电动车，增加了燃料电池堆叠的功率密度和开发氢燃料储存系统的积极性。燃料电池在固定物体和汽车方面的应用显著扩大，由氢气或氨气供电的车型以及氢燃料内燃机技术开始大范围研究，磷酸燃料电池(PAFC)技术在性能方面得到重大进步，比如当年主要的离网电力大型固定式磷酸燃料电池机组有重大现场演示，其中包括由国际金融公司开发的1 MW机组。美国海军也在研究潜艇中可使用的磷酸燃料电池，其高效、零排放、近无声运行的优势，为海军提供了相当大的运营优势。在20世纪90年代，世界注意力转向聚合物电解质膜燃料电池(PEMFC)和固态氧化物燃料电池(SOFC)技术，且应用方向转为小型固定应用。由于其单位成本更低，潜在市场数量更多，小型固定应用具有更迫切的商业可能性。例如，德国、日本和英国等多国政府将其应用到电信站点，或作为住宅微型热电联产的备用电力。清洁运输的政府政策也有助于汽车应用的PEMFC的发展。1990年，美国加州空气资源委员会(CARB)推出了零排放车辆(ZEV)(ICE)的改进。

在过去十年中，随着各种应用商业化，燃料电池出货量迅速增长。随着越来越多的燃料电池套件向消费者出售，便携式燃料电池自2009年以来达到了最快的增长速度，使燃料电池的技术发展进入发展期(见表4-1)。许多国家将其列入高价值制造业和环境技术，使燃料电池成为一个清洁能源制造业持续增长的选项(见表4-2)。

表4-1　国外燃料电池技术发展

年份	项 目 内 容	备 注
1838	瑞士C. F. Schonbein发现燃料电池原理	在铂电极上，氢和氧反应产生电流

（续表）

年份	项 目 内 容	备 注
1839	英国 Grove 发明气体电池，用以铂黑为电极催化剂的氢氧燃料电池点亮伦敦讲演厅	1889年 L. Mond、C. Langer 将“气体电池”正名为“燃料电池”，并获得 3.5 mA/m^2 电流密度
1902	Reid 提出碱性燃料电池概念（申请专利）	1909年诺贝尔奖者 Ostwald 奠定燃料电池理论基础
1923	A. Schmid 提出气体扩散电极的概念	1932年 G. W. Heise 以蜡为防水剂制备憎水电极
1950年代	美国通用电气(GE)和联合碳化物公司分别制备聚四氟乙烯为防水剂的多孔气体扩散憎水电极	接近目前氢氧燃料电池常用的电极
1959	英国剑桥大学 Bacon 开发碱性燃料电池 5 kW，称为“培根电池”	采用高压氢氧气，用较廉价镍网替代铂黑电极，用不易腐蚀镍网的 KOH 碱性电解质代替硫酸
1960年代	美国 NASA 与 GE 研制磺化聚苯乙烯阳离子交换膜这种聚合物电解质膜，开发 PEMFC	1962年应用于双子星座飞船
1962	美国最早研究 SOFC，并在试验装置上获得电流	西屋电气公司以甲烷为燃料
1972	杜邦(Dupont)公司开发 Nafion 质子交换膜	解决膜材料（聚四氟乙烯磺酸膜）的关键技术
1967—1976	普惠公司主导兆瓦级磷酸燃料电池开发	氢氧燃料电池应用于宇航领域
1981	日本设立了以开发节能技术为宗旨的“月光计划”，包括燃料电池	其 PAFC 技术及商业化程度超过美国，包括 5 MW（富士电机制造）和 11 MW（东芝与 IFC 合制）
2003	美国推出“Freedom Fuel”氢能发展计划	推动高效绿色电力系统进入电力市场

表4-2　几大公司的 FC 亮点

国家/公司	时间	项目内容	备 注
日本新能源产业技术开发机构(NEDO)	1981—1986	1 000 kW 发电装置/200 kW	磷酸型燃料电池(PAFC)，适用于边远地区或商业用
富士电机公司	截至1993年	向国内外供应 17 套 PAFC 示范装置/分散型 5 MW 设备的运行研究；有的超过目标寿命 4 万小时	日本最大的 PAFC 电池堆供应商，有 50 kW、100 kW 及 500 kW 设备

（续表）

国家/公司	时间	项目内容	备　注
东芝和美国 IFC 公司成立 ONSI 公司		现场型 200 kW 设备“PC25”系列；近期成本 $1 500/kW，与 PC25C 型比，体积减小 1/4，质量为 14 t	2001 年，中国第一座 PC25C 型燃料电池电站，由日本的 MITI (NEDO)资助
加拿大 Ballard 公司	1997.8—1999.9	第一/第二座 250 kW 发电厂发电	质子交换膜燃料电池 PEMFC
美国 Plug Power 公司	1997	Plug Power PEMFC 模块，第一个成功	将汽油转变为电力
美国 ERC(Energy Research Corporation)	1996	设于加州圣克拉拉的 2 MW 的 MCFC 电站的实证试验；预计功率 3 MW，成本 $1 200/kW	熔融碳酸盐燃料电池(MCFC)；公司现更名为 Fuel Cell Energy Inc.
日立和石川岛播磨重工	1994	完成两个 100 kW、电极面积 1 m²，加压外重整 MCFC	
西门子-西屋公司	2000.5	功率 220 kW，发电效率 58%，未来的 SOFC/燃气轮机发电效率将达到 60%～70%	固体氧化物燃料电池(SOFC)；美国加州世界上第一台 SOFC 和燃气轮机混合发电站

21 世纪初，政府、企业和消费者对能源安全、能源效率和二氧化碳排放等的关切越来越多。由此拥有极强优势的燃料电池技术开始呈现喷井式发展。参与燃料电池研究的政府和私人资金显著增加。国外大量学者与研究人员重新关注燃料电池基础研究，以实现成本降低和运营绩效的突破，使燃料电池与传统技术具有竞争力。欧盟、加拿大、日本、韩国和美国也都在高调从事燃料电池示范项目，主要是关于固定和运输燃料电池及其相关的加油基础设施方面的研究，以期实现突破。从 2007 年开始，燃料电池大范围应用于商业用途。成千上万的 PEMFC 和 DMFC 辅助动力装置在诸如船只和露营车等休闲应用中商业化，大量固定 PEMFC 应用到住宅热电联产中。

北美地区国家的不间断电源也大量采用燃料电池，固定式燃料电池行业快速发展。而 2009 年东芝推出 Dynario 燃料电池充电器后，便携式行业的出货量也飞速增加。且随着燃料电池系统制造商数量的增加，供应链也在稳步增长。部件供应链和相关服务不断扩大，在北美的燃料电池制造技术领先地区尤其如此。虽然 2008 年末的全球经济衰退对某些燃料电池公司产生负面影响，然而它给其他公司带来了更加商业化的动力，并寻求可以支持其核心竞争力进一步研发的创收机会。自经济衰退以来，世界各国政府已经将燃料电池视为未来经济增长和创造就业的潜力领域，并为其发展投入了更多的资源。许多西方国家试图将经济重新平衡到高价值制造业和环境技术，目前燃料电池技术已经进入了一个持续增长的时期。

4.1.2 国内燃料电池技术现状

我国燃料电池的研究始于1958年，首先由原电子工业部天津电源研究所开展MCFC的研究，但因当时电池材料的腐蚀问题而受挫。1960年代中期，航天曙光计划推动我国FC研究的第一次高潮，全国多家科研院校合作开展飞船FC的研究，中国科学院上海硅酸盐研究所也开展了SOFC的研究。国家在AFC和酸性离子膜FC研究中投入大量资金，到1970年代末，其研究取得一定进展，如中国科学院大连化学物理研究所研制成功的两种类型的碱性石棉膜型氢氧燃料电池系统(千瓦级AFC)均通过了例行的航天环境模拟试验。

在20世纪80年代，随经济的发展，FC研究规模进一步扩大。其中，大连物化所从事再生型AFC研究，并组装千瓦级水下用石棉膜型氢氧FC。而在“七五”与“八五”期间，燃料电池研究进一步深入。中国科学院长春应用化学研究所承担了PEMFC研究任务，并随后开始进行直接甲醇质子交换膜燃料电池(DMDC)的研究。华南理工大学自1992年以来开展SOFC电催化转化技术研究，并于1995年组装国内第一个以天然气为燃料的管状SOFC试验装置，最终获得成功，该燃料电池可连续放电120 h。长春应化所在美国福特基金会的资助下也开展PEMFC的技术研究，利用杜邦公司的Nafion膜制成燃料电池装置，试验发现其寿命达到60 h。哈尔滨电站设备成套设计研究所在1989—1991年试验MCFC原型MCFC电池组，实现放电24 h。

由于国家科技部与中科院将燃料电池技术列入“九五”科技攻关计划的推动，加上投资达到逾1亿元规模等原因，1990年代中期我国兴起FC研发的第二个高潮。在这个时期，质子交换膜燃料电池被列为研究重点，以大连化学物理研究所为牵头单位，在中国全面开展了质子交换膜燃料电池的电池材料与电池系统的研究，并组装了多台百瓦级、千瓦级电池组与电池系统。其中5 kW电池组包括内增湿部分，其质量比功率为100 W/kg，体积比功率为300 W/L。此外，大连物化所作为燃料电池及氢源技术的国家工程研究中心依托单位，成功研制500 W的AFC，并研究MCFC和SOFC相关技术。此后，在“十五”期间，我国“863”计划拨款8.8亿元用于支持混合电动车和燃料电池汽车的研发，“973”计划拨款约3 000万元用于储氢技术、质子交换膜和催化剂的研发。也正是在这个时期，中国与全球环境基金及联合国发展计划署成立了燃料电池合作项目，共同提供约1.98万美元的资金支持中国燃料电池项目开发。在“十一五”期间，我国“863”计划、“973”计划和科技支撑计划等重大科技项目对制氢、储氢和加氢技术、燃料电池及其部件和原材料技术的研发继续给予经费支持。其中，燃料电池技术的主要研究内容包括质子交换膜燃料电池低铂载量膜电极技术、质子交换膜燃料电池水平衡气体扩散层技术、阴极支撑型中温固体氧化物燃料电池技术、熔融碳酸盐燃料电池关键技术，以及其他新型燃料电池技术。国内 FC 研发情况如表 4－3 所示。

表 4－3　国内 FC 研发情况

单　位	年份	项目内容	备　注
天津电源研究所	1958	MCFC 等	该单位已成为集国内电池电源研究/检测和鉴定于一体的权威机构
上海发电设备成套院(原汽轮机锅炉研究所)	1960 年代中	SOFC 研发(100 个单元发 40 W)	与上海硅酸所合作研发陶瓷材料，后来该项目带入上海汽轮机厂
大连化学物理研究所	1970 年代	碱性石棉膜型氢氧燃料电池	航天环境模拟试验
国内院所、清华等十几家单位	“八五”期间	“863”计划开始中温 SOFC 纳米氧化锆/新型质子导体作为电解质的研究，电流密度为 200 mA/cm^2	1971 年上海硅酸所研究 SOFC 电极材料和电解质材料
长春应用化学研究所	1990—1993	PEMFC/DMFC	甲醇质子交换膜
哈尔滨电站成套设备研究所	1991	MCFC(7 个单电池组成)	1993 年大连化物所自制 $LiAlO_2$ 微粉，用冷滚压法和带铸法制备出 MCFC 用的隔膜，组装了单体电池
大连化学物理研究所	1990 年代中期	PEMFC 电池材料与电池系统，组装百瓦、1～2 kW、5 kW 和 25 kW 电池组与电池系统。	5 kW 电池组质量比功率为 100 W/kg，体积比功率为 300 W/L
	2000	30 kW 车用燃料电池	北京富原公司提供 40 kW 的中巴车燃料电池
东方电气集团中央研究院	2012	3.5 kW 燃料电池发电系统满发	自主知识产权技术
西安热工研究院	2008	高温燃料电池及发电系统研究，成果可应用在 20 kW 级熔融碳酸盐燃料电池 560 mm×400 mm 双极板结构设计	应用 Aspen Plus 软件建立了 1 MW 的 SOFC 发电系统模型；进行了熔融碳酸盐燃料电池发电试验，电流密度达到 0.1 A/m^2

目前，我国对质子交换膜燃料电池的各个组件的开发研究都取得了较大的进展。

在催化剂方面，清华大学科研人员研制出新型铂/碳电极催化剂。它将碳载体在使用前置于一氧化碳中活化处理，即将碳载体置于流动的一氧化碳气体中加热到350～900℃，活化处理1～12 h，再用沉淀法把Pt负载到碳载体上，得到Pt/C催化剂。长春应用化学研究所研制出纳米级高活性电催化剂用作阳极催化剂，该催化剂粒度均匀，粒径(4±0.5)nm，电化学性能优于国际同类产品。此外，复旦大学利用沉淀方法在表面活性剂存在时，制得纳米铂/碳催化剂，该催化剂的使用效果也非常好。

在电极组合件方面，北京世纪富原燃料电池有限公司开发出横板涂敷法，从而能够在一片质子交换膜上制作多个膜电极的燃料电池；北京太阳能新技术公司研制出陶瓷型无机复合材料厚膜电极，其材料组分质量百分含量分别为：石墨(25%～30%)、Ag(25%～30%)、Pb(30%～35%)、B(6%～8%)、Si(4%～22%)。这种材料将金属或非金属与导电粉末等氧化物组成的无机黏结剂掺和、丝网印刷与烧结，形成微观网络式导电通道。

在质子交换膜(PEM)方面，清华大学研制出聚偏氟乙烯接枝聚苯乙烯磺酸质子交换膜(PEM)。其通过将聚偏氟乙烯溶于甲基吡咯烷酮溶剂中，然后通过加热、回流、保温并引入三氯甲烷形成沉淀的方式制得此种质子交换膜。

在双极板方面，天津电源研究所研制出实用新型双极板，它包括金属板气体反应区域、气体进口、气体出口。金属板上、下面气体反应区域周围分别设有凹槽，气体进口、气体出口与气体反应区域之间分别设置有暗孔道。该设计改善了电池组的密封性，延长了其寿命，提高了性能。大连化学物理研究所研制出的双极板由3层薄金属板构成，中间为导电流不透气液的分隔板，两边分别置有带条状沟槽的导流板，条状沟槽占整个工作面积的50%～80%。这种新颖的设计提高了反应气体的利用率，从而提高了电池性能。

在电解质方面，吉林大学研制出固体复合电解质，它由基体材料 $Ce_{1-x}Re_xO_{2-d}$ 和Ni、Al、Co、Na、Ca、K的金属化合物或NiAl化合物添加剂经过混合、研磨、烧结、冷却、粉碎、研磨等工艺制成。它是用模具直接压制成薄片，烧结后强度可达到10 MPa，用它做PEMFC电解质，可使用甲醇、乙醇、甲烷和乙烷等多种燃料。上海交通大学研制出的新型电解质带磺酸盐侧基、羧酸盐侧基的聚芳醚酮，可作为PEM的阳离子组分。

4.2 燃料电池技术原理

燃料电池作为一种新型能源清洁利用技术，其主要特点是能量转换效率高、环境污染小，在安全可靠性、操作性能、模块化、安装时间、占地面积等方面也有诸多优势，

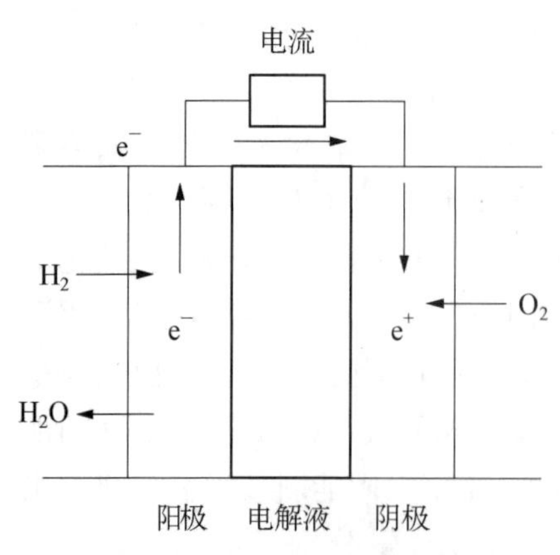

图 4 - 1　燃料电池基本原理图

被誉为 21 世纪的新能源之一，是继火电、水电、核电之后的第四代发电方式。

燃料电池是一种将储存在燃料和氧化剂中的化学能直接转化为电能的电化学能量转换装置[6-7]。当燃料和氧化剂源源不断地供应燃料电池时，它可以连续发电，并且一般在转化过程中不会产生 NO_x 和 SO_2。燃料电池的基本工作原理如图 4 - 1 所示。

4. 2. 1　燃料电池技术热力学原理

燃料电池是个能量转换装置，热力学规定了它性能的理论极限或者理想情况以及自发性与否。具体而言，基于热力学第一定律和第二定律，通过一定的数学变换可以得出一些热力学势，比如系统内能 U、吉布斯自由能 G、焓 H、亥姆霍兹自由能 F 等。这些热力学势互相有联系，且基于一系列的标准状况等条件可以定义燃料电池的理论极限或理想情况。例如，燃料的热潜能，即从燃料提取的最大热能，由燃料的燃烧热或者更普遍意义上的反应焓 ΔH 给出；然而并不是所有燃料的热潜能都可以转化为有用功，燃料做功的潜能由吉布斯自由能 ΔG 给出，并且由吉布斯自由能 ΔG 唯一确定反应的自发性与否，其符号表明这个反应能否做电功，其大小则表明能做多少电功。此外，燃料电池的可逆电压 E 也和摩尔吉布斯自由能有关，即 $\Delta g = -nFE$。虽然 ΔG 与反应物的量成比例，但是 Δg 和 E 与反应物的量不成比例；当然理论上可逆电压 E 也与温度和压强相关，且影响能力有限；而作为燃料电池热力学的核心，能斯特方程通过引入化学势与 ΔG 的关系，对可逆电压 E 与反应物和生成物活度之间的关系进行描述，从而勾画出可逆电压与物质浓度、气体压强等之间的关系。最后，燃料电池的理想效率也由热力学相关定义表述得出，即 $\varepsilon = \Delta g / \Delta h$，且效率随着温度升高而下降[8]。

4. 2. 2　燃料电池技术动力学原理

燃料电池依靠电化学反应将燃料中的化学能转化为电能，其中的反应动力学限制导致了燃料电池性能损失，即不能达到热力学所定义的理想状态[9]。从微观角度看，电化学反应包含着电子的传输，并且发生在表面，由此电子的移动产生了电流，而活化能垒的存在却阻碍着反应物向生成物的转化。为此，需要牺牲部分燃料电池电压以降低活化能垒，从而增加反应物转化为生成物的速度进而增加反应的电流密度。这部分牺牲的电压称为活化过电势。电流密度输出与活化过电势成指数关系，两者可由 Butler-Volmer 方程确定。而反应物和生成物在无活化过电势条件下交换的速率定义为交换电流密度，交换电流密度越高，则反应越容易，因此最大化交换电流密度可以使活化过电势损耗最小化。目前主要有 4 种主要方法提高交换电流密度：

(1) 增加反应物浓度；

(2) 提高反应温度；

(3) 通过使用催化剂降低活化能垒；

(4) 增加反应场所数。

当前，燃料电池通常工作在相对高活化过电势下，其动力学工程可以用简化的 Butler-Volmer 方程近似表示。

4.2.3 燃料电池评判指标

燃料电池称为“冷燃烧”发电，洁净、无污染、噪声低；不受热力学卡诺循环的限制，能量转换效率高；结构模块化、比功率高，既能集中供电，也可作分布能源供电，又可组成大容量中心发电站，优点显著。

1) 性能指标

(1) 发电效率高。一般而言，燃料电池本体发电效率达 50%左右，高温燃料电池配燃气-蒸汽联合循环，其效率为 60%～70%(LHV)，预计到 2020 年天然气燃料电池的效率可达 72%。

与常规电站相比，燃料电池的性能指标十分诱人。目前，超临界发电效率为 43%～47%(LHV)；燃煤联合循环机组发电效率为 45%(LHV)，IGCC 第二代 PFBC - CC 发电效率达 50%～54%；燃料天然气常规联合循环效率为 50%～60%(LHV)，预计 2020 年有望达到 60%～65%(LHV)，而以燃料电池组成的热电联产机组的总热效率可达到 85%以上。在 250 kW～10 MW 的功率范围内，具有与目前数百兆瓦中心电站相当甚至更高的发电效率。燃料电池性能理论值如表 4 - 4 所示，从中可以看到，燃料电池的性能指标还有上升空间。

表 4 - 4　燃料电池性能理论值

燃料	理论效率/%	理论电动势/V	备　注
氢	83	1.23	燃料电池的内电阻使输出电压降低至 0.7～0.8 V，效率降低到 80%～85%，与理论值有差值
甲烷	92	1.06	
一氧化碳	95	1.33	

(2) 变负荷率高。变负荷率可达到(8%～10%)/min，负荷变化的范围为 20%～120%。

(3) 电力质量高。电流谐波和电压谐波均满足 IEEE519 标准。

2) 环保指标

(1) 燃料电池发电能有效降低火力发电的污染物、噪声和温室气体排放量。与常规燃煤发电机组相比,燃料电池发电中几乎没有燃烧过程,NO_x 排放量很小,一般可达到 0.139~0.236 kg/(MW·h)以下,远低于天然气联合循环的 NO_x 排放量[1~3 kg/(MW·h)]。由于燃料进入燃料电池之前必须经过严格的净化处理,碳氢化合物也必须重整成 H_2 和 CO。因此,其尾气中 SO_2、碳氢化合物和固态粒子等污染物排量非常低,CO_2 的排放量可减少 40%~60%。

(2) 低噪声。在距发电设备 3 英尺(即 1.044 m)处噪声小于 60 dB(A)。例如 4.5 MW 和 11 MW 的大功率磷酸燃料电池电站的噪声已经达到低于 55 dB 的水平[10-11]。

3) 综合指标

(1) 燃料电池可使用多种燃料,包括氢气、甲醇、煤气、沼气、天然气、轻油、柴油等。

(2) 燃料电池模块化结构、体积小(小于 1 m^2/kW),系统扩容容易;自动化程度高,可实现无人操作。

(3) 系统供电灵活、可靠,是理想的分布式电源。燃料电池发电系统符合国家能源和电力安全的战略需要。表 4-5 所示为几种燃料电池基本特性[11],可以看出就工业动力而言,能提供较大容量的燃料电池通常采用中、高温度的燃料电池系统和装备。

表 4-5 燃料电池性能理论值

温度类型	低温态(60~200℃)		中温态(160~220℃)	高温态(600~1 000℃)	
电解质	碱性 AFC	质子交换膜 PEMPC	磷酸型 PAFC	熔融碳酸盐 MCFC	固态氧化 SOFC
应用	国防、太空	交通、住宅	热电联产电厂	热电、复合电厂	热电、住宅
优点		低污染、高效		具有内重整能力	
缺点	活性物价高、寿命短	价高	价高且效率较低	启动长、电解质有腐蚀性	启动长、对材料要求苛求
导电离子	OH^-	H^+	H^+	CO_3^{2-}	O^{2-}

（续表）

温度类型		低温态（60～200℃）		中温态（160～220℃）	高温态（600～1 000℃）	
电极	阳极	Pt 催化剂	多孔质石墨或 Ni（Pt 催化剂）	多孔质石墨或 Ni（Pt 催化剂）	多孔质镍	Ni－ZrO_2 金属陶瓷
	阴极	Pt 催化剂	多孔质石墨或 Ni（Pt 催化剂）	含 Pt 催化剂＋多孔质石墨＋Teflon	多孔 NiO（掺锂）	$La_xSr_{1-x}Mn(Co)O_3$
燃料		纯氢	氢、甲醇	氢	氢、天然气、煤气、沼气	
氧化剂		纯氧	空气、氧			
发电率/%		60～70	43～58	37～42	>50	50～65
水管理		蒸发排水	动力排水		气态水	
热管理		气体、电解质循环散热	反应气体散热、独立冷却循环		内重整吸热、气体反应散热	

4.3　燃料电池分类

根据其中电解质种类的不同，燃料电池主要分为磷酸燃料电池、聚合物电解质燃料电池、碱性燃料电池、熔融碳酸盐燃料电池和固态氧化物燃料电池。

4.3.1　磷酸燃料电池

磷酸型燃料电池（phosphoric acid fuel cell，PAFC）是以磷酸为导电电解质，以贵金属催化的气体扩散电极为正、负电极的中温型酸性燃料电池。其依靠酸性电解液传导氢离子，可以在 150～220℃时工作。PAFC 是目前使用最多的燃料电池之一，是最早商业化应用的燃料电池技术[10]。PAFC 以天然气为燃料的 11 kW 验证性电站已建成并投入运行。它的综合热效率可达到 70%～80%。而采用 50～250 kW 的独立发电设备能够作为分散的发电站用于医院、旅馆等。许多医院、宾馆和军事基地使用磷酸燃料电池覆盖了部分或总体所需的电力和热供应。但因其温度问题，这一技术在车辆中的应用很少。

PAFC 的电池片由燃料极、电解质层、空气极构成。燃料极和空气极都由基材及肋条板催化剂层组成，是两块涂布有催化剂的多孔碳素板电极。电解质层用来保持磷酸,它是经浓磷酸浸泡的碳化硅系电解质保持板。

PAFC 的工作原理如图 4-2 所示。PAFC 使用液体磷酸为电解质,通常位于碳化硅基质中。当以氢气为燃料、氧气为氧化剂时,在电池内发生电化学反应,其电化学反应与 PEMFC 一样[11]。

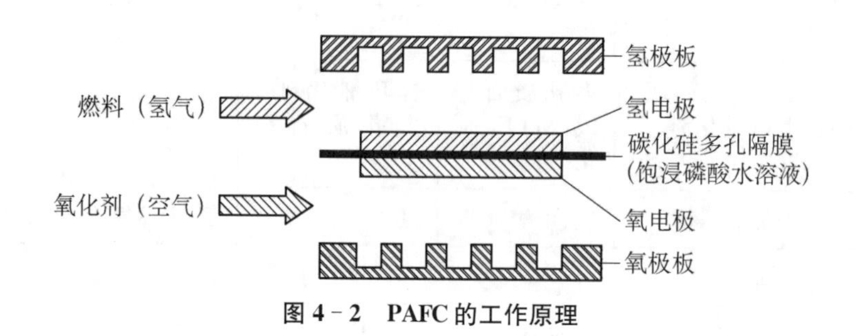

图 4-2　PAFC 的工作原理

阳极发生的电化学反应为

$$H_2 \longrightarrow 2H^+ + 2e^- \tag{4-1}$$

阴极反应为

$$\frac{1}{2}O_2 + 2H^+ + 2e^- \longrightarrow H_2O \tag{4-2}$$

总反应为

$$\frac{1}{2}O_2 + H_2 \longrightarrow H_2O \tag{4-3}$$

PAFC 与其他类型燃料电池相比,具有以下特点。

(1) PAFC 与 PEMFC 及 AFC 不同的是不需要纯氢做燃料,具有构造简单、稳定、电解质挥发度低、可应用廉价的电解液,及其合理的启动时间等优点[12]。目前,PAFC 能成功地用于固定的场所,已有许多发电能力为 0.2～20 MW 的工作装置安装在世界各地,为医院、学校和小型电站提供动力。

(2) PAFC 的工作温度比 PEMFC 和 AFC 的略高,为 150～200℃。工作压力为 0.3～0.8 MPa,单电池的电压为 0.65～0.75 V。较高的工作温度使其对杂质的耐受性较强,当其反应物中含有 1%～2%的 CO 和百万分之几的 S 时,PAFC 可以正常工作。尽管 PAFC 的工作温度较高,但仍需电极上的铂催化剂来加速反应[13]。

(3) 高运行温度(＞150℃)引起的另一问题是与燃料电池堆升温相伴随的能量损耗。每当燃料电池启动时,必须消耗一些能量(即燃料)加热燃料电池直至其达到运行温度;反之,每当燃料电池关闭时,相应的一些热量(即能量)也就被耗损。若应用于车辆上,由于市区内驾驶情况通常是短时运行,该损耗是显著的。然而,在公共交通运输情况下,这一问题对于公共汽车而言是次要的,即 PAFC 可用作公共汽车的动力,并且有许多这样的系统正在运行,不过这种电池很难用在轿车上。

(4) 磷酸电解液的温度必须保持在 42℃(磷酸冰点)以上。冻结的和再解冻的磷酸将难以使燃料电池堆激化。保持燃料电池堆在该温度之上,需要额外的设备,这就需增加成本、复杂性、重量和体积。就固定式应用而言这是次要的,但对车辆应用来说是难以相容的。

(5) PAFC 的缺点是采用了昂贵的催化剂(铂)、酸性电解液的腐蚀性、二氧化碳的毒化和低效率。用贵金属铂作催化剂成本较高,如燃料气中 CO 含量过高,则催化剂容易毒化而失去催化活性。PAFC 的效率比其他燃料电池低,约为 40%,而且其加热的时间也比质子交换膜燃料电池长。

图 4-3 为 PAFC 结构示意图。PAFC 部件由电极、电解质以及连接部分组成。

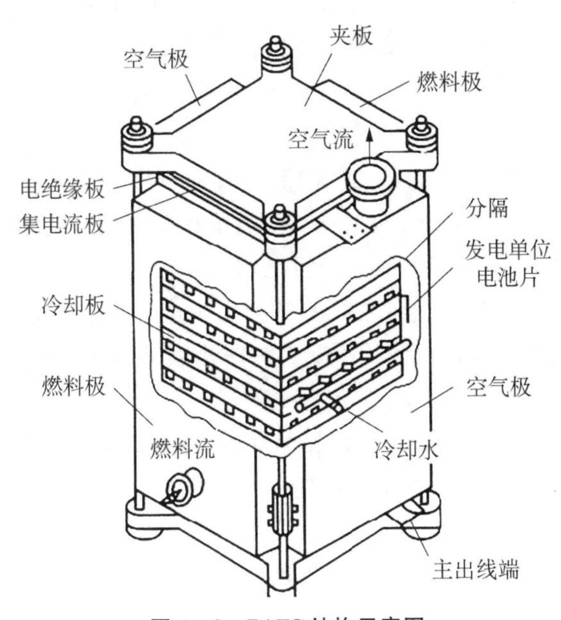

图 4-3　PAFC 结构示意图

1) 电极

磷酸燃料电池的电极由载体和催化剂层组成。其作用除了导电外还能排出阴极生成的水。通过用化学吸附法将催化剂沉积在载体表面,电化学反应就发生在催化剂层上。催化剂的发展是 PAFC 的一个重要的方面,过渡金属(铁或钴)的有机材料现已用作阴极电极催化剂；另一开发方向是 Pt 与过渡金属如 Ti、Cr、V、Zr、Ta 等形成的合金，例如将铂镍合金用作阴极电极催化剂可使性能得到 50%的提高。

目前，高表面积的铂是首选的催化剂材料，而碳则是首选的载体材料。其技术关键为在高比表面积的炭黑上担载纳米级高分散的 Pt 微晶。铂源一般采用氯铂酸，按制备路线可分为两类不同方法：一是先将氯铂酸转化为铂的络合物，再由铂的络合物制备高分散 Pt/C 电催化剂；二是从氯铂酸的水溶液出发，采用特定的方法制备纳米级高分散的 Pt/C 电催化剂。

碳载体的结构是另一关键因素。其主要作用如下：其一，分散催化剂；其二，为电极提供大量微孔；其三，增加催化剂层的导电性。作为电催化剂的载体，必须具有高的化学与电化学稳定性、良好的电导、适宜的孔分布、高的比表面积以及低的杂质含量。在各种碳材料中，仅有无定形的炭黑具有上述性能。其在 PAFC 工作条件下是相对稳定的，影响电极的性能和寿命。目前用作碳载体的炭黑有两种类型，即乙炔炭黑和炉炭黑。与炉炭黑相比，乙炔炭黑的比表面小、导电性差，但抗腐蚀性能好。这些特性会影响电极的初期性能及寿命。故应用时需对这两种载体材料做一些处理。例如，对乙炔炭黑做蒸气活化处理，以增加其比表面积，而对炉炭黑则进行热处理以提高其抗腐蚀能力。通常电极性能随着运行而退化，主要是由于铂催化剂的烧结和催化剂层的堵塞妨碍了气体扩散。目前广泛使用的用作 Pt/C 电催化剂载体的炭黑是 Cabot 公司由石油生产的导电型电炉黑 Vulcan XC - 72。

在 PAFC 的工作条件下，纳米级铂微晶电催化剂中铂的表面积会逐渐减小。除因磷酸电解质和空气中杂质及磷酸本身与阴离子在铂表面吸附结块导致铂的有效活性表面积减少外，主要是因为铂的溶解-再沉积以及铂在碳载体表面迁移和再结晶引起的。另外，由于铂微晶与碳载体之间的结合力很小，小的铂微晶可经碳表面迁移、聚合，生成大的铂微晶导致铂表面积下降。为防止因铂微晶的溶解和迁移、聚合导致铂表面积损失，人们想办法将铂锚定在碳载体上：一是用 CO 处理 Pt/C 催化剂，因 CO 裂解沉积在铂微晶周边的碳起锚定铂微晶的作用；二是引入合金元素与铂形成合金，增大铂与碳的结合力，同时增加铂的电催化活性。

2）电解质

磷酸（H_3PO_4）是一种黏滞液体，它在燃料电池中通过多孔硅碳化物基体内的毛细管作用予以储存。磷酸在常温下导电性小，在高温下具有良好的离子导电性，所以 PAFC 的工作温度为 200℃左右。磷酸是无色、油状且有吸水性的液体，它在水溶液中可离析出导电的氢离子。浓磷酸（质量分数为 100%）的凝固点是 42℃，低于这个温度使用时，PAFC 的电解质将发生固化。电解质的固化会对电极产生不可逆转的损伤，电池性能会下降。所以，PAFC 电池一旦启动，体系温度要始终维持在 45℃以上。

在磷酸燃料电池中，燃料中的氢原子在燃料极释放电子成为氢离子。氢离子通过电解质层，在空气极与氧离子发生反应生成水，其电极反应与 PEMFC 一样。将数枚单电池片进行叠加，为降低发电时内部的热量，每枚电池片中叠加进冷却板，输出功率稳定的基本电池堆就构成了。基本电池堆再加上用于上下固定的构件、供气用的集合管等构成 PAFC 的电池堆。磷酸在反应层中适宜的比例为 40%～80%时，不仅对形成大的三相界面有利，而且此时的阴极、阳极的过电位均比较低。

3）连接部分

在磷酸燃料电池中，连接部分主要包括隔膜和双极板等材料。其中，PAFC 的电解质封装在电池隔膜内。隔膜材料目前采用微孔结构隔膜，由 SiC 和聚四氟乙烯组成，写为 SiC - PTFE。新型的 SiC - PTFE 隔膜有直径极小的微孔，可兼顾分离效果和电解质传输。设计隔膜的孔径远小于 PAFC 采用的氢电极和氧电极（采用多孔气体扩散电极）的孔径。保证浓磷酸容纳在电解质隔膜内，起到离子导电和分隔氢、氧气体的作用。隔膜与电极紧贴组装后，当饱吸浓磷酸的隔膜与氢、氧电极组合成电池的时候，部分磷酸电解液会在电池阻力的作用下进入氢、氧多孔气体扩散电极的催化层，形成稳定的三相界面。而由于双极板的作用是分隔氢气和氧气并传导电流，使两电极导通，因此双极板材料是玻璃态的碳板，表面平整光滑，以利于电池各部件接触均匀。为了减少电阻和热阻，要求双极板材料非常薄。此外还要求连接部分有足够的气密性以防止反应气体的渗透；在高温高压及磷酸中化学性能稳定性；良好的导电导热能力；足够的机械强度等。在 1 000～2 000℃时，以热固性树脂（如酚醛树脂、环氧树脂）经碳化制得的玻璃碳为主，其强度高，气密性好。

4.3.2　聚合物电解质膜燃料电池

聚合物电解质膜燃料电池（proton exchange membrane fuel cell, PEMFC），又称为质子交换膜燃料电池，由一种质子导体聚合电解膜（通常是一种氟化磺酸基聚合物）构成。这种膜不是通常意义上的导体，由于聚合物膜是酸性的，因此这种膜不传导电子，只传导质子，即氢离子的优良导体[14]。同时它也是分离膜，能有效防止两极气体接触发生化学反应。

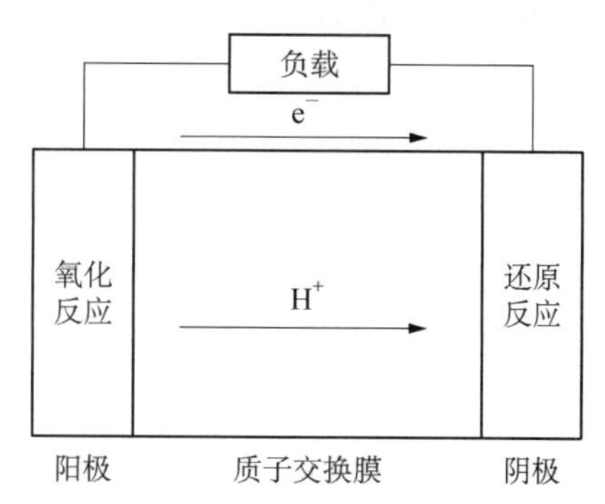

图 4 - 4　质子交换膜燃料电池的工作原理

质子交换膜燃料电池由纯氢和作为氧化剂的氧或空气一起供给燃料。其工作原理相当于水电解的“逆”装置[15]，工作原理如图 4 - 4 所示，单电池由阳极、阴极和质子交换膜组成，阳极为氢燃料发生氧化的场所，阴极为氧化剂还原的场所。其两极都含有加速电极电化学反应的催化剂，一般采用铂/碳或铂-钌/碳为电催化剂，质子交换膜为电解质，氢或净化重整气为燃料，空气或纯氧为氧化剂，带有气体流动通道的石墨或表面改性的金属板为双极板。

导入的氢气通过阳极集流板（双极板）经由阳极气体扩散层到达阳极催化剂层，在阳极催化剂作用下，氢分子分解为带正电的氢离子（即质子）并释放出带负电的电子，完成阳极反应，阳极发生的电化学反应为 $H_2 \longrightarrow 2H^+ + 2e^-$。质子交换膜燃料电池采用的全氟磺酸膜是一种酸性电解质，传导的离子为质子，阳极氢分子分解的质子穿过膜到达阴极催化剂层，电子则由集流板收集，通过外电路到达阴极，电子在外电路形成电流，通过适当连接可向负载输出电能。在电池阴极，氧气通过集流板（双极板）经由阴极气体扩散层到达阴极催化剂层。在阴极催化剂的作用下，氧气与透过膜的氢离子（即质子）及来自外电路的电子发生反应生成水，完成阴极反应，阴极发生的电化学反应为：$\frac{1}{2}O_2 + 2H^+ + 2e^- \longrightarrow H_2O$；所以总的电池电化学反应为：$\frac{1}{2}O_2 + H_2 \longrightarrow H_2O$。而电极反应生成的水大部分以水蒸气态移出燃料电池，一小部分在压力差的作用下通过膜向阳极扩散。上述过程是理想的工作过程，实际上，在整个反应过程中会有很多中间步骤和中间产物的存在。而 PEMFC 的优点则在于：

（1）在所有燃料电池类型中功率密度最高；

（2）有着很好的开关能力，寿命也相对较长；

（3）低温度工作环境和较轻的质量使之适合便携式应用；

（4）无腐蚀性、可靠性高、内部构造简单，电池模块呈堆垒式层叠结构使得电池组组装和维护很方便[16]。

当然这种燃料电池也有着许多不足，比如需要使用昂贵的铂催化剂以及聚合物薄膜和其他配件；需要良好的动态水管理；对 CO 和 S 的容忍度很差。

膜电极是 PEMFC 最为关键的部件，其性能的好坏直接决定着 PEMFC 性能的好坏，因此，制备高性能高功率密度的膜电极对于促进 PEMFC 的商业化进程具有举足轻重的作用。基于固体电解质的膜电极具有类似三明治的结构，它包括固体电解质（质子交换膜）、阴极和阳极催化层、阴极和阳极气体扩散层、阴极和阳极气体扩散层上的微孔层，将质子交换膜、催化层和气体扩散层组装在一起就构成了膜电极。通常将涂覆有阴极和阳极催化剂层的质子交换膜称为“三合一”膜电极；把包括有阴阳极催化层、阴阳极气体扩散层和质子交换膜的膜电极称为“五合一”膜电极或者“七合一”膜电极（将微孔层计入）。膜电极是发生电化学反应以及产生电能的部件，是燃料电池的核心部件，膜电极的性能除了与材料（催化剂、质子交换膜、碳纸、黏结剂等）有关外，还取决于制备技术[17]。质子交换膜、催化层和气体扩散层是膜电极的重要组成单元。阳极侧发生的过程包括氢气（燃料）的扩散、质子的生成、水合及传递、电子的运动等过程,阴极侧则存在氧气的扩散、氧分子的还原和与质子的结合过程、水的生成、反渗透及排出、质子及电子的运动等。简单来说,燃料电池膜电极上通常同时存在气体的扩散、电化学反应、电子及质子的生成及运动、水的生成、反渗透及扩散等多种过程,所以对于膜电极中催化层、气体扩散层的结构常常有很高的要求,尤其是对阴极。因此,通过改进膜电极的质子交换膜、催化层、气体扩散层的性能实现对膜电极性能的提升一直以来都是膜电极研究的重要课题。提升膜电极的性能及功率密度可以减小燃料电池体积,有效降低其成本。近年来随着材料及制备技术两个方面的进步,膜电极的功率密度、耐久性等均取得了很大的进步,膜电极的功率密度已从几年前的 0.35 W/cm^2@0.7 V 的水平提升到了目前的 0.8～1.0 W/cm^2@0.7 V 的水平,电极稳定性及耐久性也得到了大幅度提升。丰田公司的燃料电池的体积功率密度可高达 3.2 kW/L,意味着该公司的膜电极的功率密度达到了极高的水平。在此背景下,国内外近年来在高性能、高功率密度的膜电极以及在降低铂载量和免增湿膜电极等方面开展了大量的研究工作,取得了许多重要的进展。据报道,阿拉莫斯实验室(LANL)试验的一些单电池中,膜电极上的铂载量已降到 0.05 mg/cm^2。膜电极上的铂载量减少,可直接降低 FC 成本,加快商品化进程。

4.3.3 碱性燃料电池

碱性燃料电池(alkaline fuel cell, AFC)采用如 KOH、NaOH 之类的强碱性溶液做电解质,传导电极之间的离子,由于电解液为碱性,与 PEMFC 不同的是在电介质内部传输的离子导体为氢氧离子 OH^-。碱性燃料电池是最早进入实用阶段的燃料电池之一,也是最早用于车辆的燃料电池。1959 年驱动叉车的培根(Bacon)型中温、中压氢氧燃料电池就是 AFC。可以说,AFC 是目前技术最成熟的燃料电池之一。当然,其也是技术发展最快的一种燃料电池,主要应用于航天相关产业,包括为航天飞机提供动力和饮用水。

以氢氧作燃料的 AFC,氢气为燃料,纯氧或脱除微量二氧化碳的空气为氧化剂[18-20]。氧化极的电催化剂采用对氧电化学还原具有良好催化活性的 Pt/C、Ag、Ag－Au、Ni 等,并将其制备成多孔气体扩散电极;氢电极的电催化剂采用具有良好催化氢电化学氧化的 Pt－Pd/C、Pt/C、Ni 或硼化镍等,并将其制备成多孔气体电极。双极板材料采用无孔碳板、镍板或镀镍甚至镀银、镀金的各种金属(如铝、镁、铁)板,在板面上可加工各种形状的气体流动通道构成双极板。以氢氧作燃料的 AFC,其工作原理如图 4－5 所示。

在阳极,氢气与电解液中的 OH^- 在电催化剂的作用下,发生氧化反应生成水和电子,电子通过外电路达到阴极,在阴极电催化剂的作用下,参与氧的还原反应,生成的 OH^- 通过饱浸碱液的多孔石棉迁移到氢电极。其阳极发生的电化学反应如下:

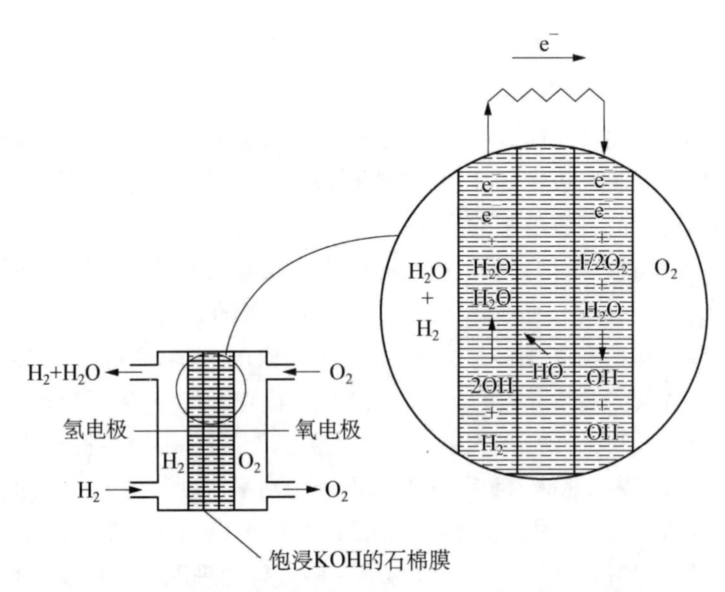

图 4-5　石棉膜型碱性氢氧燃料电池单电池的工作原理

$H_2 + 2OH^- \longrightarrow 2H_2O + 2e^-$；阴极发生的电化学反应为：$\frac{1}{2}O_2 + 2e^- + H_2 \longrightarrow OH^-$。总的电池电化学反应为$\frac{1}{2}O_2 + H_2 \longrightarrow H_2O$。

上述反应不同于酸性燃料电池的另一点是水在氢电极处生成。为防止稀释电解质，阳极侧生成的水要及时排除。此外，在阴极处，氧的还原又需要水。水的管理问题通常按电极防水性和在电解液中保持含水量的需求予以分解。阴极反应从电解液中消耗水，而阳极反应则排出其水生成物。过剩的水在燃料电池堆汽化。AFC 可分为多孔基体型及自由电解液型两类。前者是将电解液吸附在作为电极间隔离层的多孔性材料中。后者将电解液存于空室内，外设循环系统，将反应生成的热及水散发掉。AFC 与其他类型燃料电池相比，具有以下优点。

(1) 碱性燃料电池可以在一个宽温度(80～230℃)和宽压力[(2.2～45)×10^5 Pa]范围内运行。因其可以在较低的温度(大约 80℃)下运行，故它的启动很快，但其电力密度却比质子交换膜燃料电池的密度低十几倍。

(2) AFC 具有较高的效率(50%～55%)。因由氢氧电解液所提供的快速动力学效应，故碱性燃料电池可获得很高的效率。尤其是氧的反应($O^{2-} > OH^-$)比酸性燃料电池中氧的还原反应容易得多，因此，活性损耗非常低。

(3) 性能可靠，可用非贵金属作催化剂，是燃料电池中生产成本最低的一种电池。碱性燃料电池中的快速动力学效应使银或镍可用以替代铂作为催化剂。其电池本体可以用价格低的耐碱塑料制作，且使用的是廉价的电解液。这样，碱性燃料电池堆的成本显著下降。

(4) 通过电解液完全的循环，电解液可当作冷却介质，易于热管理。更为均匀的电解液的集聚，解决了阴极周围电解液浓度分布问题；提供了利用电解液进行水管理的可能性。若电解液已被二氧化碳过度污染则有替换电解液的可能性。当电解液循环时，燃料电池可称为“动态电解液的燃料电池”，这种循环使碱性燃料电池动力学特性得到了进一步的改善。

碱性燃料电池的主要缺点如下。

(1) 碱性燃料电池最大的问题在于二氧化碳的毒化[20]。电池对燃料中 CO_2 敏感，碱性电解液对二氧化碳具有显著的化合力，电解液与 CO_2 接触会生成碳酸根离子(CO_3^{2-})，这些离子并不参与燃料电池反应，且削弱了燃料电池的性能，影响输出功率；碳酸的沉积和阻塞电极也将是一种可能的风险，这一问题最终可通过电解液的循环予以处理。使用二氧化碳除气器是增加成本和复杂度的解决方法，它将从空气流中排除二氧化碳气体。

(2) 循环电解液的利用，增加了泄漏的风险。氢氧化钾是高腐蚀性的，具有自然渗漏的能力，甚至有透过密封的可能性，具有一定的危险性，且容易造成环境污染。此外，循环泵和热交换器的结构以及最后的汽化器更为复杂。另一问题在于，如果电解液被过于循环或单元电池没有完善地绝缘，则在两单元电池间将存在内部电解质短路的风险。

(3) 需要冷却装置维护其较低的工作温度。

AFC 部件主要由电极、电解质组成。

(1) 电极。对于碱性燃料电池电极而言，其一般有下列要求：

① 良好的导电能力以降低欧姆电阻。

② 充分的机械稳定性和适当的孔隙率。

③ 在碱性电解质中的化学稳定性。

④ 长期的电化学稳定性，包括催化剂的稳定性和与电极组成一体后的稳定性。阳极和阴极的类型及制作方式是与所选择的催化剂相关的，不像 PAFC、AFC 不仅贵金属适用，非贵金属也适用。

催化剂主要分为以下两种，即贵金属催化剂是铂或铂合金等以颗粒状形式沉积于碳载体上或作为镍基金属电极的一部分，而非贵金属催化剂则常采用雷尼(Raney)镍粉末做阳极催化剂，银基催化剂粉末为阴极催化剂。另一重要性质是电极材料的亲水性和疏水性。亲水电极通常是金属电极，而在碳基电极中加入 PTFE(聚四氟乙烯)可以调整电极的润湿性，因而以含 PTFE 催化层的适当构造来维持其足够的疏水性对于保持疏水电极的寿命是很重要的。此外，通常电极材料由几个不同孔积率层构成，以使液体电解质、气体燃料(氢)或氧化剂(空气或氧)按要求留在其内或流过电极。电极技术的关键就在于制造这样的电极或者电极中的某一层，通常是将粉末混合后压在膜上，沉积技术、喷涂技术以及高温烧结等都可用来保证其良好的工艺稳定性。

(2) 电解质。到目前为止，AFC 使用的电解质是高纯度的 KOH 水溶液，浓度为 6～8 mol/L，以防止催化剂中毒。按照其流动方式可分为循环和静止两种类型。电解质采用循环系统，其主要有以下优点：

① 循环的电解质可以为电池提供一个冷却系统。

② 电解质被不断地搅拌和混合，阳极产生水、阴极消耗水，由此会导致电极周围电解质浓度的变化和不均匀，可通过搅拌解决这个问题。

③ 电解质循环就可以使产生的水进入循环，而无需在阳极蒸发。

④ 如果电解质与 CO_2 反应过多，可以用新溶液来更换。

其缺点是必须增加一些附加设施，如泵、管道等，因为碱性物质的强腐蚀性，且容易泄漏。在静止电解质中，KOH 溶液放在一种基体材料中，基体材料通常使用石棉，这种材料有很好的孔隙度、强度和抗腐蚀性。故电解质不需要循环处理，同时也就没有内部“短路”的问题。而其问题在于如何处理产生的水、补充蒸发掉的水，尤其水又是阴极所需要的。水的问题与 PEMFC 非常相似，设计电池时必须使阳极的水扩散、使阴极水的含量足够多。通常碱性燃料电池的水问题不如 PEMFC 电池那么严重。其原因之一是随着温度的升高 KOH 溶液的蒸气压不像纯水升得那么快，也就是说蒸气含量是很少的。然而，在陆地应用中，由于会发生 CO_2 污染电解质，故需要更新电解质，对这种基体的燃料电池就需要彻底地重新制造。同时应用石棉对身体也是有害的，它在一些国家是禁止使用的。

由于 AFC 系统通常以 KOH 溶液作为电解质，KOH 与某些燃料可能产生化学反应使得 AFC 几乎不能使用液体燃料。碱性电解质对燃料气中 CO_2 十分敏感，一旦电解液与含 CO_2 的气流接触，电解液中会生成碳酸根离子，若含量超过 30%，电池输出功率将急剧下降。由于 AFC 工作温度低，电池冷却装置中冷却剂进出口温差小，冷却装置需有较大体积，废热利用也受到限制。为了保持电解质浓度需进行适当控制，从而导致系统复杂化，比如，对含碳燃料 AFC 系统中配备 CO_2 脱除装置的改进措施。

4.3.4 熔融碳酸盐燃料电池

熔融碳酸盐燃料电池(molten carbonate fuel cell, MCFC)是第二代燃料电池，也是一种高温电池(600～700℃)。由于其电解质是一种存在于偏铝酸锂($LiAlO_2$)陶瓷基膜里的熔融碱金属碳酸盐混合物而得其名。熔融碳酸盐燃料电池是由多孔陶瓷阴极、多孔陶瓷电解质隔膜、多孔金属阳极、金属极板构成的燃料电池。其电解质是熔融态碳酸盐，通常为锂和钾或锂和钠金属碳酸盐的二元混合物[21,22]。

MCFC 单电池结构如图 4－6 所示，由燃料极（阳极，Ni 多孔体）、空气极（阴极，NiO 多孔体）和两电极板之间的电解质板（一般是浸注 Li 和 K 的混合碳酸盐的 $LiAlO_2$ 多孔性陶瓷板）组成。典型的电解质组成是（62％ Li_2CO_3＋38％ K_2CO_3）（摩尔分数）。电解质中的离子导体是碳酸根（CO_3^{2-}）。电催化剂无需使用贵金属，而以雷尼镍和氧化镍为主。MCFC 中的电化学反应在气-液（电解质）-固三相界面进行。MCFC 依靠多孔电极内毛细管压力的平衡来建立稳定的三相界面。

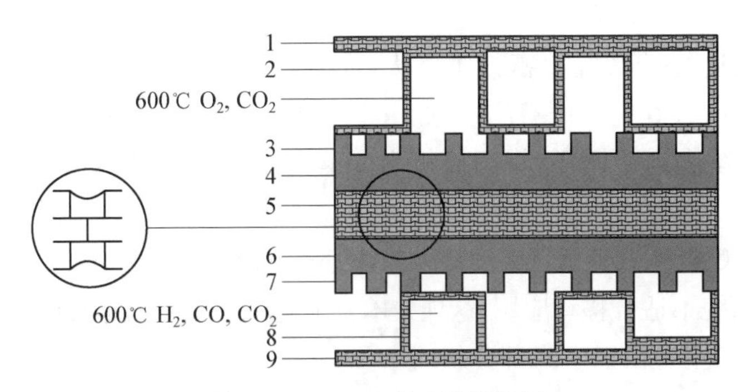

图 4－6　MCFC 单电池结构图

1—隔板；2—波状板；3—集流板；4—NiO 阴极；5—电解质；6—Ni 阳极；7—集流板；8—波状板；9—隔板

在阳极，H_2 与电解质中的 CO_3^{2-} 反应生成 CO_2 和 H_2O，同时将电子送到外电路。在阴极，空气中的 O_2 和 CO_2 与外电路送来的电子结合生成 CO_3^{2-}。为保持电解质成分不变，将阳极生成的 CO_2 供给阴极，实现循环。其阳极发生的电化学反应是 $H_2+CO_3^{2-}\longrightarrow CO_2+H_2O+2e^-$，阴极发生的电化学反应是 $\frac{1}{2}O_2+2e^-+CO_2\longrightarrow CO_3^{2-}$，总的电化学反应是 $\frac{1}{2}O_2+H_2\longrightarrow H_2O$。

在这一反应中，e^- 从燃料极放出，通过外部的回路返回到空气极，由 e^- 在外部回路中不间断的流动实现了燃料电池发电。另外，MCFC 的最大特点是必须要有有助于反应的 CO_3^{2-} 离子，因此，供给的氧化剂气体中必须含有碳酸气体。并且，在电池内部充填触媒，从而将作为天然气主成分的 CH_4 在电池内部改质。另外，在电池内部直接生成 H_2 的方法也已开发出来了。而在燃料是煤气的情况下，其主成分 CO 和 H_2O 反应生成 H_2，因此，可以等价地将 CO 作为燃料来利用。为了获得更大的出力，隔板通常采用 Ni 和不锈钢来制作。

此外，MCFC 的优点包括：

① 工作温度高，电极反应活化能小，无论氢的氧化或是氧的还原，都不需贵金属作催化剂，降低了成本。

② 可以使用含量高的燃料气，如煤制气。

③ 电池排放的余热温度高达 673 K，可用于底循环或回收利用，使总的热效率达到 80%。

④ 可以不需要水冷却，而是用空气冷却代替，尤其适用于缺水的边远地区。

其缺点则有：

① 高温以及电解质的强腐蚀性对电池各种材料的长期耐腐蚀性能有十分严格的要求，电池的寿命也因此受到一定的限制。

② 单电池边缘的高温使密封难度大，尤其在阳极区，这里遭受到严重的腐蚀。另外，熔融碳酸盐存在一些固有问题，如由于冷却导致的破裂问题等。

③ 电池系统中需要循环，将阳极析出的电子重新输送到阴极，这增加了系统结构的复杂性。

此外，MCFC 电池由于运行温度高而有着缓慢的启动时间。这使熔融碳酸盐燃料电池(MCFC)系统不适合移动应用，这项技术将最有可能用于固定式燃料电池。

MCFC 部件主要由以下几部分组成。

1）电极

MCFC 阴极一般采用多孔 NiO。它是多孔金属 Ni 在电池升温过程中经高温氧化而形成。MCFC 对阴极的要求是导电性好、结构强度高、在熔融碳酸盐中溶解度低。目前的 NiO 阴极，导电性和结构强度都合适，但 NiO 可溶解、沉淀，并在电解质基底中重新形成枝状晶体，导致电池性能降低，寿命缩短。阴极溶解是影响 MCFC 寿命的主要因素，特别是在加压运行时。解决阴极溶解的可能途径包括开发新的阴极材料，增加基底厚度，在电解质中加入添加剂提高其碱性等。$LiFeO_2$ 电极在阴极环境下化学性能稳定，基本上无溶解。但与 NiO 电极相比其反应动力学性能差，加压情况下性能有所提高。NiO 电极表面涂 5%的 Li、厚度为 0.2 mm、电流密度为 160 mA/cm^2 时，电压提高 43 mV。涂 Co 的 $LiFeO_2$ 电极正在研究中。

MCFC 阳极一般采用 Ni－Cr、Ni－Al 合金。典型的阳极环境气氛是“(80%) H_2＋(20%)CO_2”，并经 60℃水湿化处理。阳极材料的腐蚀问题，即合金材料的腐蚀导致接触电阻增大，电解质损失。Ni－Cr、Ni－Al 阳极材料成本偏高，需改进制造方法以减少材料用量，并寻找更廉价的阳极材料。加入 2%～10%的 Cr，可防止烧结，但 Ni－Cr 阳极极易发生蠕变。Cr 还能被电解质锂化，并消耗碳酸盐。减少 Cr 的含量可减少电解质损失，但蠕变增大。Ni－Al 阳极蠕变小，电解质损失少。MCFC 的镍基阳极存在的主要问题是电极结构的稳定性，微孔性镍基阳极的烧结和机械变形，导致性能严重降低。MCFC 系统的耐硫能力很受重视，尤其是用煤作燃料对硫的耐受力高，可减少或取消净化设备，提高效率，降低成本。特别是需要低温除硫时，重整后的燃料气体温度降低，需再加热到电池温度。这会导致系统效率降低，成本上升。

目前还没有理想的耐硫电极。未来研究的焦点是提高电极的性能，开发耐硫的阳极材料。图4－7所示为30 kW MCFC电站系统流程图。

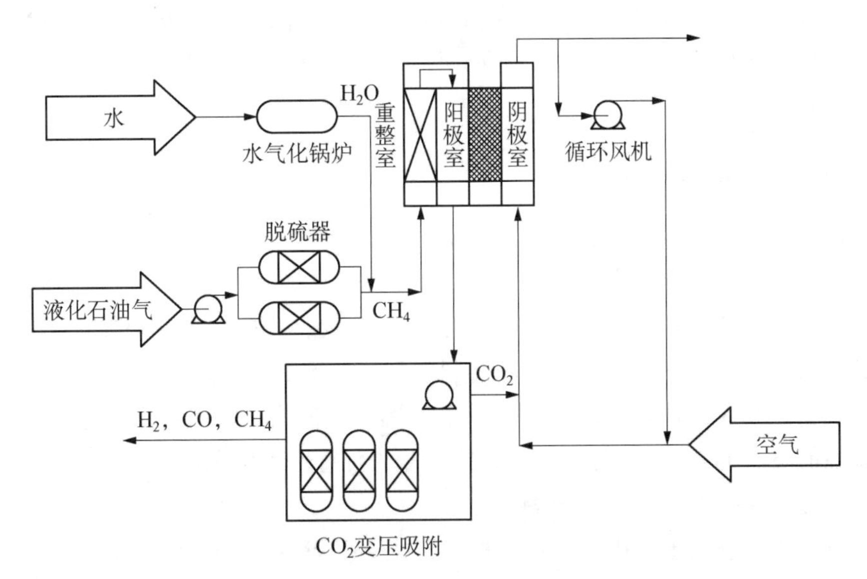

图4－7　30 kW MCFC电站系统流程图

2）电解质

熔融碳酸盐型燃料电池的电解质材料为典型的电解质组成，即"(62%)Li_2CO_3＋(38%)K_2CO_3"，而多孔陶瓷电解质隔膜基板材料为$LiAlO_2$，其在高温条件下，具有很好的长期化学和物理稳定性以及好的机械强度和价格较低等优点。

电解质的成分从几个方面影响MCFC的性能和寿命，富锂电解质的离子电导率高，因而欧姆极化低。Li_2CO_3的离子电导率比Na_2CO_3和K_2CO_3高，但在Li_2CO_3中，气体溶解度小、扩散系数低、腐蚀速度快。制造较为温和的电池环境，有利于减缓阴极溶解。其途径之一是向电解质中加入添加剂增加其碱性，少量添加剂不影响电池性能；但大量添加剂会降低电池性能。另一途径是增加电解质中的比例，或用Li－Na二元碳酸盐代替(62%)Li－(38%)K熔盐。

3）连接部分

双极板兼做电池集流器和隔离板，而集流器位于隔离板和电极之间，用于连接隔离板和电极。燃料电池中的隔离板位于各个单电池之间，用来分离单体电池。其主要起三种作用：①将阳极气氛与阴极气氛分离；②提供单体电池之间的电接触；③提供一个密封区。作为双极板材料，必须具有表面腐蚀产物且有良好导电性，同时腐蚀产物在熔盐电解质中具有低的溶解度、较好的力学性能以及成本较低的特性。

目前双极板材料一般采用不锈钢，但耐腐蚀性能尚未能满足实用化要求。双极板材料面临三种不同的腐蚀环境，即阴极区、阳极区和湿封区，某一种材料或涂层难以满足不同的腐蚀环境。湿封区对导电性无要求，一般采用铝化物涂层（70 μm 的 Al 涂层）。在电池工作过程中 Al 氧化成 Al_2O_3，阳极一侧双极板一般采用 Ni 涂层。不锈钢在阳极环境中腐蚀严重，但 Ni 在阳极环境中的腐蚀程度却明显轻于阴极环境。阴极一侧双极板一般采用 TiN、TiC 和 Ce 基陶瓷涂层。

4.3.5 固态氧化物燃料电池

固体氧化物燃料电池（solid oxide fuel cell，SOFC）属于第三代燃料电池，是一种在中高温下直接将储存在燃料和氧化剂中的化学能高效、环境友好地转化成电能的全固态化学发电装置，普遍认为在未来它会与质子交换膜燃料电池（PEMFC）同样得到广泛普及应用[22]。SOFC 是一种将燃料气和氧化剂的化学能直接转换成清洁电能的发电装备。其应用性，如管状结构 100 kW 燃料电池热电联供系统成功运行两年多未出现性能下降的案例，证明了 SOFC 技术上的可行性和可靠性[23-26]。

4.3.5.1 SOFC 工作原理与特点

固体氧化物燃料电池由用氧化钇稳定氧化锆（YSZ）那样的陶瓷给氧离子通电的电解质和由多孔质给电子通电的燃料和空气极构成。其工作温度为 600～1 000℃。电解质采用固体氧化物氧离子（O^{2-}）导体（如 Y_2O_3 稳定的氧化锆，简称 YSZ），起传递 O^{2-} 及分离空气和燃料的双重作用。其工作原理是空气中的氧在空气极/电解质界面被还原形成氧离子，在空气燃料之间氧的分差作用下，在电解质中向燃料极侧移动，通过燃料极电解质界面和燃料中的氢或一氧化碳的中间氧化产物反应，生成水蒸气或二氧化碳，放出电子。电子通过外部回路再次返回空气极，此时产生电能。由于电池本体的构成材料全部是固体，可以不必像其他燃料电池那样制成平面形状，而是制成圆筒型。如图 4－8 所示为其原理图。其阳极发生的电化学反应是 $H_2 + O^{2-} \longrightarrow H_2O + 2e^-$，阴极发生的电化学反应是 $\frac{1}{2}O_2 + 2e^- \longrightarrow O^{2-}$，总的电化学反应是

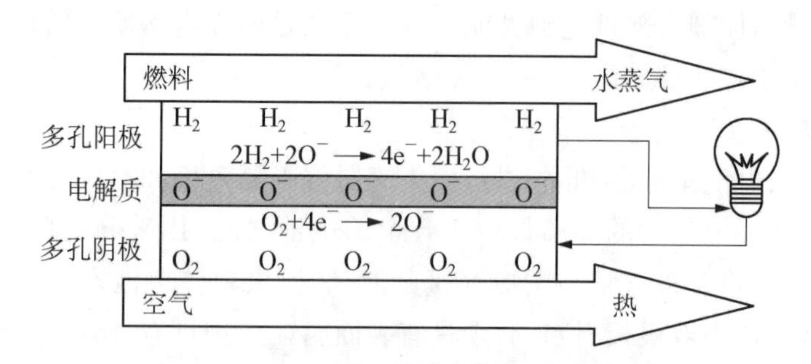

图 4－8　固体氧化物燃料电池工作原理图

$\frac{1}{2}O_2 + H_2 \longrightarrow H_2O$。

多年来，随着SOFC固体氧化物材料、结构与工艺的不断改进，在电池性能稳定、结构模块化、装置大型化方面有了新的突破。平板式SOFC以中温高密度输出功率、低内阻、结构简单、制备方便等优势，发展迅速。这种燃料电池除了具有一般燃料电池的高效率、低污染的优点外，还具有以下特点。

(1) SOFC的工作温度可达1 000℃，是目前所有燃料电池中工作温度最高的，经由热回收技术进行热电合并发电，可以获得超过80%的热电合并效率。

(2) SOFC的电解质是固体，因此没有电解质蒸发与泄漏的问题，而且电极也没有腐蚀的问题，运转寿命长。此外，由于构成电池的材料全部是固体，电池外形具有灵活性，易于模块化组装。

(3) SOFC在高温下进行化学反应，因此无需使用贵重金属作为催化剂，且本身具有内重整能力，燃料适应性广的特点，可直接使用氢气、烃类(甲烷)、甲醇等作燃料，简化了电池系统。

(4) SOFC能提供高质余热，可实现热电联产，燃料利用率高，能量利用率高达80%左右，且零污染，是一种清洁高效的能源系统。

(5) SOFC具有较高的电流密度和功率密度。

(6) SOFC的系统设计简单，发电容量大，用途较为广泛，几乎涵盖了所有的传统电力市场，包括住宅用、商业用、工业用以及公共事业用发电厂等，甚至便携式电源、移动电源、偏远地区用电及高品质电源等，还可作为船舶动力电源、交通车辆动力电源等移动电源。其中以静置型的商业用电源、工业用热电合并系统及小型电源市场较为看好。

此外，固态氧化物燃料电池对目前所有燃料电池都存在的硫污染问题具有最大的耐受性。当然它也有一些问题，燃料电池操作温度为650～1 000℃，由于其高操作温度但为保护电池组件需要低升温速率，因而导致燃料电池启动时间长，约为65～200 min；此外因为其常用电极材料含贵金属、稀土元素，导致电池原料成本高。

SOFC元件整体应具有以下性能：

① 在还原性气氛下具有高的热化学稳定性。

② 足够高的电子电导率和一定的离子电导率。

③ 具有能直接应用烃类燃料的催化活性，也就是具有燃料重整或直接氧化反应的能力，且能有效避免积碳现象。

④ 必须有足够高的孔隙率，减小浓度差极化电阻，保持良好界面状况，减小电极和电解质的接触电阻。

⑤ 电极与其他材料在室温至操作高温下或更高温度下具备化学相容性和热膨

胀系数匹配。

⑥ 在阳极支撑的燃料电池中有足够的机械强度。

这类单相混合导体材料主要有钙钛矿型（ABO_3）、萤石型（MO_2）等，其中以钙钛矿型为最佳。

4.3.5.2 SOFC 构成

1）结构类型

以固态氧化物作为电解质，按照其结构分为四种类型：管式、串接式、基块式和平板式，其中平板式 SOFC 具有较高的电功率密度和较优良的电池性能而适宜大规模生产。早期 SOFC 的结构部件选用材料如表 4－6 所示。

表 4－6 几种 SOFC 结构采用的材料

电池结构	圆筒型多电池	改进的圆筒型多电池	平极型单电池	平极型多电池
开发年代	1970 年代初	1980 年代	1990 年代	1990 年代
电解质	$(ZrO_2)_{0.92}(Y_2O_3)_{0.08}$	$(ZrO_2)_{0.9}(Y_2O_3)_{0.1}$	$(ZrO_2)_{0.9}(Y_2O_3)_{0.1}$	$(ZrO_2)_{0.9}(Y_2O_3)_{0.1}$
阴极	$In_2O_3-SnO_2$	$La_{0.9}Sr_{0.1}MnO_3$		
阳极	Ni	$Ni+ZrO_2$		
连接材	$CoCr_2O_4$（摩尔分数 2% Mn）	$La(Cr_1-Mg_4)O_5$	$LaCrO_3$	$La_{0.9}Sr_{0.1}MnO_3$
单电池能力	0.07 W/cm^2			$Ni+ZrO_3$
电池堆输出功率	110 W	3 000 W		
现状	日本违成电池堆，最大输出功率 1.2 kW，正在试运转，长 2 m	1987 年以后试运转 5 000 h 以上，总长 2 m	在美、德两国试运转，10～30 cm 方形	改进中

（1）管型结构：具有机械强度高、抗热冲击和密封性能好、模块集成度高、易组装等特点，但制备复杂，难度较大。

管型结构在支撑方式上有阴极支撑、阳极支撑、电解质支撑以及其他形式。后两者由于工艺问题难以保证涂覆质量而仅处于研究阶段。阴极阻抗和氧化剂的传质阻抗较大，降低了输出功率密度。

阳极支撑管型 SOFC 是伴随微管技术的发展而来的，微管直径小、厚度薄。中科院大连所的单管电池（阳极支撑型）采用廉价湿化学法实施电解质的薄膜化，降低了工作温度，获得较好的电性能。在管型 SOFC 中，因电堆的串联方式导致电池内阻增大，考虑到电池效率，其结构改进趋向扁管型和套管型，以提高电池功率密度。该电池堆的电压较高，但工艺和密封问题较为复杂。

（2）平板型：结构简单、制备容易，适宜于规模化生产；但必须解决电池的封接技术。

2）部件材料之一——电极

SOFC主要部件有固体电解质、阳极、阴极、连接材料、密封材料、双极板、配气板等。部件材料的化学特性决定了SOFC的导电性能。燃料电池的发展总是与半导体材料的研发紧密联系。半导体电解质电化学性能的优越性使SOFC受到市场的特别关注[27]。SOFC产生电流循环的关键在于固体氧化物的离子电导性，即陶瓷在高温下的半导体特性。纯$LaGaO_3$在室温下为正交晶系(Pbnm)，在150℃发生相变而转化为菱形晶系(R3c)。由于晶格中GaO_6八面体的倾斜度，引起两者结构偏离理想的立方钙钛矿结构。随温度升高，其倾斜度降低更为明显。换言之，其结构趋向于理想的立方钙钛矿结构。

据高温粉末中子衍射研究发现，当掺杂Sr、Mg元素后对$LaGaO_3$母体结构产生影响，低价的Sr、Mg部分取代La^{3+}、Ga^{3+}后产生氧空位，氧离子通过氧空位进行迁移。图4-9为Sr、Mg元素掺杂$LaGaO_3$后在800℃时等电导率线图。

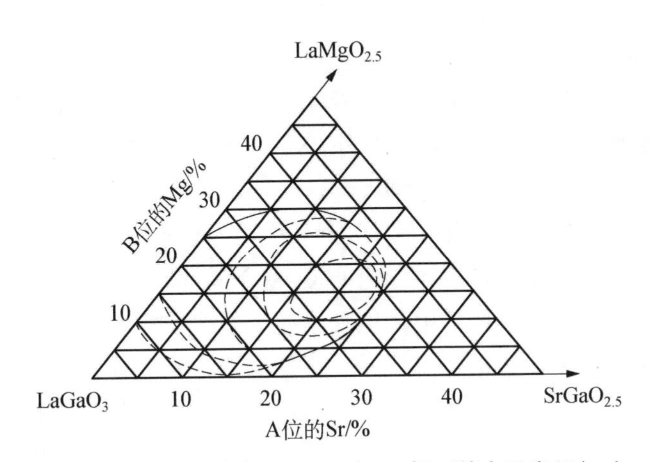

图4-9　Sr、Mg掺杂$LaGaO_3$在800℃时等电导率(S/cm)

在固体氧化物燃料电池中，阳极的主要作用是为燃料的电化学氧化提供反应场所，因此其必须在还原气氛中稳定，也要具有足够高的电子电导率和对燃料氧化反应的催化活性，同时必须具有足够高的孔隙率，以确保燃料的供应及反应产物的排除。此外，阳极材料还必须与其他电池材料在室温至操作温度乃至更高的制备温度范围内化学性质上相容、热膨胀系数相匹配。为此，SOFC阳极材料的基本要求如下。

(1) 稳定性。在燃料气氛中,阳极材料必须在化学性质、形貌和尺度上保持稳定。

(2) 电导率。阳极材料在还原气氛中要具有足够高的电子导电率,以降低阳极的欧姆极化,同时还具备高的氧离子导电率,以实现电极立体化。

(3) 相容性。阳极材料与相接触的其他电池材料必须在室温至制备温度范围内化学上相容。

(4) 热膨胀系数。阳极材料必须与其他电池材料热膨胀系数相匹配。

(5) 孔隙率。阳极必须具有足够高的孔隙率,以确保燃料的供应及反应产物的排出。

(6) 催化活性。阳极材料必须对燃料的电化学氧化反应具有足够高的催化活性。

(7) 阳极还必须具有强度高、韧性好、加工容易、成本低的特点。

常见的阳极材料是 Ni 粉弥散在 YSZ 中的金属陶瓷。当 Ni - YSZ 金属陶瓷作为阳极时,其阳极催化剂有镍、钴和贵金属材料,其中金属镍具有高活性、价格低的特点,应用最广泛。在 SOFC 中,阳极通常由金属镍及氧化钇稳定的氧化锆(YSZ)骨架组成。其中,在 Ni 中加入 YSZ 的目的是使发生电化学反应的三相界向空间扩展,即实现电极的立体化,并在 SOFC 的操作温度下保持阳极的多孔结构及调整电极的热膨胀系数使其与其他电池组件相匹配。YSZ 作为金属 Ni 的载体,可有效地防止在 SOFC 操作过程中金属粒子粗化。而 Ni 和 YSZ 在还原气氛中均具有较高的化学稳定性,在 1 000℃以下几乎不与电解质 YSZ 及连接材料 $LaCrO_3$ 发生反应。在室温至 SOFC 操作温度范围内无相变产生。此外,Ni - YSZ 金属陶瓷阳极的导电率和其中的 Ni 含量密切相关。当 Ni 的比例低于 30%时 Ni - YSZ 金属陶瓷的导电性能与 YSZ 相似,说明此时通过 YSZ 相的离子导电占主导地位;而当 Ni 的含量高于 30%时,由于 Ni 粒子互相连接构成电子导电通道,使 Ni - YSZ 复合物的电导率增大三个数量级以上,说明此时 Ni 金属的电子电导在整个复合物电导中占主导地位。最后,Ni - YSZ 复合金属陶瓷阳极的热膨胀系数随组分不同而发生改变。随着 Ni 含量的增加,Ni - YSZ 的热膨胀系数增大。由于严重的热膨胀系数不匹配会在电池内部引起较大的应力,造成电池组件的碎裂和分层剥离,可通过在电解质中掺入添加剂的方法降低应力。

此外,还有 Ni - SDC 金属陶瓷阳极。与 YSZ 相比,由于 SDC(Ni - Sm_2O_3 掺杂的 CeO_2)具有较高的离子电导率,且在还原气氛中会产生一定的电子电导,因此,将 SDC 等掺入到阳极催化剂 Ni 中,可以使电极上发生电化学反应的三相界得以向电极内部扩展,从而提高电极的反应活性。

阴极的作用是为氧化剂的还原提供场所,同时起传递电子和扩散氧的作用,因此它必须在氧化气氛下保持稳定,同时在 SOFC 操作条件下具有足够高的电子导电率,且具备高温抗氧化性以及高温热稳定性，还不与电解质发生化学反应。所以阴极材料应是多孔洞的电子导电性薄膜。在SOFC中对阴极材料的基本要求如下。

（1）稳定性：在氧化气氛中，阴极材料必须具有足够的化学稳定性，且其形貌、微观结构、尺寸等在电池长期运行过程中不能发生明显变化。

（2）电导率：阴极材料必须具有足够高的电子电导率，以降低在SOFC操作过程中阴极的欧姆极化；此外，阴极还必须具有一定的离子导电能力，以利于氧化还原产物向电解质的传递。

（3）催化活性：阴极材料必须在SOFC操作温度下，对氧化还原反应具有足够高的催化活性，以降低阴极上电化学活化极化过电位，提高电池的输出性能。

（4）相容性：阴极材料必须在SOFC制备和操作温度下与电解质材料、连接材料或双极板材料与密封材料在化学性质上相容。

（5）热膨胀系数：阴极必须在室温至SOFC操作温度，乃至更高的制备温度范围内与其他电池材料热膨胀系数相匹配。

（6）多孔性：SOFC的阴极必须具有足够的孔隙率，以确保活性位上氧气的供应。

常见的阴极材料如下。

（1）Sr掺杂的$LaMnO_3$（LSM）。LSM具有在氧化气氛中电子电导率高、与YSZ化学相容性好等特点，通过修饰可以调整其热膨胀系数，使之与其他电池材料相匹配。其结构是Mn和O离子构成MnO_6八面体结构，而8个MnO_6通过共用O离子分布于立方体的8个顶点上。La离子位于立方体的中心。而$LaMnO_3$为本征半导体，电导率很低。如在室温下$LaMnO_3$的电导率为$10^{-4}\ \Omega^{-1}\cdot cm^{-1}$，700℃时为$0.1\ \Omega^{-1}\cdot cm^{-1}$。但是，在$LaMnO_3$的A位和B位掺杂低价态的金属离子，会使材料的电导率大幅度提高。在$LaMnO_3$中掺杂SrO，Sr^{2+}会代替La^{3+}从而增加Mn^{4+}的含量，进而大幅度提高材料的电子导电率。此外，掺杂Sr可以增加$LaMnO_3$的热膨胀系数，且随着掺杂量的增加LSM热膨胀系数增大。

（2）Sr、Mg掺杂的$LaGaO_3$（LSGM、$La_{1-x}Sr_xGa_{1-y}Mg_yO_3$）。$LaGaO_3$具有扭曲的钙钛矿结构，倾斜的$GaO_6$八面体位于正六面体的8个顶点上，La位于正六面体的中心，组成正交结构的晶胞。LSGM的电导率随温度的升高而增大，这是随着Sr和Mg对钙钛矿结构中的A位La和B位的Ga进行取代而产生的，Sr和Mg对电导活化能有不同影响，增加Sr的含量会降低电导活化能；与此相反，增加Mg的掺杂量会使电导活化能增加。这种差异与两种离子的离子半径/电荷比的不同有关。当LSGM用作SOFC的阴极材料时，对LSGM与各种电池材料的化学相容性及材料本身在氧化还原气氛中的稳定性必须予以重视。Ni是SOFC中最普遍采用的阳极材料，因此LSGM与Ni或氧化态的NiO的化学相容性显得尤为重要。LSGM的热膨胀系数随着掺杂量的增大而增大，掺杂量与其中的氧空位浓度呈正比。$LaGaO_3$因在

421℃发生正交到斜方晶系的物相结构转变而产生大的收缩，通过掺杂 Sr 和 Mg，可将收缩降至很低。而在室温下，LSGM 的弯曲强度随 Mg 掺杂量的增加而降低，因为 Mg^{2+} 的离子半径为 0.086 nm，而 Ga^{3+} 的离子半径仅为 0.076 nm，这种离子半径差异会导致晶胞参数的增大，进而造成机械强度的下降。

(3) 其他阴极材料。$La_{1-x}Sm_xCoO_{3-\delta}$(LSC)既具有很高的离子导电性，又具有足够高的电子导电性，很有希望作为中温 SOFC 的阴极材料。LSC 在以 SDC 为电解质的 SOFC 中作为阴极材料有很高活性。但是，LSC 由于其在高温下会与 YSZ 发生反应而不能作为以 YSZ 为电解质 SOFC 的阴极。而 $La_{1-x}Sr_xCo_{1-y}Fe_yO_{3-\delta}$(LSCF)的电导率随 Fe 掺杂量的增加而下降，电导率峰值产生的温度也从 200℃ 升高到 920℃。La 和 Sr 的掺杂比例对材料的性能也有较大影响。$x=0.4$ 时 LSCF 的峰值电导率达到 350 S/cm，而对 $x=0.2$ 的材料，其电导率的峰值为 160 S/cm。

3) 部件材料之二——电解质

SOFC 的关键是固体电解质，固体电解质性能的好坏将决定燃料电池性能的优劣。SOFC 在 1 000℃高温运行会带来一系列问题，包括电极烧结、界面反应、热膨胀系数不匹配等。目前迫切地希望在不降低 SOFC 性能的情况下降低操作温度。低温时界面反应倾向减小，并能降低对相关材料的要求，从而简化结构设计。

SOFC 的电解质材料其最主要功能是传导离子，而电解质中的电子传导会产生两极短路，消耗能量，从而减少电池的电流输出功率。为此对电解质有以下几点基本要求。

(1) 由于氧化还原气体渗透到气体电极和电解质的三相界面处会发生氧化还原反应，为了阻止氧化气体和还原气体的相互渗透，电解质必须是致密的隔离层，不能让气体通过。

(2) 电解质必须是电的绝缘体，氧气离子的传导能力越大越好，且电子导电能力要尽可能小。

(3) 就结构而言电解质越薄越好，以降低欧姆阻抗。

(4) 由于电解质的两侧分别与阴、阳极材料相接触，并暴露于氧化性或还原性气体中，这就要求电解质在高温运行的环境中仍能保持较好的化学稳定性。

(5) 电解质的晶体稳定性也很重要，因为晶体相变如果伴随有较大的体积变化，将会使电解质产生裂纹或断裂。

目前 SOFC 所使用的电解质的主要成分为掺入摩尔分数为 3%～10%的三氧化二钇锆(yttria stabilized zirconia，YSZ)。在 SOFC 中，YSZ 的最重要用途是制备成致密的薄膜，用于传导氧离子和分隔燃料与氧化剂。SOFC 阴极-电解质-阳极“三合一”组件有两种基本结构：电解质支撑型和电极支撑型。两种不同结构“三合一”组件的电解质薄膜厚度不同。电解质支撑型的 YSZ 薄膜厚度一般在 200 μm 以上，电极支撑型的 YSZ 薄膜厚度一般为 5～20 μm。YSZ 薄膜的制备方法分为两类：一类是基于 YSZ 粉体的制备方法；另一类是沉积法。而常温下的纯氧化锆属于单斜晶系和绝缘体，在 1 150℃不可逆转的变为四方结构，2 370℃时进一步转变为立方晶石结构，并一直保持到熔点 2 680℃，引入三氧化二钇等异价氧化物后可以使萤石结构的氧化锆从室温一直到熔点温度范围内保持结构稳定，同时晶格中一部分 Zr^{4+} 被 Y^{3+} 取代，当 2 个 Zr^{4+} 被 2 个 Y^{3+} 取代，相应地，3 个 O^{2-} 取代 4 个 O^{2-}，空出一个 O^{2-} 位置，因而，晶格中产生一些氧离子空位。O^{2-} 通过氧空位在电解质中输运，从而保持材料整体的电中性。

YSZ 的离子导电行为受多种因素的影响，这些因素包括掺杂浓度、温度、气氛和晶界等。

(1) 稳定剂掺杂量的影响：ZrO_2 - 9%(mol) Y_2O_3 的电导率最高。其他浓度时，每一个氧空位均被束缚在缺陷复合体中，迁移比较困难。

(2) 温度的影响：Y_2O_3 稳定的 ZrO_2 的电导率随温度的变化符合阿伦尼乌斯方程。

(3) 气象分压的影响：YSZ 在很宽的氧分压范围内离子导电率与气相氧分压无关，且离子传递系数接近于 1。

(4) 晶界的影响：对小晶粒 YSZ 陶瓷，其晶界电导率不受晶粒尺寸大小的影响，对于大晶粒 YSZ 陶瓷，晶界电导率随晶粒尺寸的增加而下降。

此外，在 SOFC 的操作温度范围内，YSZ 不与其他电池材料发生化学反应。然而在高温下，YSZ 与 LSM 发生反应，在界面处生成不导电相。必须将这种反应降至最低，以免造成电池性能的下降。未掺杂的 ZrO_2 在 20～1 180℃温度范围内的热膨胀系数为 8.12×10^{-6} cm/(cm · K)，掺杂的 ZrO_2 通常具有较高的热膨胀系数。YSZ 在室温下的弯曲强度为 300～400 MPa，断裂韧性为 3 MPa · $m^{1/2}$。在 SOFC 的研究与开发过程中，迫切需要提高电解质材料的强度和韧性，采用最多的方法是在 YSZ 中掺入一种或几种其他氧化物。

4) 部件材料之三——连接部分

连接部分材料在单电池间起连接作用，并将阳极侧的燃料气体与阴极侧氧化气体(氧气或空气)隔离开来。在 SOFC 中，要求连接体材料在高温下、氧化和还原气氛中组成稳定、晶相稳定、化学性能稳定，热膨胀性能与电解质组成材料相匹配，同时具有良好的气密性和高温下良好的导电性能，而且不能离子导电。钙钛矿结构的铬酸镧($LaCrO_3$)常用作 SOFC 连接体材料，此外常见的还包括 NiO 等。

研究认为，高温低膨胀合金材料作为平板型 SOFC 连接体材料和含稀土元素及其他微量元素的铁素体不锈钢为平板型 SOFC 连接体材料都是研究的热门和重要方向。随着单电池的设计优化、工作温度降低以及电解质性能的改善，使连接体或称为分离板的材料不仅起到隔离相邻两个单电池的介质流的作用，而且起到导电、导热作用。故而原先的陶瓷材料需改用合金材料。

主攻中低温（500～850℃）级，选择性能稳定的合适的 SOFC 材料；制备薄（<35 μm）而致密的 YSZ 膜；研发各方面匹配性高的电解质和电极，制造出高效率、价格低廉的燃料电池将会成为 SOFC 的主要发展方向[27]。

4.3.5.3 制备工艺

高温的 SOFC 有管型和平板型，电解质厚度大，连接体材料多为陶瓷；而中低温的 SOFC 采用平板型，电解质薄膜化，连接体为合金。在 SOFC 未来发展中，中低温的 SOFC 将成为研发的重点，薄膜 YSZ（$Zr_{0.92}Y_{0.08}O_2$）的制备技术以及封接技术成为基体、薄膜与连接体（合金）连接性能稳定的关键[28]。

1）电解质薄膜

SOFC 和固体氧化物电解池（SOEC）制备的关键技术之一是保证致密性前提下将 Y_2O_3 稳定 ZrO_2（即 YSZ）电解质薄膜化[29]。

目前常用的制备法有陶瓷粉末法、化学法和物理法。

固体氧化物电解池（SOEC）是 SOFC 的逆向运行装备，其在高温下电解水蒸气制氢的效率可达 45%～59%。SOFC 与 SOEC 两者的核心元件为固体电解质，其传导氧离子、阻隔电子电导和分割氧化剂与还原剂的性能不仅直接取决于电解质的电导率、晶型稳定性和热膨胀性，还决定电极材料和制备技术的选择。在数十年的寻觅中，具有萤石结构的稳定氧化锆，尤其是 YSZ 成为高温电解质的首选材料。为了避免高温界面处的负反应，以及降低连接体和密封材料的要求，许多研究者把目光转向中低温，以利于制备薄膜化的固体电解质元件。

一般薄膜厚度要求小于 50 μm（700℃温度下）。从 SOEC 角度而言，要求低的欧姆阻抗，也就是要降低电解质的阻抗。

显然，固体电解质的薄膜化是必然趋势。

YSZ 电解质薄膜制备工艺的差异主要在于基片的温度、前驱体材料、沉积率、薄膜质量、制备系统和生产成本等。其中，电泳沉积法（EVD）、溅射法、热喷涂法、喷雾热解法虽一次成型致密薄膜，但工艺复杂、成本高，故影响产业化。而 sol-gel 法和陶瓷制备法（流延成型、浆料涂覆法和注浆成型法等）能沉积多种混合物和复杂化学配比的化合物。其设备简单、成本较低，容易产业化，但存在膜的附着力、致密度和烧结时产生的缺陷等，也是产业化过程中必须解决的问题[29]。

2）薄膜制备工艺

（1）陶瓷粉末法工艺如表 4-7 所示。

表 4-7　粉末法工艺

制备方法	陶瓷纳米粉添加剂	加工工序	优　缺　点
流延成型	溶剂、分散剂、黏结剂和增塑剂	过筛、除气、素胚、干燥、烧结、凉置	设备简单、工艺稳定、成膜率高、膜面积大；但干燥室易开裂，薄膜较厚等
浆料涂覆	溶剂、分散剂（聚丙烯酸）、黏结剂（乙基纤维素、松油醇）	制浆、旋转涂覆基面、干燥、烧结	成本低、工艺简、成膜薄，膜厚度 10 μm；但质量百分比 10%稀悬浮液的工序重复多次，费时费力；可改用质量百分比 40%～80%浆料，控制浓度和液面下沉速度，压力辅助涂覆致密，一次制膜，性能上乘
丝网印刷	有机黏结剂和增塑剂	用刮板浆通过丝网均匀覆盖电极支撑表面上，干燥烧结	配备印刷台、铝网、刮板上浆，重复性好，可制备较薄膜厚；调整浆料黏度，控制浆的流变性和烧结升温速率；但稳定性差，易出小孔，大面积薄膜烧结易开裂
电泳沉积(EPD)	悬浮液为活性高、易分散粉末与富含 H 的（醇和酮等）混合溶液	带电胶粒或悬浮液中带电粒子在电场作用下定向移动，沉积于电极表面成膜	设备简单、膜薄、成膜率高，素胚很少或没有有机物，可不经灼烧且基底形状不限，连续加工，液料循环利用，宜大规模生产；但电泳系统对一些条件敏感，层积粉末易团聚致空隙
轧膜成型（压延法）	添加质量百分比 20 %黏结剂和增塑剂	高速搅拌成松软膏，从两轧辊间挤出成膜	烧结的薄膜电导率可达 0.10 S/cm(950℃时)，但因易开裂而很少采用
干压法	混合均匀粉料	压力成膜	两次加压易得厚度 0.5～0.1 mm 的 YSZ 薄片，制作成本较低，原料利用率高，但不利于产业化

(2) 化学法工艺如表 4-8 所示。

表 4-8　化学法工艺

制备方法	原理	制　作	优缺点
气相沉积(CVD)与电化学沉积(EVD)	以电化学势梯度为驱动力，在多孔基底上生长离子或电子电导膜	以多孔电极为基底，真空室隔离成两室，采用 $ZrCl_4$ 和 YCl_3 的混合气为 YSZ 前驱，氧或水蒸气为氧源分别入室向电极扩散、反应生成 YSZ 晶体，封闭电极中的间隙后开始 EVD 过程	EVD 制膜均匀致密、成分均一，对衬底无特殊要求；但其沉积速率较低，反应要求较高真空度，且在高温高腐蚀气氛中进行，系统要求严格、设备复杂，其生产成本高，难以推广
原子层沉积法(ALD)	通过衬底面交替暴露于不同的前驱体	生长周期为 4 步，化学吸附以去除没反应的前驱体，引入第二种前驱体在表面反应成膜，惰性气净化	与 CVD 方法相似，使用气相前驱体，且反应室构造相似；可适应各种基底；膜厚度薄（<1 nm）、质地好；设备昂贵

（续表）

制备方法	原理	制　作	优缺点
溶胶-凝胶	利用胶体分散体系制备薄膜	以氧氯化锆和硝酸钇溶液作前驱体，加草酸水解成溶液、制凝胶、粉碎、加适量有机溶液按涂覆工艺，可多次涂覆烧结	制备简单、经济，烧结温度较低；但制模费时费力，且薄膜易得包裹气孔，致密性不好
喷雾热解	溶液通过喷雾散射到热的基底上，产生热分解而成膜	前驱液以氧为载体，在基底温度250℃时沉积、每一层沉积后再400℃下加热 10 min，三层后在590℃下退火处理 2 h；采用喷雾气流、超声波和静电喷雾	设备简单，原料利用率高，适于规模生产，成膜速率一般为 5～60 μm/h；但盐溶液腐蚀，薄膜需热处理

（3）物理法工艺如表 4－9 所示。

表 4－9　物理法工艺

制备方法	原　理	制　作	优缺点
溅射涂层	利用惰性气体放电产生等离子体，正离子经加速打靶，飞溅的物质沉积在基底，形成薄膜	成膜涂层需退火和烧结（1 600℃）处理	制备重复性好，薄膜生长易控，致密均匀；当多孔基底沉积时薄膜粗糙易导致裂纹等缺陷；设备昂贵
脉冲激光	用激光照射，使靶面材料气化或原子化，使之溅射并沉积在基板上成膜	一般使用循环频率 10 Hz、波长 248 nm、脉冲时间 30 ns 的 KrF 受激激光，能量控制为 0.01～0.4 焦耳/脉冲；基板为 700℃或更高	材料适用性好，多组复合物沉积均匀；但需要特殊设备，存在制模成本问题
等离子喷涂（真空 VPS、空气 APS）	利用热等离子弧为热源，将粉末熔化或成半熔化状态，以气流为载体高速喷向基体表面，使之叠加焊合成涂层	用锆钇的硝酸溶液多次浸渗电解质，降低 H_2 泄漏率；或用旋转涂膜法	系统管理简单、可操作性强，一步完成高温过程，免烧结，成膜率高

陶瓷粉末法简单、成本低，但需要烧结，易生成绝缘层；干压法不宜规模制备，仅实验使用；相对而言，丝网印刷、浆料涂覆法、电泳沉积和喷涂热解制模成本低廉，能制备 10 μm 致密 YSZ 薄膜，可规模化生产，适宜参数优化和标准化。降低 YSZ 电解质烧结温度是实现电极和电解质一次烧结成型的重要课题。

4.3.5.4　封接工艺

平板式 SOFC 结构因其优点而成为工程首选。然而大尺寸、厚度薄且质量高的 ZrO_2 隔膜结构以及气密性良好高温封接技术成为必须解决的难点[30]。

目前 SOFC 封接，主要采用氧化物焊料法，包括玻璃焊料和微晶玻璃焊料。

1）密封方法

目前采用的密封方法有玻璃/玻璃陶瓷封接、压力密封和活性金属密封。

(1) 玻璃/玻璃陶瓷封接。玻璃的黏结性、浸润性以及操作简单、价格低廉使其成为致密封接的首选材料。通过组分和结构的改变，可改善或优化玻璃的 CTE(热膨胀系数)、T_g(玻璃化温度)和 T_s(软化温度)的性能指标。

用于封接的氧化物玻璃主要 3 种：B_2O_3 系、P_2O_5 系和 SiO_2 系。前者易挥发，中间者可降低挥发但强度较低，而后者 SiO_2 系列中 BACS($BaO-Al_2O_3-CaO-SlO_2$)受到关注。

非氧化物陶瓷(SiC、Si_3N_4 等)需要更高温度与(或)压力才能形成致密体。一些有机前驱物在高温下分解，原子间强的共价键作用可增强封接材料的抗腐蚀性和机械强度。两者的结合有利于克服各自的缺陷和弱点。

(2) 压力密封。它是一种动态密封，无需热膨胀匹配，但工艺装备复杂且加压装置易氧化。

(3) 活性金属密封。在真空或还原气氛的环境下，利用熔融金属填充金属与陶瓷的间隙。

优化途径主要包括组分优选与材料复合、优化制备工艺和多层结构设计和损伤恢复。

2）封接控制指标

在平板结构上进行高强度、高气密性的高温封接是一道关键工序，必须满足三项控制指标：

(1) 焊料与电解质及连接体的热膨胀系数匹配，其热膨胀系数差小于等于 7%。

(2) 化学稳定性，确保焊料和焊缝在氧化、还原性气氛下长期工作，在氧分压变化范围内($1\times10^{-13}\sim2.1\times10^{4}$ Pa)要求性能稳定。

(3) 在温度变化范围内，保持足够的连接强度和气密性。

3）软硬封接法

玻璃焊料法又称为软封接，在整个封接和使用过程中保持玻璃态，不析出晶体。通常封接温度高于工作温度，以确保电池堆在运行中的结构和强度。

采用微晶玻璃焊料称为硬封接法，在组分和工艺设计上保证封接焊料中有一定比例分布的微晶体，属于玻璃陶瓷或微晶陶瓷的一种多相结构。例如氟金云母玻璃-陶瓷焊料封接适用于 1 000℃，氟金云母玻璃易于析晶，而陶瓷便于机加工成型。

4）封接基本原则与类型

(1) 对于 SOFC 的两种形式(管式和平板式)而言，管式燃料电池已经应用，不需要封接，但存在电流密度低、电解质制膜成本高的问题；平板式 SOFC 功率密度高，但需要在高温下对燃料与氧化剂进行有效隔绝和密封。换言之，高温下的封接材料应具有良好的化学稳定性、热稳定性、气密性以及绝缘性。于是，通过设计和改性等方法，使封接量和封接面积最小便成为封接设计的一个基本原则。对于不同的支撑形式（电解质支撑、阴极及阳极支撑），封接方式也有所变化。

(2) 封接类型分为金属-陶瓷和陶瓷-陶瓷的封接。封接方法有采用压缩封接和封接材料封接两种。

所谓压缩封接，是指使用机械力荷载压紧燃料电池组元及添加材料实施。该方法几乎不存在高温下封接材料与组元间的化学反应，无需形成强的化学键和黏结。云母复合压缩封接是目前应用较多的方法。它在云母两边涂上玻璃/玻璃陶瓷层，陶瓷层或金属银。其在高温 800～1 000℃热循环 350～700 h 下的气密性测定表明，漏气率低于 0.001 sccm①；以银丝作为添加层的混合压缩封接系统在 800℃温度下经受 300 h 热循环后气密性表现甚好，可达 0.006 sccm[31]。

高温封接材料封接是指使用玻璃/玻璃陶瓷材料，实现电池组元间的封接连接。这种材料性能优于同类玻璃和陶瓷，比如可大范围内调整热膨胀系数、强度高、耐磨性好，具有化学稳定性和热稳定性。经大量试验，封接材料的玻璃体系主要集中在磷系、硼系和硅酸盐类。中国矿业大学的研究结果表明：在 800～1 000℃温度下，体系内封料的漏气速率在 10^3～10^4 Pa·m^3/s 之间。封接示意图如图 4－10、图 4－11 和图 4－12 所示。

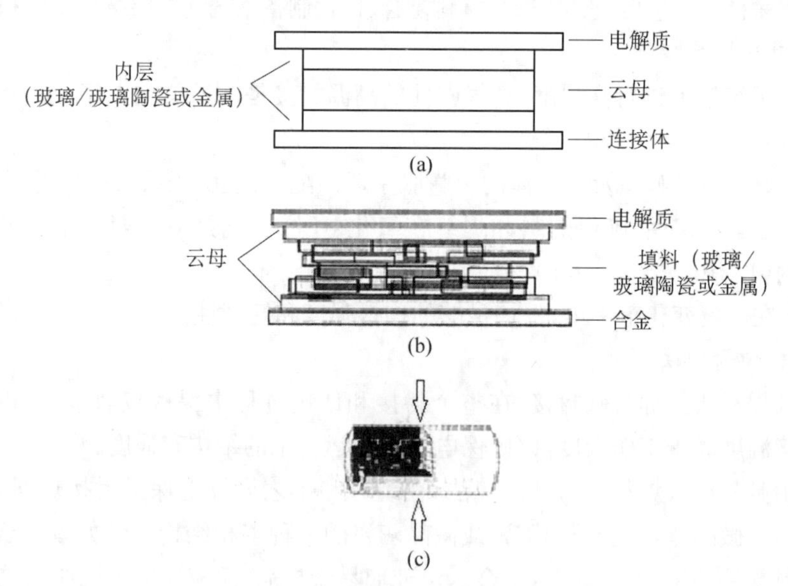

图 4－10　复合云母压缩封接示意图

(a) 复合云母(方法一)压缩封接示意图；(b) 复合云母(方法二)压缩封接示意图；(c) 筒状云母复合填料压缩封接示意图

① 泄漏单位 sccm(standard-state cubic centimeter per minute)，标准大气压·厘米^3/分(atm·cm^3/min)，国际标准单位为 Pa·m^3/s。

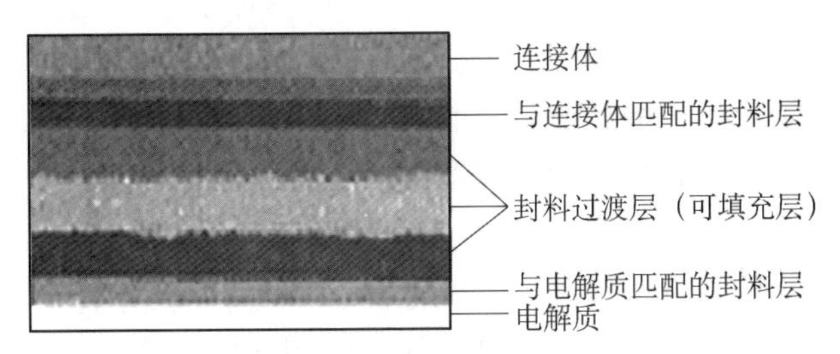

图 4-11　梯度热膨胀系数玻璃/玻璃陶瓷封接结构

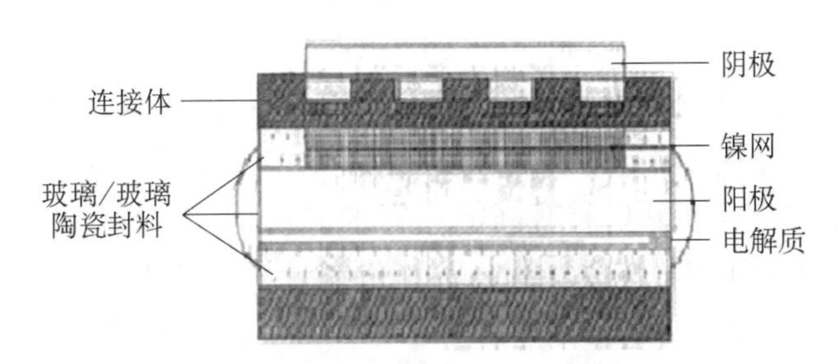

图 4-12　阳极支撑 SOFC 玻璃/玻璃陶瓷封接结构

4.3.5.5　玻璃技术研发

玻璃/玻璃陶瓷封接材料的研发依托成熟的玻璃技术拓展了发展空间。其主要从以下几方面着手研究。

(1) 优化基础玻璃体的组分；

(2) 发展复合玻璃/玻璃陶瓷封接材料；

(3) 建立完整测试系统和热膨胀系数梯度变化的复合封接材料的设计系统。

针对平板式 SOFC 三种支撑结构，设计合适的材料和封接工艺，并进行应力与强度的理论计算与分析。

实验中用云母和 $Bi_2O_3-BaO-SiO_2-R_xO_y$ (R=K，Zn，AI_2O_3 等)玻璃复合，将电解质(YSZ)支撑的电池盒金属连接体(SUS430 不锈钢)封接在一起，对封接后电池堆的封接性能和开路电压以及各组元热膨胀性能进行测试。其结果表明：云母在室温到 800℃ 的平均热膨胀系数为 $8.5\times10^{-6}\ K^{-1}$，电解质的平均热膨胀系数为 $10.8\times10^{-6}\ K^{-1}$，SUS430 不锈钢的平均热膨胀系数为 $11.3\times10^{-6}\ K^{-1}$，$Bi_2O_3-BaO-SiO_2-R_xO_y$ 25～520℃玻璃的平均热膨胀系数为 $11.0\times10^{-6}\ K^{-1}$，与 YSZ 和金属连接体匹配。

云母的层状结构可缓解因热膨胀系数不同而产生的压力，在高温状态下云母还起到固定软化玻璃的作用。通过气密性和电性能测试，证实电堆在工作状态下气密性良好，在 800～900℃下运行 28 h，其开路电压维持在 1.0 V 以上，复合封料及界面结构稳定。该封接技术适于平板型 SOFC 电池堆的封接[32-39]。

虽然 SOFC 封接材料及工艺取得进展，但还没有一套行之有效的设计方法以及适应电池运行和商业化应用的要求。目前云母压缩封接的研究重点在云母与玻璃/玻璃陶瓷或金属复合封接技术，应寻找匹配合适的填充料。

4.3.6 新型燃料电池

新型燃料电池主要包括直接醇类燃料电池和生物燃料电池等。它们都采用了质子交换膜。其中，直接醇类燃料电池(DAFC)是近年来新开发的一类质子交换膜燃料电池(proton exchange membrane fuel cell, PEMFC)。由于燃料(如甲醇、乙醇等，以甲醇为燃料称为直接甲醇燃料电池，DMFC)来源丰富、价格便宜，其水溶液易于携带和储存，并可以直接使用现有的加油站系统[17-18]。与目前常用的二次电池如锂离子电池或镍氢电池相比，DMFC 具有高能量密度的优势。DMFC 的理论能量密度是 4 710 W・h/L，相对于镍氢的 200 W・h/L、锂离子的 310 W・h/L，其非常占优势。另外，与二次电池蓄电一再放电的原理不同，DMFC 可以说是能源转换器，只要将燃料持续供应即可源源不断地产生电力，不会有电力中断或更换电池的问题。由于整个 DMFC 系统具有结构简单、方便灵活等特点，故具有广阔的应用前景。例如，其有可能发展成为海岛荒漠等偏远地区使用的小型独立电站，可用于国防通信、单兵作战电源以及其他军事领域的特殊电源，也可作为家庭、商店、医院、学校、工厂等使用的不间断电源，还可用于手机、摄像机、笔记本电脑等使用的移动电源以及军民通用的传感器件等。DMFC 的研究与开发，不仅会促进能源工业和电池工业的发展，而且必将推动电子产业、新材料产业以及通信产业等领域的技术进步，同时对提高资源利用率和解决环境污染问题等具有积极意义。

微生物燃料电池系统(microbial fuel cell, MFC)是将生物化学代谢能转化为电能的反应装置，它能够充分利用生物质资源，在降解污染物的同时产生电能。由于其净化污水的同时还能产生电能，其资源化和能源化的发展潜力不可估量[19]。微生物燃料电池根据电池的组装和结构可以分为双室型和单室型两类。根据产电原理的不同，MFC 可分为 3 种类型：氢 MFC、光能自养 MFC、化能异养 MFC。按电子传递方式不同可以分为无介体 MFC 和有介体 MFC。按微生物分类，则分为纯菌 MFC 和混菌 MFC。微生物燃料电池使用微生物作为催化剂从可生物降解的有机和无机化合物直接产生电流。通常，细菌在微生物燃料电池中用于发电，同时实现有机物或废物的生物降解。许多类型的废水已经成功使用微生物燃料电池处理，通过去除废水中的有机污染物，产生有价值的能量。微生物燃料电池以有机物作为燃料。在反应过程中，产生的电子被微生物捕捉并传递到电池阳极，电子由阳极通过外接电路转移到阴极，从而产生外部电流；同时，在阳极反应中还产生质子，透过质子交换膜转移到阴极。电子、氧化剂(催化剂)和质子生成还原产物,完成电池内部电荷的传递,实现系统中整个生物电化学过程和能量转化过程。在整个微生物燃料电池的反应系统中,通过活性微生物作为其催化剂,这也是微生物燃料电池的最大优势。阳极的氧化过程与阴极的还原过程并不是在两种反应物直接接触时发生,而是分别在阳极和阴极上进行的。由于微生物燃料电池不需要使用昂贵的化学催化剂,因此可以大大降低整个微生物燃料电池系统的成本,微生物燃料电池还可以使用污水中的有机物等来产生电能,同时还能处理污水,解决一部分环境问题。微生物燃料电池阳极室内的活性微生物拥有自我更新和繁殖的能力,所以微生物燃料电池不会出现一般化学催化剂固有的钝化现象。微生物燃料电池不但可以实现连续不断的污水处理,同时还可以进行产电。因此,微生物燃料电池废水处理技术与传统的废水处理技术相比,具有相当大的优势。不同类型燃料电池的综合比较如表4-10所示。

表4-10　不同类型燃料电池的综合比较

燃料电池类型	碱性	磷酸	熔融碳酸盐	固体氧化物	质子交换膜
简称	AFC	PAFC	MCFC	SOFC	PEMFC
电解质	KOH	磷酸	Li_2CO_3 - K_2CO_3	YSZ	全氟磺酸膜
电解质形态	液体	液体	液体	固体	固体
阳极催化剂	Ni或Pt/C	Pt/C	Ni(含Cr, Al)	金属(Ni, Zr)	Pt/C
阴极催化剂	Ag或Pt/C	Pt/C	NiO	$Sr/LMnO_3$	Pt/C、铂黑
导电离子	OH^-	H^+	CO_3^{2-}	O^{2-}	H^+
启动时间	几分钟	几分钟	>10 min	>10 min	<5 s
工作压力	<0.5 MPa	<0.8 MPa	<1.0 MPa	常压	<0.5 MPa
工作温度	65～220℃	180～200℃	约650℃	500～1 000℃	室温～80℃
燃料	精炼氢气、电解副产氢气	天然气、甲醇、轻油、纯氢	天然气、甲醇、石油、煤	天然气、甲醇、石油、煤	氢气、天然气、甲醇、汽油
氧化剂	纯氧	空气	空气	空气	空气
极板材料	镍	石墨	镍、不锈钢	陶瓷	石墨、金属
特性	需使用高纯度氢气作为燃料;低腐蚀性及低温较易选择材料	进气中CO会导致催化剂中毒;废热可予以利用	不受进气CO影响;反应时需循环使用CO_2;废热可利用	不受进气CO影响;高温反应,不需依赖催化剂的特殊作用;废热可利用	功率密度高、体积小、质量轻;低腐蚀性及低温,较易选择材料

（续表）

燃料电池类型	碱性	磷酸	熔融碳酸盐	固体氧化物	质子交换膜
优点	启动快，室温常压下工作	对 CO_2 不敏感；成本相对较低	可用空气做氧化剂	可用空气做氧化剂	可用空气做氧化剂
缺点	需以纯氧做氧化剂，成本高	对 CO 敏感，成本高	工作温度较高	工作温度过高	对 CO 非常敏感，反应物需要加湿
电池内重整	不可能	可能	非常可能	非常可能	不可能
系统电效率	50%～60%	40%	50%	50%	40%
应用场合	航天、机动车	分布式能源	分布式能源	交通工具电源、移动电源	交通工具电源、移动电源、航天

4.4 燃料电池耦合发电技术

以大量消耗不可再生燃料的发电方式难以持续地支撑国家经济的高速发展，可再生能源的引入成为必然发展趋势。燃料电池的耦合发电技术能够有效地缓解用电高峰时的压力，还能充分利用可再生能源，在未来具有很好的前景。

燃料电池耦合发电是一种高效、洁净的发电方式，已经成为当今电力可持续发展的研究热点[24]。燃料电池包括低温态的碱性型（AFC）、质子交换膜型（PEMFC）、中温态的磷酸型（PAFC）、高温态的熔融碳酸盐（MCFC）和固态氧化物型（SOFC）。通过 FC 与常规动力装备联合循环发电或者分布式冷热电多联产运营，燃料电池耦合发电技术将是重要的绿色发电方式之一。

早在 1993 年，美国能源部投资“净煤技术”和“燃烧 2000”计划，在技术上充分吸收环保型燃煤技术和布雷顿循环装备系统的优点[25]。凯姆登电站——前置燃料电池的大型煤气化联合循环项目是第五轮净化技术计划中的一项。该项目为“MCFC＋IGCC”的联合循环电站，总投资 7.8 亿美元。

首座整体煤气化联合循环发电系统（integrated gastification combined cycle，IGCC）示范电站采用鲁奇公司的 BGL 排渣型汽化技术、通用电气公司 2 台 7F 燃气轮机及余热锅炉机组，用一部分煤气演示 1 个 2.5 MW 的 MCFC，后再扩充到 10 MW。电站设计用煤 3 700 t/d，燃用西弗吉尼亚高硫煤，电站效率比普通火电厂高 20%，烟气中 SO_x、NO_x 的排放浓度都低于美国环保标准。

一般而言，燃料电池发电效率高。FC 本体发电效率达 50%左右，高温 FC 配燃气-蒸汽联合循环，其效率为 60%～70%（LHV），预计到 2020 年天然气 FC 的效率可达 72%；它具有变负荷率高(8%～10%)/min、负荷变化的范围大(20%～120%)、电力质量高、电流谐波和电压谐波均满足 IEEE519 标准等优点。

4.4.1　SOFC - PEMFC 联合发电系统

当前开发的不同类型的 FC，功率范围很大，从 1 kW 以下到 10 MW 以上。质子交换膜型燃料电池(PEMFC)较成熟，仅适用于低温；而 SOFC 与 PEMFC 联合发电是一种选择。

2000 年 Andrew Dicks 等提出 SOFC - PEMFC 联合发电的概念[26]。依靠 SOFC 内重整燃气组分，为 PEMFC 提供净化重整气体，节省外置重整器，使之具有更高的能量转换效率(见图 4 - 13)。研究人员以 SOFC 与质子交换燃料电池联合发电系统作为研究对象，以其系统操作参数为不确定参数，采用基于拉丁超立方体抽样的不确定分析方法——适宜的概率分布函数表述和量化不确定因素，反映到确定性的模型上，输出概率分布规律的结果，以此分析系统净功率。

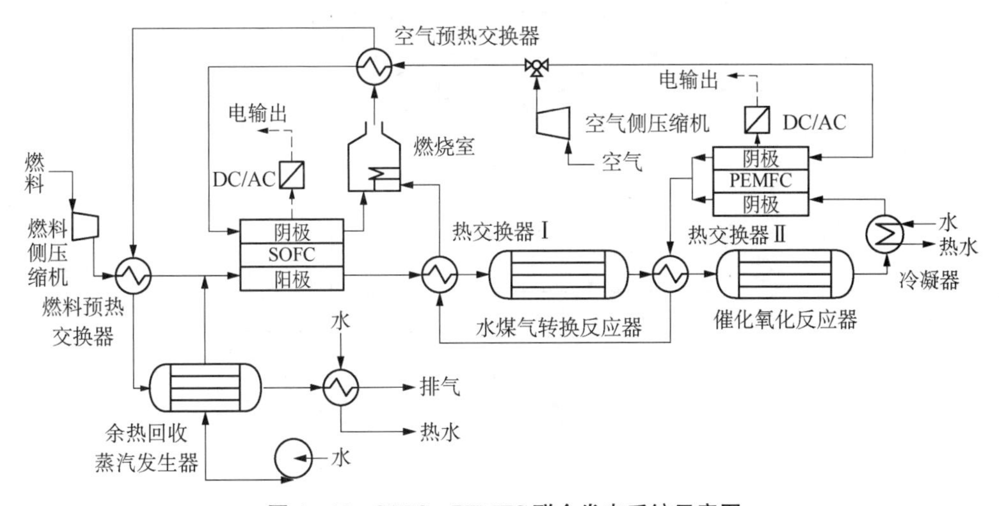

图 4 - 13　SOFC - PEMFC 联合发电系统示意图

研究者在管式 SOFC(IRSOFC)基础上通过耦合质量、能量平衡方程和电化学分析建立 SOFC - PEMFC 的模型，包括 PEMFC 的电化学模型、空气侧和燃料侧的压气机所用的等熵效率模型、热交换器基于 ε - NTU 方法的零维模型、系统中辅助设备基本的节点稳态热力学模型，并建立质量、能量平衡方程，研究相关因素的影响。图 4 - 14 所示为系统求解流程。表 4 - 11 所示为该法以不确定性因素(电堆温度、低燃料流量和利用率)对系统引起偏差和波动的分析及其多参数评价。结果表明，SOFC 电堆高的工作温度、低燃料流量和低的利用率有利于减少系统净电功率因不确定因素引起的偏差和波动，可借以评判设计参数的合理性。

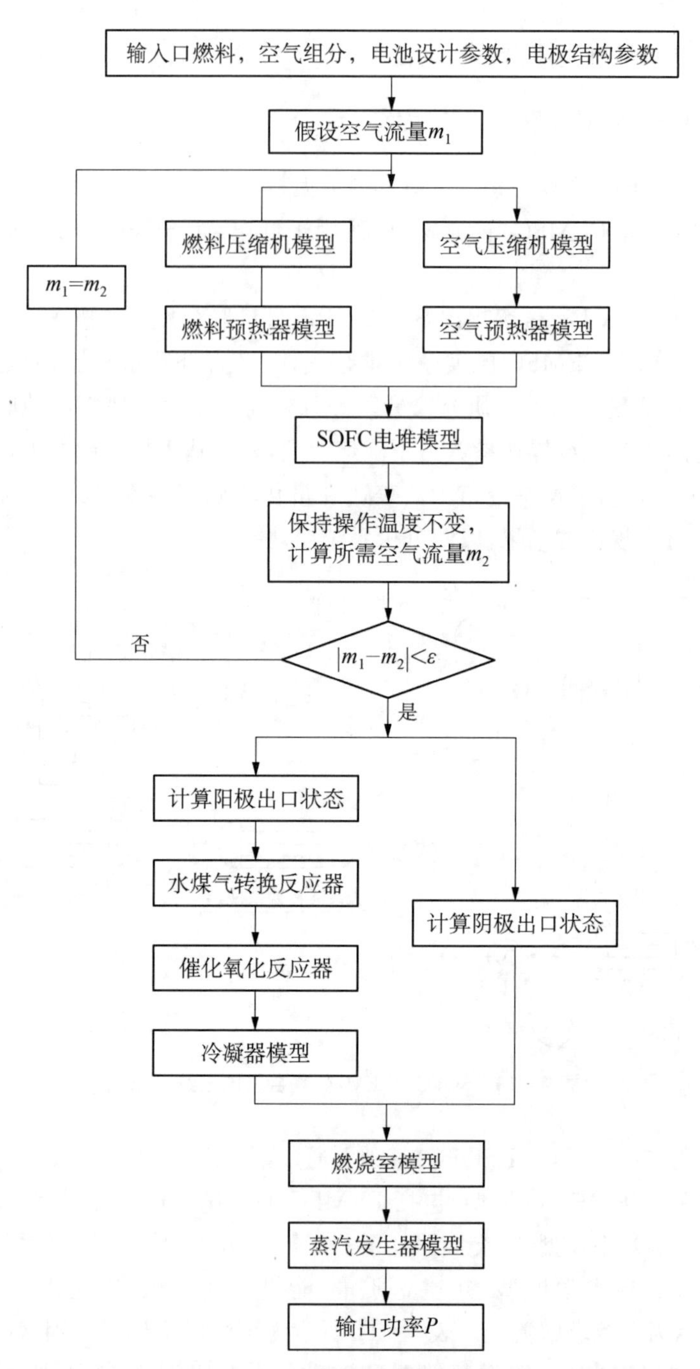

图 4-14　系统模型求解流程图

表 4-11　不确定参数的取值范围及分布

参数	参数意义	取值范围	均值取值
N_{CH4}	甲烷流量/(mol·s^{-1})	0.1～0.4	0.3
STCR	氢碳比 S/C	2～3	2.5
P_{system}	系统设计压力/Pa	1～4	2
Uf_{SOFC}	SOFC 燃料利用率/%	0.55～0.85	0.7
T_{SOFC}	SOFC 操作温度/℃	850～1 050	1 000
Uf_{PEM}	PEMFC 燃料利用率	0.6～0.9	0.85

燃料电池[FC/AIP(air independent propulsion)]系统直接将氢能转换为电能，它与柴油机组合具有军事上的特殊用途，如用于潜艇。其优点是装置的转换效率很高，省去了热机复杂的转换过程，减少能量损耗，实际效率可达到 70%；对外热辐射较少，有效地降低潜艇的热辐射；噪声较小，用于潜艇可提高潜艇在航行时的隐蔽性；过载能力强，其短时过载能力可达额定功率的 2 倍，装备 FC-AIP 系统的潜艇可进行短时内加速航行；系统配置灵活，便于安装。

FC 堆是由若干个电池单元串并联而成，可按任意需要布置，灵活选择 FC 的配置方式；效率随输出功率变化特性较好，特别适合潜艇对于动力装置需要功率范围宽而效率高的要求。其缺点是燃料危险性非常大，系统比功率较小，目前质子膜燃料电池的比功率只有 100 W/kg，与柴油机的比功率 300 W/kg 相差较远，要想达到相同功率，FC 所需重量要大于柴油机；其工作寿命短、价格较高，是柴油发电机组价格的 3～6 倍。但是将 AIP 系统与当前潜艇的“柴电”动力装置组合在一起，构成混合推进装置可使常规潜艇隐蔽性提高，作战能力提升。此外，燃料电池也可与太阳能光伏等新型清洁能源产业联合发电，这更加开拓了燃料电池的应用空间。

在环保指标方面，它能有效降低火力发电的污染物、噪声和温室气体排放量。与常规燃煤发电机组相比，燃料电池发电中几乎没有燃烧过程，NO_x 排放量很小，一般可达到 0.139～0.236 kg/(MW·h)以下，噪声低。

在综合指标方面，燃料电池可使用多种燃料，包括氢气、甲醇、煤气、沼气、天然气等；燃料电池为模块化结构，体积小(小于 1 m^2/kW)、系统容易扩容，自动化程度高，可实现无人操作；系统供电灵活、可靠，是理想的分布式电源；FC 发电系统符合国家能源和电力安全的战略需要。

为此，在北美、日本和欧洲，FC 发电快步进入工业化规模应用阶段，将成为继火电、水电、核电后的第四代发电方式。

4.4.2 MGT-SOFC 直接式混合系统

大连理工大学研究者通过“50 kW 微型燃机+SOFC 的复合装置”(见图 4-15)与其单一装置性能的分析比较(见表 4-12)[40],揭示了复合发电装置具有高效率、低污染的特征,突显出能源梯级利用形式的重要性。

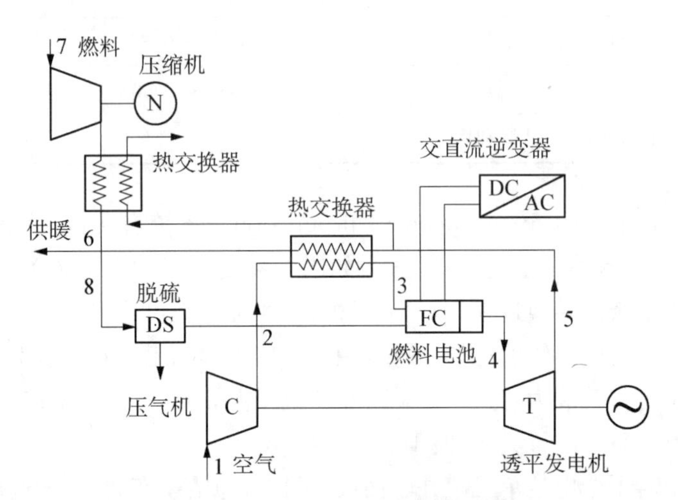

图 4-15 MGT/SOFC 顶层循环结构

表 4-12 有、无 SOFC 的 50 kW 燃机发电装置的性能分析

参 数 名 称		无 SOFC	有 SOFC
压气机进口	温度/℃	15	15
	压力/bar①	1.013	1 013
	流量/(kg/s)	0.499 4	0.476
压气机出口	温度/℃	182	185
	压力/bar	3.864	3.943
	流量/kg/s	0.499 4	0.476
汽轮机进口	温度/℃	900	900
	压力/bar	3.53	3.432
	流量/kg/s	0.503 47	0.57
汽轮机出口	温度/℃	655	658
	压力/bar	1.092	1.088
	流量/kg/s	0.503 4	0.57

(续表)

参数名称		无 SOFC	有 SOFC
回热器出口	燃气侧温度/℃	257	270
	空气侧温度/℃	60	605.5
装置的输出功率/kW		54	287
整个装置的效率/%		29.2	61.1
70%负荷装置的效率/%		23	56.4

① bar,压强(压力)非法定单位,1 bar=10^5 Pa。

50 kW 微型燃机装置,压缩机单机压比为 4,进口温度 800~900℃,回热循环、回热度为 85%~90%之间,热效率 30%,扣除燃料压缩机和发动机其整体效率约 27%;当与 SOFC 复合,其发电效率达 60%,可实现 NO_x 近零排放。

由表 4-12 可知,复合循环系统的发电效率 61.1%高于单纯燃机发电效率 29.2%;在变工况下(70%),也是如此。同时系统也要求换热器的高传热性能,其值必须达到 89%以上。

4.4.3 SOFC-MGT 间接式混合系统

SOFC-MGT 间接式混合系统流程如图 4-16 所示,空气经压缩后在回热器中加热,高压高温空气进入汽轮机,做功后的空气进入 SOFC 阴极作为氧化剂和冷却气体。来自余热锅炉的蒸气与燃料混合进入预热器加热,进预重整器进一步重整,生成

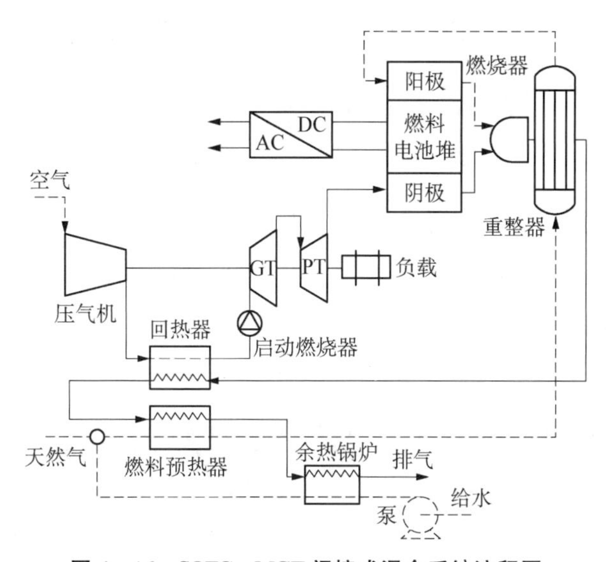

图 4-16 SOFC-MGT 间接式混合系统流程图

的富氢气体进入 SOFC 阳极再重整。在 SOFC 电极三相界面处发生电化学反应，电子经外电路构成电子回路，通过 DC/AC 转换器并入电网。

4.4.4 SOFC - GT - ST 三重复合动力系统特性研究

基于流程模拟软件 Aspen Plus 建立复合系统模型，华北电力大学的研究者以西门子-西屋的管式 SOFC 为对象，分析三重复合动力系统主要参数变化规律，查明系统采用高压，在 900℃温度条件下，可获得较高的系统效率的规律[41-43]。

模拟参数：燃料初温 15℃、压力 0.1 MPa；燃料成分：CH_4(81.3%)、C_2H_6(2.9%)、C_3H_8(0.4%)、C_4H_{10}(0.2%)、N_2(14.3%)、CO(0.9%)；燃料加压到 0.35 MPa，FC 电池工作压力 0.3 MPa、工作温度 910℃，燃料利用率 85%，直流交流转换器效率 92%。模拟结果如表 4-13、表 4-14 所示。

表 4-13 模拟结果对照

参 数	文献数据	实验值	本文模拟数据
电压	0.70	—	0.70
电流密度	178	180	179.1
空气利用系数/%	19	—	18.2
重整器出口温度/℃	536	550	537.2
电池堆出口气体成分	77.3% N_2	77.3% N_2	77.5% N_2
	15.9% O_2	16% O_2	16.4% O_2
	4.5% H_2O	5% H_2O	4% H_2O
	2.3% CO_2	2% CO_2	2.1% CO_2
阳极出口的气体成分	50.9% H_2O	48% H_2O	50.9% H_2O
	24.9% CO_2	28% CO_2	24.9% CO_2
	7.4% CO	5% CO	7.4% CO
	5.1% N_2	5% N_2	5.1% N_2
电池出口气体温度/℃	834	847	832
电池效率/%	52	50	51.99

表 4-14 SOFC - GT - ST 复合动力系统模拟结果

参 数	数 值
SOFC 燃料耗量/(kg/s)	0.73

（续表）

参　　数	数　　值
SOFC 单电池电压/V	0.70
SOFC 电流密度/(mA/cm^2)	180.21
SOFC 发电功率/MW	20.44
GT 功率/MW	2.44
ST 功率/MW	2.57
系统总输出净功率/MW	25.45
系统总效率/%	66.98

4.4.5　FC-热机机组驱动系统

FC-热机机组驱动系统是很重要的混合动力驱动系统，相比于质子膜燃料电池，其不仅可以极大地提高经济性，还能够提供很强的动力，具有很大的优势。

1）AIP 系统

燃料电池（FC/AIP）系统是最具竞争力的 AIP 系统，它与柴油机组合在军事上具有特殊用途。

目前的质子膜燃料电池的工作寿命只有 5 000 h，距离 40 000 h 的目标寿命相距较远，同时其价格约为 3 000 $/kW，是柴油发电机组的 3～6 倍。无论如何，将 AIP 系统与当前潜艇的“柴电”动力装置组合在一起，可构成混合推进装置使得常规潜艇隐蔽性提高，攻防作战能力得到大幅提升。

2）微型燃气涡轮机与燃料电池的耦合装置

该系统于 2009 年 9 月在斯图加特举办的国际燃料电池论坛上正式公布，其长期目标是在分布式供能中实现最高发电转换效率，发电功率达 1 MW[39]。

4.5　燃料电池关键技术

燃料电池作为一种优异的发电技术，前景广阔。在家用、通信、交通和空间等多个领域均可得到广泛的应用。然而在实际应用推广中，其主要有以下问题：

① 贵金属催化剂虽然高效，但受资源成本限制，同时存在稳定性问题，而寻找替代催化剂的研究正在大幅开展中[27]。

② 固态电解质膜、气体扩散层生产线有待进一步建设，目前供给较难[27]。

③ 第三代膜电极组件处于研究阶段。

④ 双极板技术的难点在于成型技术、金属双极板表面处理技术。

⑤ 燃料电池电堆的性能依旧需要提升，系统部件需要进一步设计与测试，系统控制策略需要优化。

参考文献

[1] 杨少中. 能源——现代社会经济发展的一大支柱[J]. 经济理论与经济管理，1985，6：4-41.

[2] 刘助仁. 新能源：缓解能源短缺和环境污染的希望[J]. 国际技术经济研究，2007，10(4)：6-22.

[3] 熊一权. 燃料电池的开发及展望[J]. 节能与环保，2003，3：37-39.

[4] 毛宗强. 世界氢能炙手可热中国氢能蓄势待发[J]. 太阳能，2016，7.

[5] 国际能源署(IEA). 2010 能源技术展望[M]. 北京：清华大学出版社，2011.

[6] 李晓延. 潜能无限的燃料电池[J]. 今日电子，2007，1：30-34.

[7] 李彦红. "十二五"能源规划凸显新能源重要作用[J]. 中国贸易救济，2012，3：4.

[8] 庞志成，胡玉春. 燃料电池技术原理和应用[J]. 节能与环保，2002，12：26-28.

[9] 孙安娜，王辉. 燃料电池与传统发电方式的热力学分析[J]. 民营科技，2012，27(12)：45-47.

[10] 陈夫进，刘艳涛，刘昌云. 微生物燃料电池的反应动力学探究[J]. 能源研究与管理，2010，4：40-43

[11] 曹殿学，王贵领，吕艳卓. 燃料电池系统[M]. 北京：北京航空航天大学出版社，2009.

[12] 刘凤君. 高效环保的燃料电池发电系统及其应用[M]. 北京：机械工业出版社，2006.

[13] 李乃朝，衣宝廉. 国外燃料电池研究发展现状[J]. 电化学，1996，2：128-135.

[14] 孙百虎. 磷酸燃料电池的工作原理及管理系统研究[J]. 电源技术，2016，40(05)：1027-1028.

[15] 周嵩林，魏先全，姜宁宁. 燃料电池应用及前景[J]. 泸天化科技，2009，4：409-412

[16] 隋升，顾军. 磷酸燃料电池(PAFC)进展[J]. 电源技术，2000，24(01)：49-52.

[17] 杨晴霞. 质子交换膜燃料电池空气供给系统建模与分析[D]. 洛阳市：河南科技大学，2013.

[18] 赵传峰，李焕芝，唐亚文. 各种质子交换膜燃料电池优点和产业化的问题[J]. 电池工业，2010，15(03)：183-186.

[19] 张健. 直接甲醇燃料电池膜电极的制备及电化学性能研究[D]. 哈尔滨：哈尔滨工业大学，2008.

[20] 何璧，聂明，李庆. 直接甲醇燃料电池关键材料的表面改性及其研究进展[J]. 表面技术，2014，3：144-151.

[21] 侯宏英. 碱性固体燃料电池碱性聚合物电解质膜的最新研究进展[J]. 物理化学学报，2014，8：1393-1407.

[22] 倪萌，梁国熙. 碱性燃料电池研究进展[J]. 电池，2004，34(05)：364－365.
[23] 赵锋，张瑞云. 基于熔融碳酸盐燃料电池的新型分布式发电技术[J]. 热力发电，2014，43(02)：12－15.
[24] 冯登满，刘畅，杨苗苗，等. 固体氧化物燃料电池的发展与研究[J]. 科技展望，2016，5：60.
[25] 辛格哈尔(Singhal SC). 高温固体氧化物燃料电池：原理、设计和应用[M]. 北京：科学出版社，2007.
[26] 蒋凯，王海霞，郑立庆，等. $LaGaO_3$ 基氧离子导体的研究进展[J]. 功能材料，2003，34(04)：361－363.
[27] 谭令，陈海清，刘俊，等. 中温固体氧化物燃料电池电解质的研制[J]. 湖南有色金属，2015，31(06)：55－58.
[28] 谢德明，童少平，吴芳芳. SOFC 封接材料及技术的研究进展[J]，电池，2006，36(04)：319－321.
[29] 周贤界，徐华蕊. YSZ 电解质薄膜制备工艺进展[J]. 材料导报 2006，20(04)：58－60.
[30] 高陇桥. 陶瓷燃料电池用焊料及其封接技术[J]. 真空电子技术，2004(04)：38－41.
[31] 韩敏芳，王崎. SOFC 封接材料和封接技术[J]. 世界科技与研究，2006，10(05)：36－42
[32] 于立安，童菁菁，韩敏芳. 玻璃和云母复合封接 SOFC 电池堆性能[J]，材料科学与工程学报，2012，30(02)：171－175.
[33] 张健. 直接甲醇燃料电池膜电极的制备及电化学性能研究[D]. 哈尔滨：哈尔滨工业大学，2008.
[34] 张吉强，郑平，季军远. 微生物燃料电池及其在环境领域的应用[J]. 水处理技术，2013，39(01)：12－18.
[35] 葛奔，祝叶华. 燃料电池驱动未来[J]. 科技导报，2017，35(08)：12－18.
[36] 王震华. 第五轮净煤技术计划和燃烧 2000 年计划[J]. 电站系统工程，1993，6：17－22.
[37] 史翊翔，蔡宁生. SOFC/Micro－GT 混合循环系统性能分析[J]. 清华大学学报(自然科学版)，2005，45(8)：1142－1145
[38] Dicks A L, Fellows R G, Mescal C M, et al. A study of SOFC-PEM hybrid systems [J]. Journal of Power Sources, 2000，86(01)：501－506.
[39] 王巍，黄钟岳，王晓放. 微型燃机与燃料电池复合装置的应用[J]. 燃气轮机技术，2006，19(01)：26－29.
[40] 王宇，段立强，杨勇平. SOFC/GT/ST 三重复合动力系统特性研究[J]. 工程热物理学报，2011，32(03)：382－386.
[41] HELMHOLTZ. 德国航空航天中心开发适用于分布式混合发电站的燃料电池[EB/OL]. [2010－06－30] http://www.helmholtz.cn/.
[42] 侯明，衣宝廉. 燃料电池的关键技术[J]. 科技导报，2016，6：52－61.
[43] 王诚，赵波，张剑波. 质子交换膜燃料电池膜电极的关键技术[J]. 科技导报，2016，34(06)：62－68.

第 5 章　分布式能源系统

分布式能源系统是相对传统的集中式供能的能源系统而言的。传统的集中式供能系统采用大容量设备、集中生产，然后通过专门的输送设施（大电网、大热网等）将各种能量输送给较大范围内的众多用户。而分布式能源系统则是直接面向用户，按用户的需求就地生产并供应能量，具有多种功能，可满足多重目标的中、小型能量转换利用系统。

5.1　天然气分布式能源系统

天然气分布式能源系统是基于能源的综合梯级利用原则进行系统集成优化整合，综合考虑输入系统的能量合理利用和整体系统的能量合理安排与流程优化组合，以同时实现热、电等多功能目标（见图 5－1）[1]。

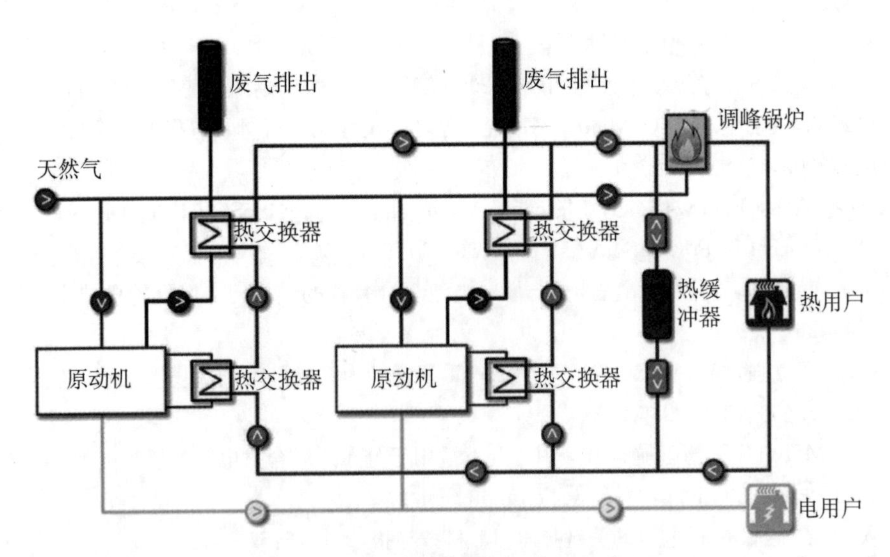

图 5－1　天然气分布式能源系统原理图

天然气分布式能源是可调节、可中断的发电系统，对天然气和电力具有双重“削峰填谷”作用，可实现能源互补的优势。其有效地缓解了天然气冬夏季峰谷差，提高夏季燃气设施的利用效率，增强了供气系统的安全性。同时由于减少了电力设备的峰值装机容量以及天然气储气设施的投资，因此也有效降低了电网及天然气管网的运行成本。值得注意的是，由于天然气的输送不会受到气候影响，可就地储存(LNG、CNG、地上或地下储气库)，所以城市或区域配有一定规模天然气分布式能源供电系统，其自主发电能力可得到提高，相比单纯依赖大电网供电的系统而言具有更高的安全性和可靠度[2]。

当前，在天然气分布式能源系统中，将燃料的化学能转化为电能的发电装置主要是通过热力发动机将燃料燃烧得到的热能转变为机械功，然后再通过同步交流发电机将机械功转变为电能。表5-1概括了适用于天然气分布式能源系统的常见技术。

表5-1 天然气分布式能源系统常见技术比较

内 容	中小型燃气轮机	微型燃气轮机	内燃机
技术状态	商业应用	商用早期	商业应用
燃料	气体燃料、油	气体燃料、油	气体燃料、油
规模/MW	0.5～50	0.025～0.25	0.05～5
热回收形式	热水、压力蒸气	热水、低压蒸气	热水、低压蒸气
输出热量/(MJ/kW·h)	3.6～12.7	4.2～15.8	1.1～5.3
可用热量温度/℃	260～593	204～343	93～450
发电效率/% (基于燃料低位发热量)	25～45(小型) 40～60(大型)	14～30	25～45
初装费用/(元/千瓦)	5 500～7 500	4 000～20 000	2 000～6 000
运行费用/[元/(千瓦·时)]	0.02～0.07	0.04～0.15	0.03～0.12
启动时间	10 min～1 h	60 s	10 s
燃料压力/kPa(表压)	828～3 448	276～690	6.9～310
NO_x 排放/[kg/(MW·h)]	0.14～0.91	0.18～0.91	0.18～4.5
占地面积/(m^2/kW)	0.002～0.005 7	0.014～0.139	0.020～0.029

5.2 燃气冷热电联产系统

燃气冷热电联产系统(combined cooling heating power, CCHP)，是一种建立在

能源梯级利用概念基础上，将供热（采暖和供热水）、制冷及发电过程一体化的能源综合利用系统，受到许多发达国家的重视并被称为“第二代能源系统”。

燃气冷热电联产系统工作的基本原理：首先利用燃气高品位热能在原动机中做功发电，再利用原动机发电所产生的废热进行供热、除湿或驱动吸收机制冷，从而实现能源的高效梯级利用。燃气冷热电联产系统采用的原动机主要有微燃机、燃气内燃机、燃气轮机、燃料电池及斯特林机等。

5.2.1 燃气内燃机热电联产系统

往复式运动机械，将燃料（如天然气）与空气注入汽缸混合，点火引发其爆炸做功，推动活塞运动，驱动发电机发电。在高科技的引领下，脱颖而出的现代车用动力一改老旧的观念。车用动力集成涡轮增压中冷、电控高压喷射等多种技术和结构优化，欧-V发动机的最小有效比油耗低于 190 g/kW·h，相当于热效率 44%。未来的研究重点放在废热回收利用，包括涡轮复合增压和 ORC 系统[3]。2009 年我国的车用内燃机产量已位居世界第一，2010 年车用内燃机的排放标准与国际接轨[4]。

配备燃气内燃机的发电系统如图 5-2 所示。

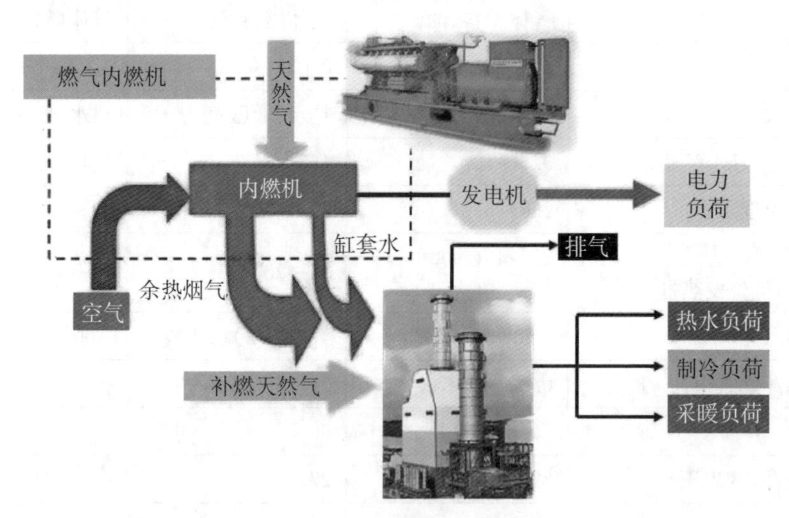

图 5-2 燃气内燃机发电系统流程图

燃气内燃机通常包括往复活塞式内燃机、旋转活塞式发动机和自由活塞式发动机等，其中以往复活塞式内燃机最为普遍。在内燃机中，要完成一个工作循环，活塞在气缸内需要往返 4 个行程（即曲轴转 2 转），或者往返 2 个行程（即曲轴转 1 转），前者称为四冲程内燃机，后者称为二冲程内燃机。其实际动作原理分别举例介绍如下。

燃料与空气在气缸中被点燃，产生的高压气体推动活塞做功，并通过连杆将活塞的直线运动转化为曲轴的旋转运动。往复式活塞内燃机的工作过程是进气、压缩、做功、排气的不断循环，从而实现燃料化学能到机械能的转变。图5-3[5]所示的是四冲程内燃机工作原理。它形象地表示了内燃机每个工作循环所经历的4个阶段。

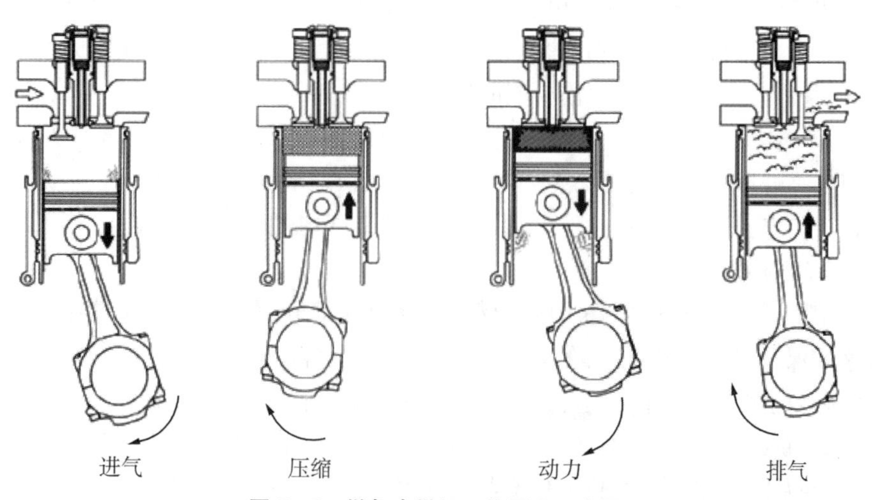

图5-3　燃气内燃机工作原理示意图

首先发动机将天然气与空气混合通过涡轮增压器增压后进入气缸燃烧做功，与此同时内燃机的活塞将推动连杆以带动曲轴旋转。发动机的这四个过程：进气、压缩、做功、排气也称为四个行程[6]。

(1) 吸气行程：进气门打开，排气门关闭，活塞向下运动，天然气和空气的混合物进入气缸。

(2) 压缩行程：进气门和排气门都关闭，活塞向上运动，燃料混合物被压缩。

(3) 做功行程：在压缩行程结束时，火花塞产生电火花，使燃料猛烈燃烧，产生高温高压的气体。高温高压的气体推动活塞向下运动，带动曲轴转动，对外做功。

(4) 排气行程：当活塞到下止点稍前一点时，排气门开启，排气溢出，气缸内压力下降，活塞上行把膨胀完了的燃气排出气缸外。这样就完成一个循环，然后又重复以上过程，使发动机连续不断地运转。在四冲程内燃机内，只有一个行程做功，其余三个行程是依靠飞轮的惯性，或其他气缸工作来推动的。

在热力学过程中，二冲程和四冲程发动机没有什么不同，只不过在实现过程中有所差别。二冲程机没有四冲程机所具有的进、排气行程，仅仅反复地进行压缩和膨胀行程。在压缩行程中，由于活塞下部产生低压，把混合气吸到曲柄箱内。接着，在作功行程将结束时，当活塞越过排气口，燃气被排出，然后活塞继续下行，扫气口与曲柄箱经通道相通，此时在曲柄箱内已经压缩的混合气流入气缸，把气缸内的燃气扫出并取而代之，将其称为扫气过程。这个过程一直继续到压缩行程，直到活塞先后把扫气口和排气口遮堵住为止。在大型内燃机中，不用曲柄箱来压缩扫气空气，而是另外设置一种称为扫气泵的压缩机来压缩扫气空气。

燃气内燃机主要特点如下。

(1) 规格齐全，价格低廉。市场上燃气内燃机的规格从1 kW到5 MW及以上都有销售，对用户来说有很大的选择余地，同样规格的燃气内燃机比燃气轮机投资低。

(2) 内燃机能够根据用户需要同时输出热水和低压蒸气。

(3) 启动快。快速启动的特性使得燃气内燃机能够从停止状态很快地恢复工作，在用电高峰或紧急情况下，燃气内燃机能够很快地根据需求供电。

(4) 启动耗能小。在突然停电情况下，启动燃气内燃机只需要很少的辅助电力，通常只要蓄电池就足够了。

(5) 部分负荷运行性能好。因为燃气内燃机在部分负荷下运行仍能维持较高的效率，这就保证了燃气内燃机在用户不同的用电负荷情况下都能有较好的经济性。当燃气内燃机在50%负荷下运行时，其效率只比满负荷运行时低8%～10%，而燃气轮机在部分负荷下运行时，效率通常要比满负荷运行时低15%～25%。

(6) 可靠性和安全性。只要适当维护，燃气内燃机的运行可靠性相当高。

(7) 环保性。燃气内燃机排放的NO_x相当低，环保性能优良。

燃气内燃机的不足之处：体积大，重量大；运行费用较高；噪声大，通常超过100 dB；余热回收复杂，需要对烟气、气缸冷却水、中冷器三段热量进行回收；供热量小。

1) 类型及特点

燃气内燃机的类型有以下几种分类方式，按燃气类型，可分为天然气机组、沼气机组、瓦斯机组；按行程数，可分为2行程、4行程。按转速，可分为低速(≤300 r/min)、中速(300～1 000 r/min)、高速(>1 000 r/min)；根据进气冲量压力，可分为自然吸气式、增压式；根据气缸排列方式，可分为直列、斜置、对斜、V形和W形。

燃气内燃机的特点[7]：设备集成度高，安装快捷；技术成熟工艺稳定，可现场大修；国产与进口机器差距有限；启动快；所需燃气压力较低；气体中的粉尘要求不高，基本不需要水；发电效率高；有缸套水。

2) 性能

(1) 性能参数。内燃机组热电输出特性将影响分布系统的性能，小型内燃机组的性能参数如表5-2所示。

表5-2　卡特比勒内燃机组性能参数

型号	G3306TA	G3406TA	G3406LE	G3412TA	G3508LE	G3612SITA	G3616SITA
发电功率/kW	110	190	350	519	1 025	2 400	3 385

（续表）

型号	G3306TA	G3406TA	G3406LE	G3412TA	G3508LE	G3612SITA	G3616SITA
天然气耗量/($m^3 \cdot h^{-1}$)	41.6	59.4	107.7	144.6	309.9	685.9	957.0
发电效率/%	27.3	33.0	33.5	37.0	34.1	36.1	36.5
排烟温度/℃	540	415	450	453	445	450	446
缸套水热流量/kW	165	170	375	260	816	616	829

由表 5－2 可知，内燃机组适用于较小规模的分布式系统，且排烟温度较低。

(2) 余热特性。内燃机的余热分为两部分：一部分为缸套冷却水余热，是为保证燃气内燃机正常工作温度，通过冷却系统带走的热量，温度较低；另一部分为烟气余热，是燃料燃烧做功后烟气携带的热量，烟气温度基本介于微型与小型燃气轮机组之间。由于缸套冷却水温度较低，主要用于供热、可制备生活热水；烟气可用于驱动吸收式冷水机组及生产蒸气外输。

5.2.2　燃气轮机热电联产系统

燃气轮机是以连续流动的气体为工质[8]、将热能转化为机械功的旋转式动力机械，包括压气机、加热工质的设备(如燃烧室)、涡轮机、控制系统和辅助设备等。其结构紧凑、质量轻、操作简单，具有很好的稳定性。同时，燃气轮机安装简单，运行噪声小，寿命长，维护费用较低，功率从几十千瓦到上百兆瓦。分布式能源系统中应用的主要是功率为 20～5 000 kW 的微型及小型燃气轮机。另外，燃气轮机还广泛应用于电力工业、船舶、机车、车辆等领域，燃气轮机及其联合循环动力装置已经成为当今世界主要的动力设备之一。

5.2.2.1　运行原理

燃气轮机主要包括压气机(compressor)、燃烧室(combustor)和涡轮机(turbine)三大部件，如图 5－4 所示。其工作过程[9]：压气机(即压缩机)连续地从大气中吸入空气并将其压缩；压缩后的空气进入燃烧室，与喷入的燃料混合后燃烧，成为高温燃气，随即流入燃气涡轮中膨胀做功，推动涡轮叶轮带着压气机叶轮一起旋转；加热后的高温燃气做功能力显著提高，因而燃气涡轮在带动压气机的同时，尚有余功作为燃气轮机的输出机械功。燃气轮机由静止起动时需用起动机带着旋转，待加速到能独立运行后起动机才脱开。因此燃气轮机是一种以连续流动的气体作为工质，把热能转换为机械功的旋转式动力机械。

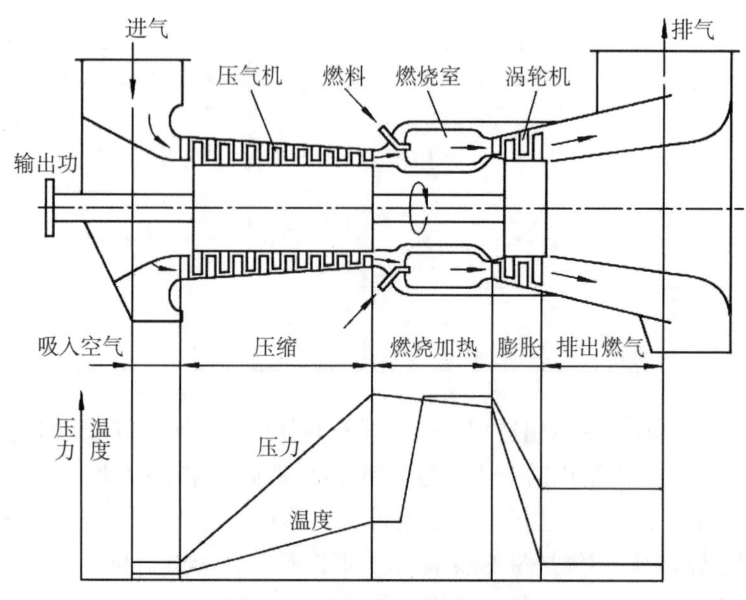

图 5-4 燃气轮机工作原理图

燃气轮机具有功率大、体积小、投资省、运行成本低和寿命周期较长等优点，主要用于发电、交通和工业动力；由于回转运动以及机械性往复部件少、机械摩擦部件少、震动小，故与低频、震动多的往复式内燃机比，节省润滑油和处理噪声比较容易；可以使用煤油、重油等劣质燃料，适用性强。

燃气轮机的不足之处：涡轮机内有高温燃气，需用耐高温材料制造涡轮叶片，生产成本略高；由于受到目前材料和冷却技术的限制，不能选用过高的燃气温度，因此单机热效率不如燃气内燃机高，经济性较差；燃气温度高，对材料有腐蚀作用，会影响涡轮机的使用寿命。

燃气轮机的工作过程是最简单的，称为简单循环。此外，还有回热循环和复杂循环。燃气轮机的工质来自大气，最后又排至大气，是开式循环；另外，还有工质被封闭循环使用的闭式循环。燃气轮机与其他热机相结合的称为复合循环装置。

燃气初温和压气机的压缩比[10]，是影响燃气轮机效率的两个主要因素。提高燃气初温并相应提高压缩比，可使燃气轮机的效率显著提高。1970 年代末，燃气轮机压缩比最高达到 31；工业和船用燃气轮机的燃气初温最高达 1 200℃左右，航空燃气轮机的燃气初温超过 1 350℃。

5.2.2.2 类型及特点

从应用领域来划分，燃气轮机主要分为以下 5 种。

1) 发电用燃气轮机

在无外界电源的情况下，燃气轮机发电机组能快速启动与加载，可有效保障电网的安全运行，很适合作为经济备用电源和承担电网中高峰负荷。从安全与调峰的角度考虑，在电网中装备8%～15%总装机容量的燃气轮机机组是很有必要的。燃气轮机移动电站（包括列车电站、卡车及船舶电站）具有体积小、启动快、机动性能好的特点，适合于边远无电网地区与新建设的工况、油田等急需电力的单位和新兴城市。随着高效大功率机组的出现，燃气轮机联合循环发电装置已开始在电网中承担基本负荷和中间负荷。目前，功率在100 MW以上的燃气轮机多用于发电，而300 MW以上的机组几乎全部用于发电。近年来，分布式20～5 000 kW微型与小型燃气轮机发电装置的兴起也受到了广泛的关注。另外，高温气冷堆-闭式氦气轮机核电站的发展，为燃气轮机提供了一个新的、很有潜力的应用场景。

2）工业用燃气轮机

工业用燃气轮机主要应用在石化、油田、冶金等工业部门，用于带动各种泵、压缩机及发电机等，承担注水、注气，天然气集输、原油输送以及发电等任务。如苏联生产的地面用燃气轮机，大部分应用在输气管线；美国索拉公司生产的五千多台工业燃气轮机，约有80%用于石油工业。作为驱动动力的工业燃气轮机多为变转速运行且多采用独立动力涡轮机输出功率的分轴或三轴轴系方案。在石化企业和冶金部门，燃气轮机总能系统采用联合循环和热电并供形式，是重要的节能技术。

3）船用燃气轮机

目前，俄、美、英等国的军舰均已大批配备燃气轮机。早在1957年，苏联就确定了现代化舰艇采用燃气轮机及核动力的政策；20世纪60年代，美国军舰开始大量配备燃气轮机；1969年以后，美国新设计建造的中型水面舰艇几乎全部采用燃气轮机作为主推进动力。随着舰船用燃气轮机性能的不断改善，全世界逐年新造的舰艇中装备燃气轮机的比例不断增加。此外，燃气轮机气垫船在国内也得到了应用。由于商船对经济性要求高，商船用燃气轮机现仍处于试验阶段。

4）机车用燃气轮机

由于燃气轮机机车能够较好地满足铁路牵引动力的要求，如好的牵引特性、加速性等，机车用燃气轮机也得到一定的发展与应用。目前，法国、加拿大等国采用以燃气轮机为牵引动力的高速火车已正式载客运行。国内外在铁路上都有研制与使用过烧重油的燃气轮机机车经验。由于燃气轮机机车具有随海拔升高功率下降小、单机功率大、效率高等特点的优势，很适合于高原寒冷地区铁路使用。但与现有的牵引动力相比，燃气轮机机车的部分负荷经济性较差，特别是空载油耗特性大的问题比较突出，需要进一步研制经济性高的机车燃气轮机。

5）车用燃气轮机

20世纪80年代，美国正式开始使用燃气轮机作为坦克的动力装置，在批量生产的XM-1坦克中采用AGT1500燃气轮机作为动力装置。德国将燃气轮机装在豹-

Ⅱ坦克上进行了试验。苏联把燃气轮机装备到 T－80 坦克上进行实验，并实现了小批量应用。法、意、日、加、瑞典等国也都进行了车用燃气轮机的研制和装车试验工作。燃气轮机也可用作汽车发动机，美国一直在进行这方面的研制工作。为了提高性能和减小尺寸，现有的研究多采用比较高的燃气初温和旋转式回热器。

5.2.2.3 燃气轮机与冷热电联产

1）燃气轮机的余热特点

目前，以天然气为主要燃料的新型分布式能源技术设备和冷热电联产系统，将能源利用效率和环保标准提高到一个全新的层次[11]。这种新型能源系统将会从根本上改变目前发电、供热和制冷相互分离的传统能源利用模式，即电力系统低温热能直接排放、供热系统能量损失严重、制冷系统耗费电力不合理的能源利用模式。对于燃气轮机冷热电联产系统，具体体现为：燃气轮机在发电的同时，回收利用其烟气余热来制冷或制热，实现在能源梯级利用基础上的冷热电联产，从而达到节能的目的。

在冷热电联产系统中，燃气轮机不仅仅是动力设备，还是热（烟气）的提供者。因此，在分析其动力特性的同时，其余热的特点显得同样重要，这是与处理一般动力系统的主要区别。表 5－3 列出了国内一些燃气轮机的余热特性，包括排气温度和排气流量等。由表中数据可知，燃气轮机排气温度较高，一般在 400～600℃及以上，具有很好的可用性。

表 5－3 国产燃气轮机余热特性

燃气轮机型号	功率/kW	效率/%	压比	空气流量/(kg/s)	燃气初温/℃	排气温度/℃	制造厂
RF0021	200	13.6	3.8	3.03	750	485	青岛汽轮机厂
RF021	1 500	14	3.6	30	550	315	南京汽轮机厂
RF0221	21 700	27.3	10	116.4	896	454	南京汽轮机厂
RF0391	39 620	31.9	12	139.7	1 104	532	南京汽轮机厂
RF062	6 000	22	5.84	47.5	800	478	东方汽轮机厂

2）燃气轮机变负荷特性

分布式冷热电联产系统的服务对象通常为小型能源用户，如单幢建筑或小型园区。这些用户的冷热电负荷变化较大。联产系统中，燃气轮机常常处于部分负荷状态下运行，其变工况性能对系统综合性能影响很大。燃气轮机排气量随功率的降低不断增加，但幅度不是很大，空载时约为额定负荷时的 1.13 倍。随着燃气轮机功率的降低，燃气轮机的排气温度，即第一级余热锅炉的进口燃气温度迅速降低，从额定负荷时的 839 K 降到空载时的 588 K。相对应的第二级余热锅炉的进口烟温从 453 K

下降到445 K,下降速度比较平缓。第二级余热锅炉的出口烟温基本上没有变化。

虽然微型、小型燃气轮机单纯发电效率不算很高,但在冷热电联产系统中的能源利用率却可达到甚至超过大型机的能源利用率。Bowman公司的微型燃气轮机冷热电联产系统发电机组效率为21.2%,全系统效率则为81%。

在以燃气轮机作为动力系统的冷热电联产系统中,通常采用简单或回热循环的燃气轮机。但在很大范围变工况下,上述系统很难保证联产系统能满足冷、热、电输出的需要。通过采用合适的循环形式可以很好地解决上述问题。例如:如果采用回注蒸气循环(有时也称STIG循环)加上补燃,就可以使联产系统能够在完全不输出到输出5/3倍额定电功率,以及完全不供热到输出3倍额定热功率的任意热电比下实现高效安全运行。对于冷热电联产系统,为达到较大范围的冷、热、电输出,上述过程循环加补燃在原则上也是合适的。HAT循环(湿空气涡轮机循环)虽然具有一定的热电调节作用,主要是通过空气加湿手段来利用系统的低温余热。HAT循环不太适合需要供热、供冷的目标,而且它的冷、热、电变工况可控性也比不上回注蒸气循环。在用于冷热电联产时,该技术需要较大改进或与其他技术结合。回注蒸气循环与HAT循环中都要消耗不少清洁的给水,其用户附近最好有可用的普通冷却用水。

3）以燃气轮机作为原动机的冷热电联产系统集成方案选择

与电站相比,以燃气轮机作为原动机的分布式冷热电联产系统具有以下优势:①没有或很低的输配电损耗;②可避免或延缓增加的输配电成本;③可利用燃机产生的热烟气进行高效率的热电联产;④适合多种热电比的变化,可使系统根据热或电的需求进行调节,从而增加年设备利用率;⑤用户可自行控制;⑥可进行遥控和监测区域电力质量和性能;⑦非常适合对乡村和发展中区域提供电力;⑧可在成本增加很小的情况下增加装机容量;⑨土建和安装成本低;⑩可大大减少环保压力。目前,美、英等国电力市场的竞争已经从控制发电转向分布式发电。小型发电厂在分布式电网中的应用已成为一种日益增长的可行选择。同时,这种方式发电系统是一种非常可靠的供能系统。

与其他动力装置,特别是与柴油内燃机相比,微、小型燃气轮机具有较低的循环寿命成本,维修简单、污染物排放量低于柴油机、利于环境保护、占地少、输出电力的品质更高等优点。可以相信,在分布式发电应用领域,随着燃气轮机技术的进一步发展,其优势将更加明显。

在制订和选择以燃气轮机作为原动机的冷热电联产系统集成方案时,应充分考虑燃气轮机的额定工况及变工况特点。燃气轮机的余热温度高,这使得余热的回收利用方式更为灵活,能够满足各种不同的冷热需要。因此,对于冷热负荷较大的用户,选择以燃气轮机作为原动机的冷热电联产能源利用方式具有潜在优势。可能的冷热电联产系统集成方式包括:燃气轮机-锅炉并联型、燃气轮机-余热锅炉型、燃气-

蒸气联合循环型、燃气轮机-注蒸气联合循环型、燃气轮机-余热/直燃型、燃气轮机-湿空气型及燃气轮机进口冷却型等。设计时应当依据用户的实际需求特点，当地的气候、资源、环境特点，选择合适型号的燃气轮机，制订最佳的系统集成方案。

图 5－5 所示为基于燃气轮机的热电联产系统。燃气轮机的余热只有排烟一种形式，排烟温度在 250～550℃之间；可通过余热锅炉生产热水、蒸气，也可直接通过吸收式冷温水机生产冷水或热水。

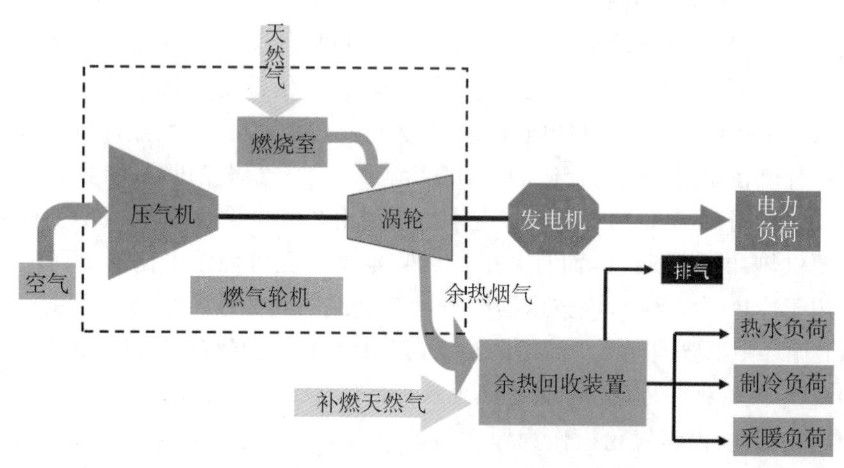

图 5－5 基于燃气轮机的热电联产系统

5.2.2.4 常见机型及性能特性

最早的燃气内燃机是美国 Catepiller 公司于 1943 年开发生产的，它主要是基于柴油发电机和汽油发电机的技术，以各种可燃气体为燃料。典型燃气轮机制造商有索拉、GE、西门子/西屋、阿尔斯通/ABB、罗罗、三菱和俄罗斯的制造商等。索拉为美国的大型企业，成立于 1927 年，是卡特彼勒公司的子公司，专业生产 1.0 MW～50 MW 工业型燃气轮机组。索拉已经拥有 13 400 多台燃气轮机组分布在全球 96 个国家和地区，占有世界 10 MW 以下机组 60%以上的市场份额，在业界居领先地位。表 5－4 所示为索拉小型燃气轮机性能参数。

表 5－4 索拉小型燃气轮机性能参数表

项目	单位	S20	C40	M50	T60	T70	M90	M100	T130
燃机型号	—	土星 20	人马 40	水星 50	金牛 60	金牛 70	火星 90	火星 100	大力神 130
燃机出力	MW	1.2	3.5	4.6	5.7	8.0	9.5	11.4	15.0

（续表）

项目	单位	S20	C40	M50	T60	T70	M90	M100	T130
热耗率	kJ/kW·h	14 795	12 910	9 351	11 465	10 505	11 300	10 935	10 232
燃耗量	GJ/h	17.7	45.1	42.7	64.4	82.2	105.9	124.7	152.2
天然气耗量	m^3/h	503	1 280	1 213	1 830	2 336	3 009	3 543	4 325
燃机效率	%	24.4	27.9	38.8	31.9	35.0	32.3	32.9	35.5
燃气轮机排烟温度	℃	511	446	377	516	511	468	490	500
余热锅炉烟气流量	t/h	23.4	67.9	63.7	77.7	95.8	143.4	154.1	177.9

GE制造燃气轮机也有较悠久的历史，20世纪40年代末就将航空燃气发动机技术用于发电，并开始了燃气轮机发电机组的研究、设计和制造。20世纪60年代后期，生产出燃气-蒸汽联合循环发电机组。20世纪90年代后期GE最大的燃气轮机单机出力达226.5 MW，单轴联合循环总出力达330.3 MW，热效率高达52.9%。表5-5所示为GE部分燃气轮机性能参数。

表5-5　GE部分燃气轮机性能参数

简单循环		PG5371PA	PG6541B	PG6101FA	PG9171E	PG9231EC	PG9351FA	PG9391G
发电机功率/kW	基本	26 300	38 340	70 140	12 340	16 920	250 400	282 000
	尖峰	27 830	41 400	73 570	133 000	184 700	258 600	
热耗率(kJ/kW·h)	基本	12 647	11 476	10 527	10 600	10 310	9 867	9 115
	尖峰	11 637	11 371	10 453	10 632	10 238	9 867	
供电效率(LHV)/%	基本	28.47	31.37	34.2	33.77	34.92	36.49	39.49
	尖峰	28.49	31.66	34.44	33.86	35.16	36.49	
压缩比		10.5	11.8	15.0	12.3	14.2	15.4	23
进口温度/℃		962.8	1 104	1 288	1 124	1 204	1 288	
转速/(r/min)		5 094	5 094	5 247	3 000	3 000	3 000	3 000
空气流量/(kg/s)		122.47	136.99	196.47	403.70	498.51	645.02	684.9
排气流量/(kg/s)					410.22	507.35		
排气温度/℃		487	539	597	530	558	609	583

当前,燃气内燃发电机组的主流品牌分别有康明斯、卡特比勒、颜巴赫、瓦锡兰、道依茨和瓦克夏等,占据了全球1 000～3 000 kW燃气内燃发电机组85%以上的市场份额。另外,还有高斯科尔曼、三菱、洋马等品牌。其机组可以使用天然气、沼气、垃圾填埋气、煤层气、井口气、丙烷等多种气态燃料。

英国的康明斯(Cummins)是全球最大的内燃机制造商之一,其燃气发电机组的功率覆盖段为100～2 200 kW。其主要市场为天然气分布式能源系统,石油天然气系统、垃圾填埋场、工业沼气等。它的主要优点在于集成式控制系统,具备遍布全中国的售后服务网络,其价格有竞争力,在中国的天然气分布式能源市场上,占据了较大的市场份额。部分产品信息如表5-6所示。

表5-6　康明斯燃气内燃机机组技术参数表

型号	315GFBA	C995N5C	C1160N5C	C1200N5C	C1540N5C	C1750N5C	C2000N5C
电功率/kW	315	995	1 160	1 200	1 540	1 750	2 000
发电效率(100%)	35.20%	40.50%	38.90%	41.20%	36.00%	38.00%	40.80%
发动机型号	QSK19G	QSK60G	QSK60G	QSK60G	QSV91G	QSV91G	QSV91G
缸数	直列6缸	V16	V16	V16	V18	V18	V18
排量/L	19.0	60.3	60.3	60.3	91.6	91.6	91.6
发动机总输出功率/kW	327	1 040	1 196	1 249	1 586	1 802	2 066
转速/r/min	1 500	1 500	1 500	1 500	1 500	1 500	1 500
压缩比	11	12.7	11.4	12.7	10.5	11.4	12.5
润滑油容积/L	125	380	380	380	560	560	550
满载润滑消耗量/(g/kW·h)	<0.5	0.18	0.15	0.18	0.5	0.5	0.4
燃气供气压力/bar	0.09～0.36	0.2	0.26	0.2	0.2	0.2	0.2
燃气消耗量/(m^3/h)	92	253	303	300	417	465	503
启动电压/V	24	24	24	24	24	24	24
缸套水循环散热总功率/kW	178	509	698	656	671	684	1 066
可利用功率/kW	237	598	755	683	1 107	1 216	1 232
排烟温度/℃	508	465	469	454	517	508	462

（续表）

型号	315GFBA	C995N5C	C1160N5C	C1200N5C	C1540N5C	C1750N5C	C2000N5C
缸套水体积/L	34	181	181	181	424	424	424
缸套水循环流量/(m^3/h)	19	70	70	70	60	60	70
NOx 排量/(mg/Nm^3)	450	500	489	500	500	500	493
机组湿重/kg	4 284	14 440	13 924	15 450	19 337	21 017	20 477

美国卡特比勒(Caterpillar)是目前中国保有量最大的燃气发电机组供应商，也是全球最大的工业与农业设备制造商。它的燃气发电机组功率覆盖段为 200～6 000 kW。其主要市场为煤层气市场与石油天然气市场。它的主要优点是电子化程度偏低，因此对恶劣环境的适应能力较强。卡特比勒在 2011 年收购了道依茨的燃气发电业务，更加奠定了它在煤层气市场的重要地位。部分产品信息如表 5－7 所示。

表 5－7　卡特彼勒燃气内燃发电机技术参数

机型	单位	G3306TA	G3406TA	G3406LE	G3412TA	G3508LE	G3612SITA	G3616SITA
发电机额定输出功率	kW	110(396)	190	350	519	1 025	2 400	3 385
发动机转速	r/min	1 500	1 500	1 500	1 500	1 500	1 000	1 000
废烟气排量	m^3/h	418	904	1 278	2 509	4 815	37 472	51 928
废烟气温度	℃	540	415	450	453	445	450	446
废烟气排热量	MJ/h	263	382	616	1 166	2 199	5 438	7 445
缸套冷却水出口温度	℃	99	99	99	99	99	88	88
缸套冷却水排热量	MJ/h	594(857)	612	1 350	936	2 937	2 218	2 986
发电热效率	%	27.29	33.00	33.53	37.04	34.14	36.11	36.51
供热效率	%	54.27	47.37	49.07	41.36	48.55	34.30	34.50
总热效率	%	81.56	80.36	82.60	78.40	82.68	70.41	71.01

奥地利颜巴赫(Jenbacher)是世界上最专业的燃气发电机组制造商，它所提供的燃气发电机组几乎可以直接使用任何可燃气体。它的发电机组功率覆盖段为 300～

9 000 kW。其主要市场为沼气市场。颜巴赫的主要优点就是对可燃气体的适应能力较强。

5.2.2.5 基于燃气内燃机的分布式能源系统

图 5-6 所示为某典型燃气内燃机的能量平衡图。由图可知，该燃气内燃机有 38%的机械能输出，有 62%的热能输出，其热电总效率达到 86%，其中发电效率 36.5%，余热回收效率 49.5%。在损失的 14%的能量中，发电机损失占 1.5%，辐射热损失占 5%，烟气余热损失占 7.5%。

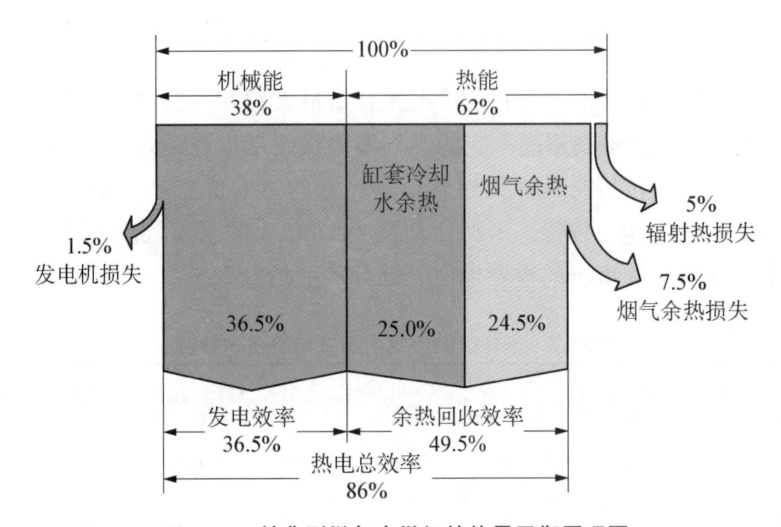

图 5-6 某典型燃气内燃机的能量平衡原理图

图 5-6 为基于燃气内燃机的分布式能源系统示意图。内燃机的余热包括 400～550℃左右的排气、90～110℃缸套冷却水、50～80℃中冷器冷却水和滑油冷却水，热回收可视需求分别从不同系统获得，例如可以利用高温排气经余热锅炉产生蒸气或热水，其缸套水经热交换器产生热水以供楼宇、居住区冬季采暖，总热利用效率可至 85%。

5.2.3 微型燃气轮机

微型燃气轮机发电机组的雏形可追溯到 20 世纪 60 年代，1998 年末美国 Capstone 公司推出了第 1 台商业化的微型燃气轮机装置，但其作为一种新型的小型分布式能源系统和电源装置的发展历史则较短。

微型燃气轮机作为新近发展起来的小型热力发动机，其单机功率范围为 25～300 kW。微型燃气轮机发电机组由涡轮机、压气机、低排放燃烧室、换热器、回热器、高速发电机及电力电子装置(整流器和逆变器)组成，其工作原理如图 5-7 所示。

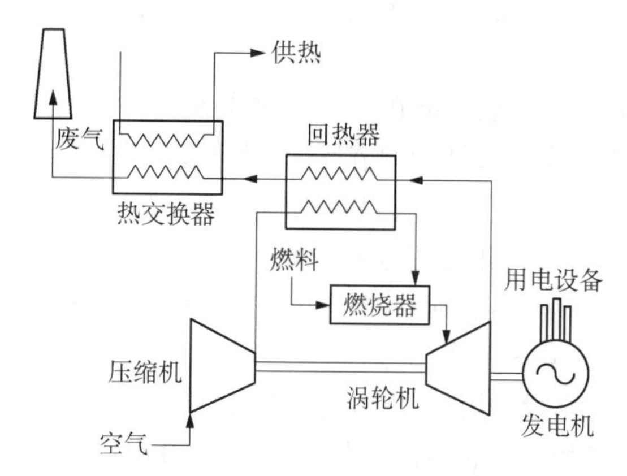

图 5－7　微型燃气轮机工作原理图

微型燃气轮机单级、单轴，压缩机叶轮、涡轮机叶轮及发电机在同一根轴上。发动机采用空气轴承技术，整个发动机为无油系统，即没有润滑油及润滑系统，没有过滤器、分离器、泵及风扇、储油罐、散热器等子系统。发动机利用自然空气冷却，没有冷却剂、散热器、泵及水箱。整个发动机只有一个运动部件，即空气轴承支撑的涡轮转子。这种结构极大地提高了发动机的可靠性和可用率。高性能的微燃机第一次故障停机累计运行时间(MTBF)达到 15 000 h，第一次计划维护时间为累计运行达到 8 000 h，包括大修在内，平均年计划维护时间少于 4 h。

微型燃气轮机发电机组普遍采用回热循环，可大大提高发电效率；目前，微型燃气轮机发电机组的发电效率已能达到 30%。同时，其联网布局灵活、对负荷的要求是能快速反应、电力品质高、低噪声、低振动、低维修率、低排放。除了提供清洁、可靠、高质量、多用途、分布式发电外，还可用于备用电站、热电联产、并网发电、尖峰负荷发电等，无论对中心城市还是远郊农村甚至边远地区均适用。

微型燃气轮机发电机组可以用作常用机组和备用电源，与常规的集中供电电厂相比，微型燃气轮机分布式供电具有以下优势。

(1) 寿命长。首次维修时间可在运行 8 000 h 以后，日常维护工作量少。

(2) 移动性好。质量轻，基础结构简单，易拆卸。

(3) 高可靠性。运动部件少，故障率可降到最低，内置式保护与诊断监控系统，提供了预先排除故障的手段，在线维护简单。目前先进的微型燃气轮机发电机组多采用空气轴承和空气冷却，无需更换机油和冷却介质。

(4) 运行灵活。微型燃气轮机可并联在电网上运行，也可独立运行，并可在两种模式间自动切换运行。由软件系统控制两种运行模式之间的自动切换。

(5) 噪声小，排气温度低，红外辐射小。

(6) 效率高。微型燃气轮机发电效率可达 30%,联合发电和供热后整个系统能源利用率超过 70%。

(7) 负荷调节范围广:单机能够在 0～100%范围内调节负荷。且具有多模块集成组合特征,能够根据负荷特性智能调节运行模块数。

(8) 燃料可变性:能够采用多种燃料(液体、气体,如天然气、丙烷、生物质燃料、煤油、柴油等),也能使用含硫比例高达 7%的酸性气体。

(9) 遥控、通信与保护:具有通信、控制和自动超限保护和停机保护等功能。可适用于移动电源、城市电站和汽车动力。

(10) 输配电:因通常设在用户端,输配电损失很低,且用户可自行控制。

(11) 超低排放:微型燃气轮机的废气排放少,使用天然气或丙烷燃料满负荷运行时,排放 NO_x 的体积分数小于 9×10^{-6};使用柴油或煤油燃料满负荷运行时,排放 NO_x 的体积分数小于 35×10^{-6};采用油井气做测试,排放 NO_x 的体积分数小于 1×10^{-6}。其他采用天然气作为燃料的往复式发电机产生的 NO_x 比微型燃气轮机多 10～100 倍,柴油发电机产生的 NO_x 是微型燃气轮机的数百倍。

1) 常见燃气轮机的机型及性能特性

目前国内市场上使用的微型燃气轮机发电机组几乎均为进口,大多使用在分布式热(冷)电联供系统中。进入中国市场的微型燃气轮机发电机组品牌主要为凯普斯通(Capstone)、Turbec 和英格索兰。其中凯普斯通微燃机属于量产设备,国内应用近两百台;Turbec 国内应用约 3 台;英格索兰 MT250 机型国内应用约 10 台左右,英格索兰目前已被 Flex Energy 能源公司收购。各品牌机型的统计表详如表 5-8 所示。

表 5-8 典型微型燃气轮机性能参数

厂商	Capstone	Bowman	Allied Signal	Elliott	IHI 日产	NREC	Honeywell
型号	C30/60	TG80CG	AS75	TA45/60/80	Dynajet2.6	Power Work	Parallon75
额定功率/kW	30、60	80	75	45、60、80	2.6	70	75
压比	3.2	4.3	3.7	4	2.8	3.3	3.7
发电效率/%	26(±2)	27	28.5	25～30	8～10	33	28.5
燃料	天然气, 柴油				柴油	天然气, 柴油	
燃耗量/(m^3/h)	13/	17.3	22.2	15.6/	1.4(折合值)	18.4	22.2

（续表）

厂商	Capstone	Bowman	Allied Signal	Elliott	IHI日产	NREC	Honeywell
排/进气温度/℃	275/840	300/680	250/920	280/	250/850	200/870	270/930
$NO_x \times 10^{-6}$	<9	<9	9～25	<25		<9	9～25
噪音/(db/10 m)	65	75	65	65	55		65
使用寿命/h	4 000		4 000	5 400	4 000	8 000	4 000

Capstone公司的C30微型燃气轮机在环境温度15℃、相对湿度60%、海拔0 m条件下的产品技术指标如表5-9所示。

表5-9　C30微型燃气轮机技术指标

项　目	指标	项目	指标
额定功率/kW	30	发电效率/%	24～28
发电机	38.2 kV·A　480 V	热电总效率/%	>70
输出交流电压/V	联网360～528	输出频率/Hz	联网50～60
	独立运行360～480		独立10～60
最大输出电流/A	46	噪声10 m外/dB	65
燃料流量/(MJ/h)	457	排气温度/℃	275
排气流量/(kg/s)	0.31	排气热能/(MJ/h)	327
高/mm	1 900	宽/mm	714
深/mm	1 344	重量/kg	478
排放NO_x质量分数	$<9\times10^{-4}$	输出接线方式	三相三线制三相四线制
环境温度/℃	−40～65	谐波电流畸变率/%	<5

2）基于微型燃气轮机的分布式能源系统

微型燃气轮机的余热只有排烟一种形式，因而其余热利用系统较内燃机简单，可通过余热锅炉生产热水、蒸气，也可直接通过吸收式冷温水机生产冷水或热水用于空调。图5-8所示为某微型燃气轮机分布式能源系统示意图。

小型燃机热电冷联产主要由燃机、余热锅炉、溴化锂制冷机及数字电力控制器等设备组成，而微型燃气轮机由径流式叶轮组（向心式轮机、离心式压气机）、单筒型燃烧室和回热器构成。

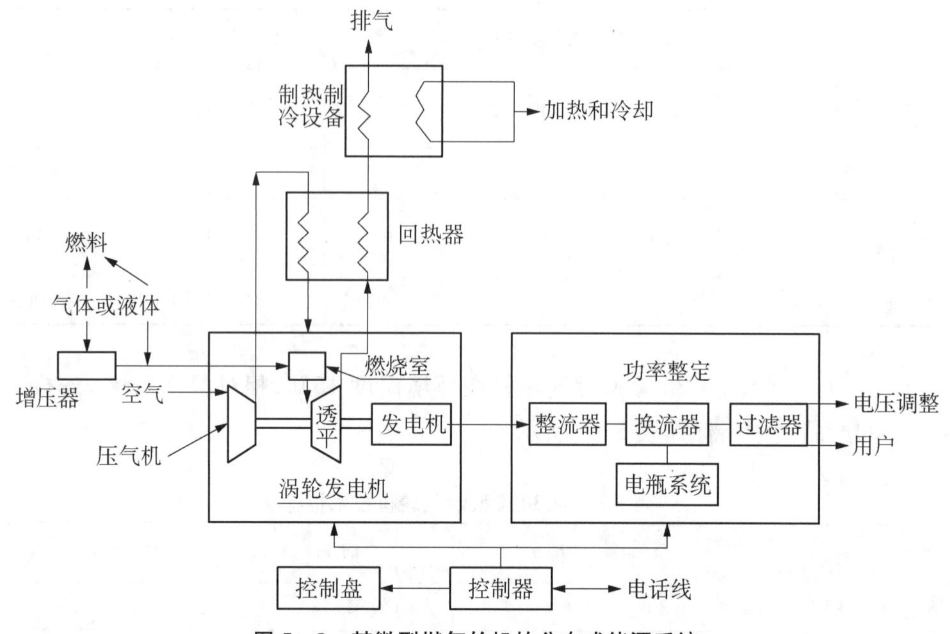

图 5-8　某微型燃气轮机的分布式能源系统

伴随燃气轮机技术的不断发展完善，小型燃气轮机具有氧氮化合物排放量低、模块化组合、提供电力和热量的柔性系统等实用性强的优点，其装置向小容量方向发展的势头也十分明显。分散式小型化发电装置受到各国重视。这种分散式发电装置是指功率为数百千瓦以下，且与环境兼容的独立电源系统，它可以满足用户的特殊要求。

近年来，80～200 kW 以下的微型燃气轮机的开发和销售成为市场的热点。产品系统带回热、变频、高速电机。其主要性能指标：热效率 25%～29%，冷热电能量利用率 70%～90%，污染物排放 NO_x 体积分数不高于 9×10^{-6}。

新一代的燃机特性要求：电能转换效率达到 40%；燃烧天然气时，NO_x 排放低于 7×10^{-6}；机组持续无检漏时间 11 000 h，寿命不少于 45 000 h；电力系统投资小于 500 美元/千瓦；可使用多种燃料，包括生物燃料。

5.3　燃料电池的应用

燃料电池(FC)是一种将存在于燃料与氧化剂中的化学能直接转化为电能的发电装置。燃料和空气分别送进燃料电池，电就被奇妙地生产出来。它从外表上看有正负极和电解质等，像一个蓄电池，但实质上它不能“储电”而是一个“发电厂”。燃料电池工作时将燃料(氢)供给进入负极,氧化剂(空气或氧气)供给进入正极,通常会将 Pt 等作为催化剂以此来加速整个电化学反应[12]。其中,在整个氧化反应过程中,电解质和电极部分都不会消耗,一般氢在负极分解成电子 e^- 和正离子 H^+,电子沿外部电路移向正极,而氢离子则进入电解液中,在正极上,电子、氢离子及氧反应形成水。用电的负载接入外部电路中形成电流。

燃料电池最常见的分类方法是按照电池所采用的电解质来分类[13],这在第 4 章中已有详细的论述,此处不再赘述。除此以外,燃料电池也可按工作温度分类:低温型,工作温度低于 200℃;中温型,工作温度为 200～750℃;高温型,工作温度高于 750℃。

在常温下工作的燃料电池[14],例如质子交换膜燃料电池,这类燃料电池需要采用贵金属作为催化剂。燃料的绝大部分化学能都可转化为电能,只产生少量的废热和水,不产生污染大气环境的氮氧化物,不需要废热能量回收装置,体积较小,质量较轻。但催化剂铂会与工作介质中的一氧化碳发生作用后产生“中毒”现象而失效,使燃料电池效率降低或完全损坏,而且铂的价格很高,增加了燃料电池的成本。

另一类是在高温(600～1 000℃)下工作的燃料电池,例如熔融碳酸盐燃料电池和固体氧化物燃料电池,这类的燃料电池不需要采用贵金属作为催化剂。但由于工作温度高,需要采用复合废热回收装置来利用废热,体积大、质量大,只适合用于大功率的发电厂中。

燃料电池具有下述特点[15]。

(1) 高效。在等温条件下,燃料电池可直接将化学能转化为电能。它的理论热电转换效率可达到 85%～90%。实际上,燃料电池在工作时由于受到各种极化的限制,目前各类燃料电池的实际能量转化效率在 40%～60%范围内。若实现热电联供,燃料的总利用率可高达 80%及以上。

(2) 环境友好。燃料电池具有高的能量转化效率,可以实现污染物排放的相应减少。燃料气可在反应前脱硫,相对传统燃烧过程,其可以减排氮氧化物和硫氧化物。

(3) 安静。燃料电池运动部件很少,因此它工作时安静、噪声低。实验表明,距离 40 kW 磷酸型燃料电池电站 4.6 m 的噪声水平是 60 dB。而 4.5 MW 和 11 MW 的大功率磷酸型燃料电池的噪声已经达到不高于 55 dB 的水平。

(4) 可靠性高。碱性燃料电池和磷酸型燃料电池的成功运行,证明了燃料电池的运行高度可靠,可作为各种应急电源和不间断电源使用。

正如第 4 章所述,燃料电池是电池的一种,它具有常规电池(如锌锰干电池)的基本特性,即可由多台电池按串联、并联的组合方式向外供电。因此燃料电池既适用于集中发电,也可用作各种方式的分散电源和可移动电源。同时,在分布式冷热电联产方面也有广阔的应用空间。熔融碳酸盐燃料电池和固体氧化物燃料电池等的工作温度很高，这为余热利用提供了更有利的条件。可以利用燃料电池高温产物的余热进行制冷和供热，构建未来燃料电池冷热电联产系统。电化学反应的未反应气在提供高温反应所需热量的同时也可以与冷、热供应相结合，从而得到更充分利用。

以氢氧化钾为电解质的碱性燃料电池已成功地应用于载人航天飞机，作为阿波罗登月飞船和航天飞机的主电源，证明了燃料电池高效、高比能量和高可靠性。

质子交换膜燃料电池可在室温快速启动，并可按载荷要求快速改变输出功率。它是电动车、不依赖于空气推动的潜艇动力源和各种可移动电源的最佳候选者。

以磷酸为电解质的磷酸型燃料电池，至今已有近百台 PC25(200 kW)作为分散电站在世界各地运行。不但为燃料电池电站的运行积累了丰富的经验，而且也证明了燃料电池的高度可靠性，可以用作不间断电源。

熔融碳酸盐燃料电池可采用净化煤气或天然气作为燃料，适宜于建造区域性分散电站。将它的余热发电与利用均考虑在内，燃料的总热电利用效率可达到 60%～70%。

固体氧化物燃料电池可以与煤的气化构成联合循环，特别适宜于建造大、中型电站。如将余热发电也计算在内，其燃料的总发电效率可达 70%～80%。

燃料电池的工作原理使得燃料电池机组在低功率运行时，其能量转化率不仅不会像热机过程那样降低，反而略有升高，因此，变工况性能好，适宜调峰运行。采用燃料电池机组向电网供电，对解决电网调峰问题将起到积极作用。

5.4 斯特林内燃机

斯特林发动机是通过气体受热膨胀、遇冷压缩而产生动力的，斯特林内燃机原理图如图 5-9 所示。它是一种外燃发动机，使燃料连续地燃烧，蒸发的膨胀氢气(或

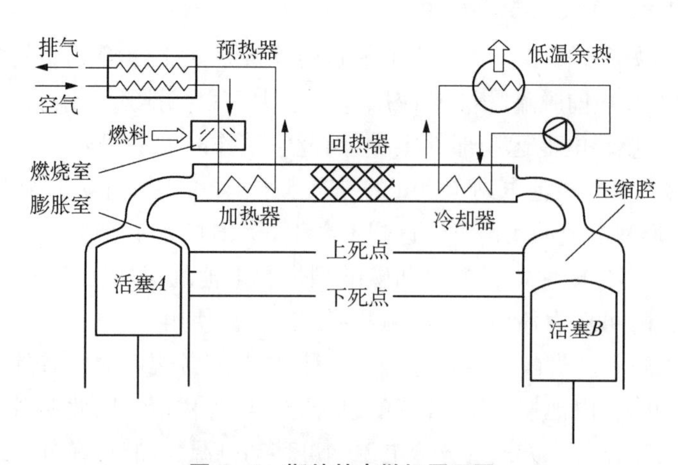

图 5-9 斯特林内燃机原理图

氦)作为动力气体使活塞运动,膨胀气体在冷气室冷却,之后反复地进行这样的循环过程[16]。

图 5-10 所示为斯特林内燃机实物图。

图 5-10　斯特林内燃机

5.4.1　斯特林内燃机在热电联产系统中的应用

斯特林内燃机燃料来源广、环境污染小,非常适用于家庭热电联产系统。在大城市可以以天然气作燃料;在农村可以燃烧如木屑、米糠、棉花等各种农林废弃物为燃料。斯特林发动机和发电机组合既可发电,又可以利用冷却水系统供应热水和采暖。美国 STM 公司和日本各自成功开发了家用热电联产系统作为民用[17]。

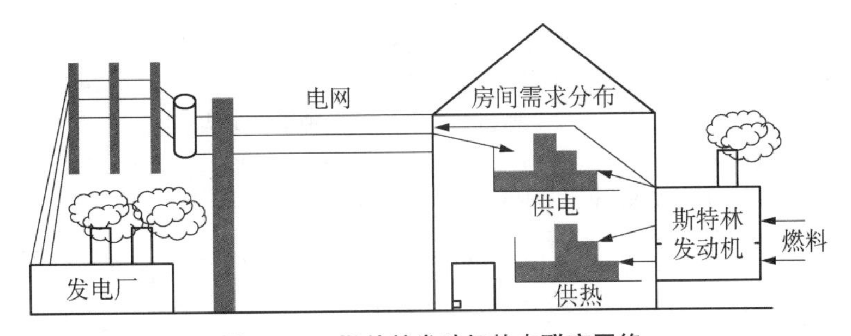

图 5-11　斯特林发动机热电联产网络

如图 5-11 所示的使用斯特林发动机的热电联产装置实际上相当于一台副产电力的供热锅炉,一般情况下根据供热需求确定其运行状态,其电力系统可与电网连接,多余的电力通过配电盘向外界供电。如果配备相应的热水型吸收式制冷机,夏季就可以利用热能支取空调所需的冷却水,从而部分地取代目前广泛使用的耗电量可观的蒸气压缩式空调制冷装置。显然,不仅在冬季的供暖期,而且在夏天的供冷期,热电联产装置都能发挥重要的作用。

5.4.2 类型及特征

根据工作空间和回热器的布置方式,斯特林发动机可以分为 α、β 和 γ 三种基本类型。如图 5-12 所示。

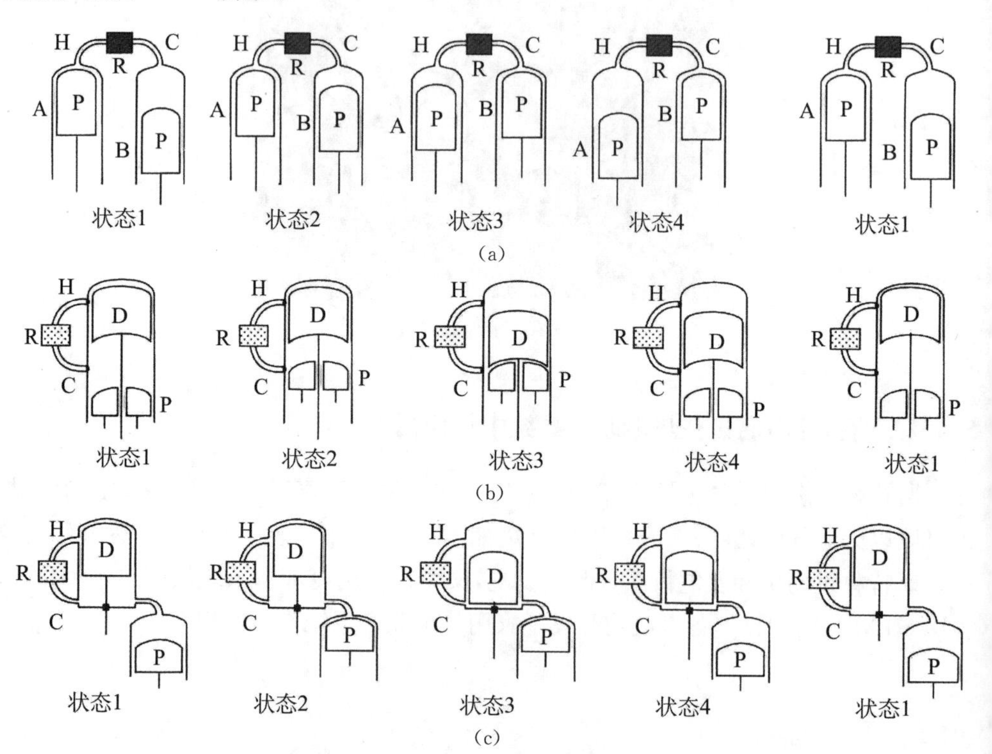

图 5-12 斯特林发动机的三种基本结构

(a) α 型斯特林发动机工作过程;(b) β 型斯特林发动机工作过程;(c) γ 型斯特林发动机工作过程
H—加热器;R—回热器;C—冷却器;P—活塞;D—排出器

α 型斯特林发动机的结构最简单,具有两个气缸,两个气缸中间通过加热器、回热器、冷却器连通,热活塞和冷活塞分别位于各自的气缸内,热活塞负责工质的膨胀,冷活塞负责工质的压缩,两个活塞连接在同一曲轴上,它的往复运动遵循一定的规律。α 型斯特林发动机的优点是能实现较大的功率。

β 型斯特林发动机只有一个气缸,同时配备了配气活塞和动力活塞,配气活塞负责驱动工质在加热器、回热器和冷却器之间流通;动力活塞负责工质的压缩和膨胀,输出动力。β 型斯特林发动机的特点是能在小温差下工作。

γ 型斯特林发动机配置有两个气缸,配气活塞和动力活塞分别处于配气气缸和动力气缸内，配气活塞负责驱动工质流通，动力活塞单独完成工质的压缩和膨胀工作。

5.4.3　性能

斯特林发动机余热特性显著。当其热腔温度达到700℃即可发电，不需要任何介质或换能转换装置，直接将热腔伸入热源之中，将余热转换成高价值的电能，在炼油厂、化工厂、焦化厂、冶炼厂等均可使用。每个外燃机可以回收25 kW电能和44 kW热能。此外，斯特林发动机的热效率高，可采用具有比功率高、流阻损失小的特种气体工质。燃料在气缸外的燃烧室内连续燃烧，通过加热器传给工质，工质在密封腔内循环流动，不与外界接触，热能损失较少。

在运转特性上，斯特林发动机最大压力与最小压力之比一般小于2，因此运转比较平稳、扭矩比较均匀。另外，斯特林发动机的超负荷能力强，在超负荷50%的情况下仍能正常运转，而一般内燃机只具有5%～15%的超负荷能力。

在噪声方面，与其他内燃机相比，斯特林发动机没有气门机构，避免了爆震做功；也没有内燃机间歇燃烧所产生的排气波。独立的工质按斯特林循环工作，在气缸内的压力变化类似于正弦，因此运转比较平稳，大大降低了噪声。

5.5　余热补燃回收装置

余热补燃回收装置由余热锅炉、热水余热回收换热器、烟气余热回收换热器、冷却塔、风冷散热器组成。

1）余热锅炉

余热锅炉由锅筒、活动烟罩、炉口段烟道、斜1段烟道、斜2段烟道、末1段烟道、末2段烟道、加料管（下料溜）槽、氧枪口、氮封装置及氮封塞、人孔、微差压取压装置、烟道的支座和吊架等组成。余热锅炉共分为6个循环回路，每个循环回路由下降管和上升管组成，各段烟道给水从锅筒通过下降管引入到各个烟道的下集箱后进入各受热面，水通过受热面后产生蒸气进入进口集箱，再由上升管引入锅筒。各个烟道之间均用法兰连接。

（1）工作原理。燃煤燃烧释放出来的高温烟气经烟道输送至余热锅炉入口，再流经过热器、蒸发器和省煤器，最后经烟囱排入大气，排烟温度一般为150～180℃，烟气温度从高温降到排烟温度所释放出的热量用来使水变成蒸气。锅炉给水首先进入省煤器，水在省煤器内吸收热量升温到略低于汽包压力下的饱和温度进入锅筒。进入锅筒的水与锅筒内的饱和水混合后，沿锅筒下方的下降管进入蒸发器吸收热量开始产气，通常是只有一部分水变成气，所以在蒸发器内流动的是气水混合物。气水混合物离开蒸发器进入上部锅筒通过气水分离设备分离，水落到锅筒内水空间进入下降管继续吸热产气，而蒸气从锅筒上部进入过热器，吸收热量使饱和蒸汽变成过热蒸气。根据产汽过程的三个阶段对应三个受热面，即省煤器、蒸发器和过热器，如果不需要过热蒸气而只需要饱和蒸气，可以不装过热器。当有再热蒸汽时则可加设再热器。

（2）余热锅炉的分类及特点。余热锅炉按燃料分为燃油余热锅炉、燃气余热锅炉、燃煤余热锅炉及外媒余热锅炉等。按用途分为余热热水锅炉、余热蒸气锅炉、余热有机热载体锅炉等。

燃油、燃气、燃煤经过燃烧产生高温烟气释放热量，高温烟气先进入炉膛，再进入前烟箱的余热回收装置，接着进入烟火管，最后进入后烟箱烟道内的余热回收装置，最终高温烟气变成低温烟气经烟囱排入大气。由于余热锅炉大大地提高了燃料燃烧释放的热量的利用率，所以这种锅炉十分节能。

2）热水余热回收换热器

热水热交换器是一种不用燃气、不用电、也不用太阳能的简易热水器，是利用暖气热量将自来水加热的节能装置，内置高效换热管，所产生的热水可供全家洗澡、洗衣、洗碗、洗菜等用途。

3）烟气余热回收换热器

烟气余热回收换热器分为高温烟气余热回收换热器、中温烟气余热回收换热器、低温烟气余热回收换热器。高温烟气余热回收换热器适用于烟气温度在220～420℃范围内，中温烟气余热回收换热器适用于烟气温度在140～220℃范围内，低温烟气余热回收换热器适用于烟气温度在80～140℃范围内。以PFA/FEP氟塑料烟气余热回收换热器具有明显的优势。

4）冷却塔

冷却塔[18]（cooling tower）是用水作为循环冷却剂，从一系统中吸收热量排放至大气中，以降低水温的装置。其冷却是利用水与空气流动接触后进行热交换产生蒸气，蒸气挥发带走热量，利用蒸发散热、对流传热和辐射传热等原理散去工业上或制冷空调中产生的余热来降低水温的散热装置，以保证系统的正常运行，装置一般为桶状，故名为冷却塔。

在逆流冷却塔中的空气向上通过填充或管束时，对面水向下运动。在横流冷却塔中空气水平移动通过填充时，水向下移动。

冷却塔按通风方式[19]分为：①自然通风冷却塔；②机械通风冷却塔；③混合通风冷却塔。按水和空气的接触方式分为：①湿式冷却塔；②干式冷却塔；③干湿式冷却塔。按热水和空气的流动方向分为：①逆流式冷却塔；②横流（直交流）式冷却塔；③混流式冷却塔。

5）风冷散热器

风冷散热器是热水（或蒸气）采暖系统中重要的、基本的组成部件。热水在散热器内降温(或蒸气在散热器内凝结)向室内供热,达到采暖的目的。散热器的金属耗量和造价在采暖系统中占有相当大的比例,因此,散热器的正确选用关系到系统的经济指标和运行效果。

5.6 分布式能源技术

将分布式发电应用于传统的电力系统,既可以满足电力系统和用户的特定要求,又可以提高系统的灵活性、可靠性和经济性。

5.6.1 分布式光伏发电技术

光伏发电方式利用光电效应,将太阳辐射能直接转换成电能,光-电转换的基本装置就是太阳能电池[20]。太阳能电池是一种由于光生伏特效应而将太阳光能直接转化为电能的器件,是一个半导体光电二极管。当太阳光照到光电二极管上时,光电二极管就会把太阳的光能变成电能,产生电流。当许多个电池串联或并联起来就可以成为有比较大的输出功率的太阳能电池方阵了。太阳能电池是一种大有前途的新型电源,具有永久性、清洁性和灵活性三大优点。太阳能电池的寿命长,只要太阳存在,太阳能电池就可以一次投资而长期使用。与火力发电、核能发电相比,太阳能电池不会引起环境污染。

光伏发电最基本的装置就是光伏电池。它是利用光伏技术,直接将太阳能转换为电能的光电元件,是整个太阳能光伏发电系统中最主要的部件,也是最核心的零件。光伏电池分为单晶硅光伏电池、多晶硅光伏电池、非晶硅光伏电池、铜铟锡光伏电池、砷化镓光伏电池、碲化镉光伏电池、聚合物光伏电池等。其中单晶硅光伏电池和多晶硅光伏电池是应用范围最广的光伏电池。单晶硅光伏电池的转换效率在我国已经平均达到16.5%,而实验室记录的最高转换效率超过了24.7%。多晶硅光伏电池是以多晶硅材料为基体的光伏电池。由于多晶硅材料多以浇铸代替了单晶硅的拉制过程,因而缩短了生产时间,制造成本大幅度降低。目前,工业化生产的多晶硅电池转换效率达到12%~15%。

光伏分布式发电是一种新型的、具有广阔发展前景的发电和能源综合利用方式,它倡导就近发电、就近并网、就近转换、就近使用的原则,不仅能够有效提高同等规模光伏电站的发电量,同时还有效解决了电力在升压及长途运输中的损耗问题。

分布式光伏发电系统的基本设备包括光伏电池组件、光伏方阵支架、直流汇流箱、直流配电柜、并网逆变器、交流配电柜等设备,另外还有供电系统监控装置和环境监测装置。其运行模式是在有太阳辐射的条件下,光伏发电系统的太阳能电池组件阵列将太阳能转换为输出的电能,经过直流汇流箱集中送入直流配电柜,由并网逆变器逆变成交流电供给建筑自身负载，多余或不足的电力则通过连接电网来调节。

5.6.2 分布式光热发电技术

太阳能光热发电技术有以下五大类：聚光太阳能热发电（CSP）、太阳能半导体温差发电、太阳能烟囱发电、太阳能电池发电和太阳能热声发电。其中，聚光太阳能热发电是现今具有商业化利用前景的技术形式。

聚光太阳能热发电是通过反射镜将太阳光汇聚到太阳能收集装置，用太阳能加热收集装置内的传热介质（液体或气体）加热水形成蒸气带动或者直接带动发电机发电。其技术特性主要是通过储热改善出力特性和具有电网友好性。由于发电原理不同，聚光太阳能热发电出力特性优于光伏发电特性，通过增加储热单元可显著平滑发电出力，减小小时级出力波动。带有储热和补燃装置的太阳能热发电站是电网友好性电源，可以按照电网要求输出有功和无功功率，并具有良好的调峰性能。一般情况下碟式光热电站[21]的单位造价最高，约为塔式光热电站的两倍，槽式略低于塔式，略高于菲涅尔式。

光热发电技术是不同于光伏发电的全新的能源应用技术。它是一个将太阳能转化为热能，再将热能转化为电能的过程。利用聚光镜等聚热器采集的太阳热能将传热介质加热到几百度的高温，传热介质经过换热器后产生高温蒸气，从而带动汽轮机产生电能。此处的传热介质多为导热油与熔盐。太阳能光热发电原理如图 5 - 13 所示。

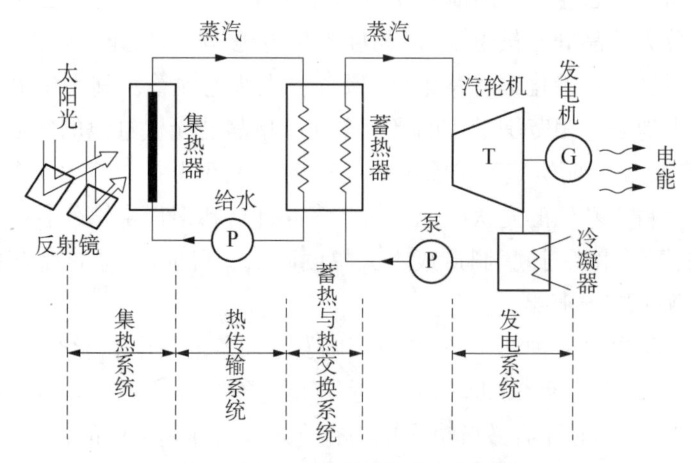

图 5 - 13 太阳能光热发电原理图

通常我们将整个的光热发电系统分成四部分：集热系统、热传输系统、蓄热与热交换系统、发电系统。

聚光太阳能热发电(CSP)技术根据聚光方式不同分为点聚焦系统和线聚焦系统。点聚焦主要包括塔式光热发电和碟式(盘式)光热发电，线聚焦包括槽式光热发电和线性菲涅尔式光热发电，其常见系统如图5-14所示。

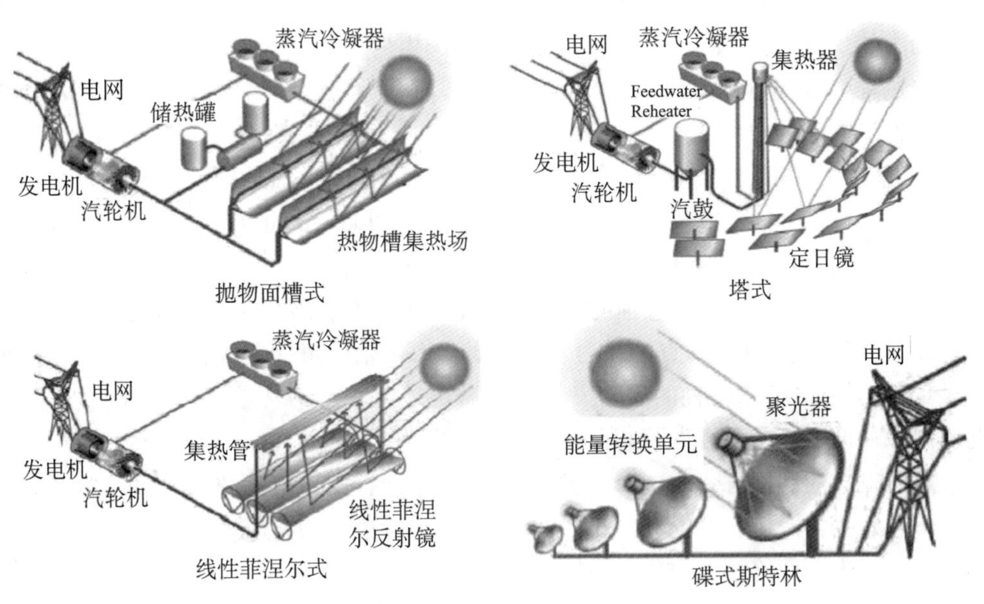

图5-14　聚光太阳能热发电(CSP)技术的系统结构图

碟式/斯特林光热发电系统的成本不随系统容量的增加而降低，适合于分布式发电；槽式光热发电和塔式光热发电的成本随系统容量的增加而下降，适合发展大容量电站。

5.6.3　分布式风力发电

分布式风力发电系统按照风力发电机主轴的方向分类可分为水平轴风力发电机和垂直轴风力发电机。

1）水平轴风力发电机

旋转轴与叶片垂直，但与地面平行的风力发电机。水平轴风力机可分为升力型和阻力型两类。升力型旋转速度快，阻力型旋转速度慢。对于风力发电多采用升力型水平轴风力机。大多数水平轴风力机具有对风装置，能随风向改变而转动。对小型风力机这种对风装置采用尾舵，而对于大型风力机则利用风向传感元件及伺服电动机组成的传动装置。

水平轴风力发电机相对于垂直轴发电机的优点：叶片旋转空间大，转速高。适合于大型风力发电厂。水平轴风力发电机组的发展历史较长，效率比垂直轴风力发电机组高。

2) 垂直轴风力发电机

旋转轴与叶片平行,但与地面垂直的风力发电机。垂直轴风力发电机主要分为阻力型和升力型。阻力型垂直轴风力发电机主要是利用空气流过叶片产生的阻力作为驱动力的,而升力型则是利用空气流过叶片产生的升力作为驱动力的。由于叶片在旋转过程中,随着转速的增加阻力急剧减小,而升力反而会增大,所以升力型的垂直轴风力发电机的效率要比阻力型的高很多。

垂直轴风力发电机相对于水平轴发电机的优点在于:对风的转向没有要求,叶片转动空间小,抗风能力强(可抗 12～14 级台风),启动风速小,维修保养简单。垂直轴与水平轴的风力发电机对比,具有两大优势如下。

(1) 同等风速条件下垂直轴的发电效率比水平轴的要高,特别是低风速地区。

(2) 在高风速地区,垂直轴风力发电机要比水平轴的更加安全稳定。另外,国内外大量的案例证明:水平轴的风力发电机在城市地区经常不转动,而在我国北方、西北等高风速地区经常出现风机折断、脱落等问题。

风力发电的利用方式主要有两类:一类是独立运行的供电系统,即在电网未能通达的偏远地区,如高山、草原和海岛等,用小型风力发电机为蓄电池充电,再通过逆变器转换成交流电向终端用户供电;或者采用中型风电机与柴油发电机或光伏太阳电池组成混合供电系统,可解决小的社区用电问题。另一类是作为常规电网的电源并网运行,此类商业化机组单机容量较大,目前已达到了兆瓦级,既可以单独并网,也可以由多台,甚至成百上千台发电机组成风电场。分布式发电是指将电力系统以小规模、分散式方式布置在用户附近,可独立地输出电能的系统。分布式发电具有投资省、系统可靠性高、能源种类多样等优点,分布式发电联合电网运行是今后分布式发电技术发展的必然趋势。其中户用风力发电是一种很好的分布式电源,特别是在风力资源丰富地区的城市周边,用户用电量较大,应该充分开发利用。根据调研,我国风能资源可划分为三种类型。

(1) 风能资源丰富区:主要集中在我国东南沿海,广东沿海及其岛屿。这些地区的有效风能功率密度在 200 W/m^2 以上,全年大于(等于)3.5 m/s 风速的时间为 7 000～8 000 h 左右。

(2) 风能资源较丰富区:主要集中在东北、华北和西北北部地区,黑龙江、吉林省的东部及辽宁和山东半岛的沿海地区,青藏高原的北部地区,东南沿海距离海岸线 50～100 km 的内陆地区,海南岛西部,台湾南北两端以及新疆阿拉山地区。这些地区有效风能功率密度为 150 W/m^2 以上,全年大于(等于)3.5 m/s 风速的时间为 4 000 h 以上。

(3) 风能资源可利用区:其分布较广,包括长江、黄河中下游,东北、华北和西北除丰富区以外的地区、青藏高原东部地区等。这些地区有效风能功率密度仅为 50～150 W/m^2，全年大于(等于)3.5 m/s 风速的时间为 2 000～4 000 h。对于年平均风速为 3～5 m/s 的低风速区，由于风速小又不稳定，因此达不到风电场选址的要求，只能推广应用小型发电机组。

分布式风力发电的形式一般采用风力发电与太阳能发电、柴油机发电等组合式发电系统，即“风光”“风油”和“风光油”互补发电。这些系统近年来都有所发展，特别是采用“风光”互补发电的系统是未来的发展方向。太阳能与风能在时间上和地域上有着很强的互补性，其互补性使“风光”互补发电系统在资源上具有最佳的匹配性，“风光”互补发电系统是资源条件最好的独立电源系统，也是今后相当时期内的发展趋势。一般在农区、牧区、边远地区的边防连队、哨所、海岛驻军、内陆湖泊渔民、地处野外高山的微波站、航标灯、电视差转台站、气象站、森林中的瞭望烽火台、石油天然气输油管道、近海滩涂养殖业及沿海岛屿等地方多使用柴油或汽油发电机组供电，供电成本相当高，而这些地方绝大部分处在风力资源丰富地区。但是这些系统的用户负荷都比较小，且由于风能具有随机性，使得供电稳定性不高，倘若一味追求供电稳定性，又会使成本过高，阻碍其推广发展。目前已经有很多国家在户用风力发电与电网联合供电系统上进行了尝试。如果此系统能够得到推广，那么在风力资源丰富地区的城市周边，就能更好更充分地利用风能资源。

风力发电机组是实现风能转换成电能的设备，通常包括风轮机、传动机构、发电机、自动控制装置以及支撑铁塔等。

(1) 风轮机。风轮机的作用是将风能转换为机械能，它由气动性能优异的 2～3 个叶片装在轮毂内组成，低速转动的风轮通过传动系统由增速齿轮箱增速，将动力传递给发电机。风轮机按照风轮旋转轴在空间方向可分为水平轴和垂直轴两大类。目前大型风力发电机组多采用水平轴。水平轴风轮机叶片有定桨距调节型和变桨距调节型。定桨距是指桨叶与轮毂的连接是固定的，桨距角固定不变，当风速变化时，桨叶的迎风角度不能随之变化，优点是简单可靠。变桨距是指安装在轮毂上的叶片通过控制装置可以改变其桨距角的大小，能够尽可能多地吸收风能转化为电能。变桨距调节的优点是桨叶受力较小，桨叶较为轻巧，缺点是结构比较复杂，故障率相对较高。自动控制装置是风力发电机组的关键部件，其控制着风力发电机组的工作功能和安全保护功能的实现。自动控制的工作功能主要有：在风速达到设定的启动风速时，风力机自动启动并带动发电机开始运转；当风向变化时，水平轴风力机自动跟踪风向变化以实现自动对风；当风速超过最大的设定风速或风力机的风轮转速超过规定的最大转速时，风力机自动制动停止运转。

(2) 发电机。风力发电机组的发电机可采用直流发电机、同步发电机、异步发电机等多种类型。直流发电机常用于小型风力发电机组，同步发电机和异步发电机在大中型风力发电机组中广泛应用。同步发电机能够提供自身磁场电流，但成本高、并网复杂。异步发电机在转速超过同步转速情况下以发电方式运行，将风轮机的机械能转化为电能，并向电网输送有功功率，但它需从电网吸收无功功率建立磁场，不具有电压及无功调节能力。异步发电机结构简单、成本低、易并网、无振荡，在大型风电场中多采用异步发电机。

5.6.4 分布式生物质发电

生物质是有机物中除化石燃料外所有来源于动、植物和微生物的物质，包括动物、植物、微生物以及由这些生命体排泄和代谢的所有有机物。生物质发电技术是采用燃烧、气化及发酵等方式将生物质资源转化为电能的一种技术，作为新型的可替代型新能源，生物质发电技术引起全世界的关注及研究。生物质直接燃烧发电利用锅炉燃烧生物质，加热产生水蒸气，过热蒸气推动汽轮机组发电。该技术在我国发展较快，在大规模生产条件下(10～50 MW)具有较高的效率，其要求生物质资源集中，且数量巨大，但生物质原料收集、运输、存储的成本较高。虽然我国拥有巨大的生物质原料总量，但分布十分分散，特别是边远地区、海岛等交通不方便的地方，并不适合大规模利用，因此要采取就近吸收原料、规模较小的分布式发电系统。分布式生物质发电系统能很好地解决供电的质量及安全，也可以解决传统单一供电的各种弊端。生物质发电可分直接燃烧发电、气化发电、混合燃烧发电、沼气发电等[22]。

1) 生物质燃烧发电

燃烧发电是在锅炉中将生物质直接燃烧产生热及高温高压的水蒸气推动蒸气轮机及发电机进行发电。其主要的两种燃烧方式为固定床燃烧和流化床燃烧。该发电技术的关键因素在于原料预处理、锅炉防腐、锅炉对多种生物质原料的适应性及蒸汽轮机的效率等。该方法相对容易，易实现大规模利用，技术相对较成熟，但热值低、发电效率不高于35%，适用于谷米加工厂、木料加工厂等生物质资源比较集中的地方。

生物质燃烧发电可分为汽轮机发电、蒸汽机发电及斯特林发动机，其中最为成熟的汽轮机发电技术通过生物质锅炉燃烧将化学能转化成热能的同时进行热交换，将锅炉中的水转化成高温高压的蒸气，蒸气进入汽轮机膨胀做功驱动发电机发电，将蒸气的热能转化成机械能进行发电。

2) 气化发电技术

生物质气化发电技术是通过气化反应(如氧化、还原、裂解及燃料的干燥)把生物质转化为可燃气，再将可燃气净化后进入燃气发电设备进行发电。它是生物质能最有效最洁净的利用方法之一，适用燃烧高杂质、低热值的生物质燃气，其燃气发电技术设备紧凑、污染少。

生物质气化发电技术有内燃机发电系统、燃气轮机发电系统及燃气-蒸气联合循环发电系统，中型气化发电采用气化-内燃机工艺，同时增加余热锅炉和蒸汽轮机，发电效率可达25%～35%，大规模的气化-燃气轮机联合发电效率可达40%以上。目前气化发电的关键技术仍需完善，需进一步研究以达到更高的发电效率。

3) 沼气发电

沼气发电在高温厌氧条件将生物质原料直接装入密闭型发酵设备，产生高质沼气(甲烷)，再通过沼气发动机转换成电能，以及将热交换器带出余热加以利用，该系统综合热效率达80%左右，发电机效率为30%～40%。

4) 生物质能电池

生物质能电池是将生物质发酵产物作为燃料电池的阳极材料，通过电池反应直接将燃料化学能转化成电池电能，利用这种转化不受卡诺循环效应的限制，能源转化效率高、噪声小、环境友好及可靠性高。生物质电池包括沼气燃料电池及乙醇燃料电池等。

生物质发电机组[23]是实现生物质能转换成电能的设备，通常包括生物质的处理、输送和燃烧系统，锅炉系统，汽轮机系统，环境保护系统。我国生物质能资源非常丰富，农作物秸秆资源量超过7.2亿吨，其中6.04亿吨可作为能源使用，因此下面以生物质秸秆发电为例介绍电厂系统配置。

(1) 生物质的处理、输送和燃烧。一般将松散的秸秆、树枝和木屑等生物质原料挤压成特定形状的可以高效燃烧的固体燃料。压缩成形可以解决天然生物质分布散、密度低、松散蓬松造成的储运困难、使用不便等问题。

(2) 锅炉系统。用自然循环的汽包锅炉，过热器分两级布置在烟道中，烟道尾部布置省煤器和空气预热器。由于秸秆灰中碱金属的含量相对较高，因此烟气在高温时(450℃以上)具有较高的腐蚀性。此外飞灰的熔点较低，易产生结渣的问题。如果灰分变成固体和半流体，运行中很难清除，就会阻碍管道中从烟气至蒸气的热量传输。严重时甚至会完全堵塞烟气通道，将烟气堵在锅炉中。由于存在这些问题，实际生产中会专门设计过热器系统。

(3) 汽轮机系统。汽轮机和锅炉必须在启动、部分负荷和停止操作等方面保持一致，协调锅炉、汽轮机和凝汽器的工作非常重要。

(4) 环境保护系统。可以在湿法烟气净化系统之后，安装一个布袋除尘器，以便收集烟气中的飞灰。布袋除尘器的烟灰排放低于25 $mg/Nm^3$①，大大低于发电厂的烟灰排放水平。

① Nm^3，标准立方米，1 $mg/m^3 = 10^{-24}$ g/Nm^3。

5.7 微电网

微电网是指由分布式电源、储能装置、能量转换装置、负荷、监控和保护装置等组成的小型发配电系统。

5.7.1 微电网作用

微电网的提出旨在实现分布式电源的灵活、高效应用，解决数量庞大、形式多样的分布式电源并网问题。开发和延伸微电网能够充分促进分布式电源与可再生能源的大规模接入，实现对负荷多种能源形式的高可靠供给，是实现主动式配电网的一种有效方式，使传统电网向智能电网过渡。

5.7.1.1 微电网一般特性

随着国民经济的发展，电力需求迅速增长，电力部门大多把投资集中在火电、水电以及核电等大型集中电源和超高压远距离输电网的建设上[24]。但是，随着电网规模的不断扩大，超大规模电力系统的弊端也日益凸现，成本高、运行难度大，难以适应用户越来越高的安全和可靠性要求以及多样化的供电需求。尤其在近些年世界范围内接连发生几次大面积停电事故之后，电网的脆弱性充分暴露了出来。人们不禁要问，未来的电力系统应该采取什么样的发展模式？一味地扩大电网规模显然不能满足要求。人们开始另辟蹊径，于是分布式发电被提上日程。分布式发电具有污染少、可靠性高、能源利用效率高、安装地点灵活等多方面优点，有效解决了大型集中电网的许多潜在问题。目前，欧美等发达国家已开始广泛研究能源多样化的、高效和经济的分布式发电系统，并取得了突破性进展。无疑，分布式发电将成为未来大型电网的有力补充和有效支撑，是未来电力系统的发展趋势之一。

分布式发电也称分散式发电或分布式供能，一般指将相对小型的发电装置（一般50 MW以下）分散布置在用户（负荷）现场或用户附近的发电（供能）方式。分布式电源位置灵活、分散的特点极好地适应了分散电力需求和资源分布，延缓了输、配电网升级换代所需的巨额投资，同时，它与大电网互为备用也使供电可靠性得以改善。分布式电源尽管优点突出，但本身存在诸多问题，例如，分布式电源单机接入成本高、控制困难等。另外，分布式电源相对大电网来说是一个不可控源，因此大系统往往采取限制、隔离的方式来处置分布式电源，以期减小其对大电网的冲击。IEEEP1547对分布式能源的入网标准做了规定：当电力系统发生故障时，分布式电源必须马上退出运行。这就大大限制了分布式能源效能的充分发挥。为协调大电网与分布式电源间的矛盾，充分挖掘分布式能源为电网和用户所带来的价值和效益，在21世纪初学者们提出了微电网的概念。

微电网(microgrid),也称微网,是指由分布式电源、储能装置、能量转换装置、相关负荷和监控、保护装置汇集而成的小型发配电系统,是一个自我控制、保护和管理的独立系统,既能并网运行,也可孤岛运行。

微电网从系统观点看问题,将发电机、负荷、储能装置及控制装置等结合,形成一个单一可控的单元,同时向用户供给电能和热能。微电网中的电源多为微电源,即含有电力电子装置界面的小型机组(小于100 kW),包括微型燃气轮机、燃料电池、光伏电池以及超级电容、飞轮、蓄电池等储能装置。它们接在用户侧,具有低成本、低电压、低污染等特点。微电网既可与大电网联网运行,也可在电网故障或需要时与主网断开单独运行。它还具有双重角色:对于公用电力企业,微电网可视为电力系统可控的"细胞",例如,这个"细胞"可以被控制为一个简单的可调度负荷,可以在数秒内做出响应以满足传输系统的需要。对于用户,微电网可以作为一个可定制的电源,以满足用户多样化的需求,例如,增强局部供电可靠性,降低馈电损耗,支持当地电压,通过利用废热提高效率,提供电压下陷的校正或作为不可中断电源。由于微电网灵活的可调度性且可适时向大电网提供有力支撑,学者形象地称其为电力系统的"好市民"(goodeltizen)和"模范市民"(modeleitizen)。此外,紧紧围绕全系统能量需求的设计理念和向用户提供多样化电能质量的供电理念是微电网的两个重要特征。在接入问题上,微电网的入网标准只针对微电网与大电网的公共连接点而不针对各个具体的微电源。微电网不仅解决了分布式电源的大规模接入问题,充分发挥了分布式电源的各项优势,还为用户带来了其他多方面的效益。由于大量位置分散、形式多样、特性各异的分布式电源(DR),使传统的单电源辐射型配电网变为多电源分散式网络,潮流也不再单向地从变电站母线流向各负荷。针对这一现象,避免微电网对电网和用户设备产生的很大冲击,微电网必须适应再生电源的间歇性和用户随机性的变化特性。

5.7.1.2　微电网特征

1) 微电网运行模式

微电网具有孤网运行(或独立运行)和并网运行两种不同的运行模式。孤网运行是指微电网与大电网断开连接,只依靠自身内部的分布式电源提供稳定可靠的电力供应来满足负荷需求。并网运行是指微电网通过公共连接点的静态开关接入大电网并列运行。根据微电网与外部大电网之间的关系,微电网的孤网运行模式可以划分为两种。

(1) 完全不与外部大电网相连接的微电网,主要用于解决海岛、山区等偏远地区的分散电力需求,如希腊Kythnos岛的风光柴蓄独立微电网和中国浙江东福山风光柴蓄独立微电网等。

(2) 由于电网故障或电能质量不能满足要求等原因,暂时与外部大电网断开而进入孤岛运行模式的微电网，可有效提高所辖负荷的用电可靠性和安全性，如丹麦的Bornholm微电网等。

此外，微电网的并网运行模式根据微电网与大电网之间的能量交互关系又可以分为两种。

(1) 微电网可从大电网吸收功率，但不能向大电网输出功率，如日本的Hachinohe微电网。

(2) 微电网与大网间可以自由双向交换功率，如德国的Demotec微电网。由世界各国微电网实验系统研究与示范工程开发应用的经验可知，微电网运行模式的选择应综合考虑终端用户的各种需求、微电网所处地理位置和环境条件、微电网优化运行等各种因素，进而做出合理权衡决策[25]。

2) 微电网容量及电压等级

微电网的构造理念是将分布式电源靠近用户侧进行配置供电，输电距离相对较短。这在一定程度上决定了微电网的容量大小与微电网电压等级。因此，微电网系统的容量规模相对较小，而电压等级常为低压或者中压等级。例如美国CERTS微电网、希腊NTUA微电网和德国Demotec微电网等一批实验室微电网系统和微电网示范工程的容量都不超过2 MW，电压等级为低压级。一般而言，从微电网容量规模和电压等级的角度可以将微电网划分为4类：①低压等级且容量规模小于2 MW的单设施级微电网，主要应用于小型工业或商业建筑、大的居民楼或单幢建筑物等；②低压等级且容量规模在2～5 MW范围的多设施级微电网，应用范围一般包含多种建筑物、多样负荷类型的网络，如小型工商区和居民区等；③中低压等级且容量规模在5～10 MW范围的馈线级微电网，一般由多个小型微电网组合而成，主要适用于公共设施、政府机构等；④中低压等级且容量规模在5～10 MW范围的变电站级微电网，一般包含变电站和一些馈线级和用户级的微电网，适用于变电站供电的区域。在现实规划中可根据实际负荷需要采用不同级别的微电网形式。

总之，微电网容量及电压等级的设计不仅受系统所辖负荷大小，所占地块面积和地理状况、气候环境条件、可再生能源等资源状况、分布式电源技术水平、输电距离等因素所制约，也受到微电网不同的孤网/并网运行方式的影响。当微电网需要接入外部大电网进行并网运行时，微电网容量即为并网容量，还必须将上级电网的负荷水平、网络结构、备用容量大小、系统的运行计划等因素，连同微电网内部的分布式电源类型、PCC交换功率限制等因素结合起来综合分析和权衡优化。

3) 微电网结构模式

微电网结构模式的确定是进行微电网规划设计的前提条件之一。一般来说，微电网结构模式是指微电网的网络拓扑结构，具体包括微电网内部的电气接线网络结构、供电制式(直流/交流供电和三相/单相供电)、相应负荷和分布式电源所在微电网的节点位置等。微电网系统中负荷特性、分布式电源的布局以及电能质量要求等各种因素决定了微电网的结构模式，也在一定程度上影响了微电网采用何种供电方式（交流、直流或交直流混合）。微电网采用的供电方式是其网架结构设计的决定性因素之一。因此，微电网按供电制式可以划分为交流微电网、直流微电网和交直流混合微电网3种不同类型的微电网结构模式。然而，不同供电制式结构的微电网具有不同的特征与优势。交流微电网要求各分布式电源、储能装置和负荷等均须连接至交流母线，从而具有不用改变原有电网结构以及由原配电网改造为微电网网架结构时较为容易等优势。直流微电网要求各分布式电源、储能装置和负荷等均须连接至直流母线，减少了电力变换环节从而具有提高电能利用率、没有损耗及无频率控制等优势，但也面临改造原有电网及各种交流设施的重大困境。交直流微电网包含有交流和直流两种母线，从而实现了分布式电源、储能装置和负荷分别接入各自同供电制式的母线，具有结构灵活多样、负荷密度大、优势互补等特点。

微电网组成多元化，存在着多种能源输入（风、光、氢、天然气等）、多种能源输出（电、热、冷）、多种能源转换单元（光/电、热/电、风/电、交流/直流/交流）以及多种运行状态（并网、离网），使得微电网的动态特性相对于单个分布式发电系统更加复杂。此外，网络结构与网络类型（直流微电网或交流微电网）也将在一定程度上影响微电网的动态特性。

目前，欧盟和美国等发达国家和地区已建设的各种不同微电网实验系统和微电网示范工程，都体现了世界范围内对微电网不同结构的研究探索。由此可见，微电网结构模式的设计规划应遵循因地制宜、因时制宜的原则，按照安全可靠、经济适用以及灵活运行、就近配置的设计要求，综合分析所辖负荷分类特性、供电半径范围以及当地各种能源状况（尤其各种可再生能源）等多方面因素，并确定微电网的容量、供电制式和接线方式，继而完成微电网的总体网络结构模式设计。

从能源供需平衡考虑，电网必须有电源与用电负荷，在它们之间以一定电压等级的输电网络连接。微电网由于各种再生能源的间歇性与不稳定，储能设备成为必不可少的一部分。所有微电网的组成应是“再生能源＋储能设备＋用电负荷”的可靠连接，保持其平衡、稳定运行的网络。微电网仅是一个独立系统，它可以与大电网联系。这样它就明确了微电网的接口划分，与大电网一样，它能通过一定的结构，容纳各种电源、负荷。

分布式能源电力的诸多特殊要求构成了微电网的整体特征。要实现电网的自愈功能，微电网必须具备运作的设备构架，采用快速仿真决策、协调/自适应控制和分布能源集成。其中分布能源（distributed energy resource，DER）集成，主要将配电系统中的分散发电设备，包括紧急状态下用户为防止停电所做的反应（需求侧响应资源），纳入配电管理系统（DMS）或配电自动化（distribution automation，DA），使DER在电力系统正常、紧急和恢复状态下，实现和输配电系统的实时协调运行。

分布式能源主要包括分散发电、分布储能和具有潜在功率产品价值的需求侧负荷响应资源。它们之间关联紧密，分散发电与分布储能组成功能互补的微网，还可参与需求响应资源的负荷响应程序等。

分散发电的技术类型、典型容量、再生能力以及上网接口如表 5-10 所示。

表 5-10　分散发电技术一览

技术类型	典型容量	可再生与否	电网接口	能源特征
太阳能	几瓦～几百千瓦	是	D/A 变换	昼夜变化
风力	几百瓦～几兆瓦	是	异步发电机	间歇式
地热	几百千瓦～几兆瓦	是	同步发电机	连续
循环热电联产	几十兆瓦～几百兆瓦	否	同步发电机	连续
燃气轮机	几兆瓦～几百兆瓦	否	同步发电机	连续
微型汽轮机	几十千瓦～几兆瓦	否	A/A 变换	连续
燃料电池	几十千瓦～几十兆瓦	否	D/A 变换	连续

微电网与常规电网的发电概念不同，可视为虚拟负荷的分散发电设备直接由用户控制启停。即使接入配电系统也不参与自动发电控制，输出的产品是用电度。除解决将 DG 接入主网的问题外，还要处理微网的特殊问题，如在业主分散决策、微网自由化的市场下对微网的智能控制以及余电外售或供热等，以及维持稳定当地的电压水平。对此不定因素的特点，可应用多智能体(Multi-Agent)技术解决微网中的问题。

储能技术可调峰填谷、排除电网扰动。它包含抽水储能电站、电力蓄热或冷能、不停电电源 UPS 等。

微网具有联网与孤岛运行的特点。正常运行时主网帮助消除微网中的扰动，主网中断时微网可按照设计向重要用户供电。其总投资和损耗问题，统一由供方在馈线上安装具有储能和补偿能力的电能质量调整器 PQC，按需求侧响应资源，进行协调运行。

4) 微电网性能特征

多样化的能源汇集突显出微网的灵活性、适应性、安全性以及对生态环保的贡献。

(1) 微型化。微电网的首要特征主要体现在交直流都可以选用，电压等级低。微电网在我国的应用以 380 V 为主；系统规模小，一般在兆瓦级以下；与终端用户相连，电能就地利用。

(2) 自平衡。微电网产生的电能应满足就地消纳的原则。微电网通过综合调节分布式发电、储能和负荷，实现微电网内部电量的自平衡。并网运行时，微电网与外部电网电力交换很少，微电网内的负荷是其主要电力用户；离网运行时，通过调节分布式发电和储能系统，结合终端用户电能质量管理和能源梯级利用技术，保障全部或部分负荷的供电需求，实现离网状态下微电网电量的自平衡。

(3) 清洁高效。微电网内的分布式电源应以风力发电、光伏发电等清洁能源为主，或者是以能源综合利用为目标的发电形式，如冷、热、电联供系统，余热余压发电系统等[14]。

图 5-15 为微电网控制分层示意图。

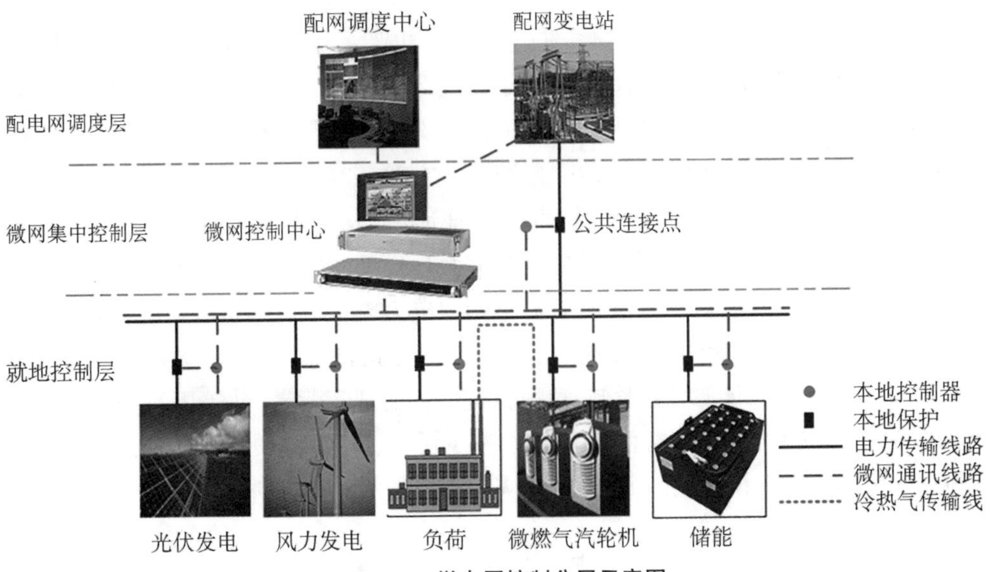

图 5-15　微电网控制分层示意图

5.7.1.3　微电网研究与发展前景

负荷的持续增长、电力系统结构的不断老化、环保问题、能源利用效率瓶颈以及用户对电能质量的高标准要求，已成为世界各国电力工业所面临的严峻挑战。微电网对分布式电源的有效利用及灵活、智能的控制特点，使其在解决上述问题方面表现出极大潜能，是许多国家未来若干年电力发展战略的重点之一。目前，一些国家已纷纷开展微电网研究，立足于本国电力系统的实际问题与国家可持续发展的能源目标，提出了各自的微电网概念和发展目标。作为一个新的技术领域，微电网在各国的发展呈现不同特色。

1) 国外的微电网研究

美国电力可靠性技术解决方案协会(CERTS)最早提出了微电网的概念，并且是众多微电网概念中最权威的一个。美国 CERTS 提出的微电网主要由基于电力电子技术且容量小于等于500 kW的小型微电源与负荷构成，并引入了基于电力电子技术的控制方法。电力电子技术是美国CERTS微电网实现智能、灵活控制的重要支撑，美国CERTS微电网正是基于此形成了“即插即用(plugandplay)”与“对等(peertopeer)”的控制思想和设计理念。相关文献中对其微电网的主要思想及关键问题进行了描述和总结，系统地概括了美国CERTS微电网的定义、结构、控制、保护及效益分析等一系列问题。目前，美国CERTS微电网的初步理论研究成果已在实验室微电网平台上得到了成功检验。由美国北部电力系统承建的MadiRve微电网是美国第1个微电网示范工程，学者们希望通过该工程进一步加深对微电网的理解，检验微电网的建模和仿真方法、保护和控制策略以及经济效益等，并初步形成关于微电网的管理政策和法规等，为将来的微电网工程建立框架。美国的微电网工程得到了美国能源部的高度重视，进而将信息技术、通信技术等广泛引入电力系统，实现电网的智能化。在随后出台的发展战略中，美国能源部制订了美国电力系统未来几十年的研究与发展规划，微电网是其重要组成之一。在2006年的美国微电网会议上，美国能源部对其今后的微电网发展计划进行了详细剖析。从美国电网现代化角度来看，提高重要负荷的供电可靠性、满足用户定制的多种电能质量需求、降低成本、实现智能化将是美国微电网的发展重点。CERTS微电网中电力电子装置与众多新能源的使用与控制，为可再生能源潜能的充分发挥及稳定、控制等问题的解决提供了新的思路。

日本立足于国内能源日益紧缺、负荷日益增长的现实背景，也展开了微电网研究，但其发展目标主要定位于能源供给多样化、减少污染、满足用户的个性化电力需求。对于微电网的定义，日本三菱公司将微电网从规模上分为3类，具体如表5-11所示。

表5-11　日本三菱公司对微电网的分类

类型	发电容量/MW	燃料	应用场合	市场规模
大规模	1 000	石油或煤	工业区	10～20
中规模	100	石油或煤、可再生能源	工业园	100
小规模	10	可再生能源	小型区域电网、住宅楼、岛屿和偏远地区	3 000

从表5-11中可看出，以传统电源供电的独立电力系统也被归入微电网研究范畴，大大扩展了美国CERTS对微电网的定义范围。基于该框架，目前日本已在其国内建立了多个微电网工程。此外，日本学者还提出了灵活可靠和智能能量供给系统，其主要思想是在配电网中加入一些灵活交流输电系统(FACTS)装置，利用FACTS控制器快速、灵活地控制性能，实现对配电网能源结构的优化，并满足用户的多种电

能质量需求。目前日本已将该系统作为其微电网的重要实现形式之一，还将该思想与热电联供设计理念相结合，以期更好地实现环境友好和能源高效利用。多年来新能源利用一直是日本的发展重点。为此日本还专门成立了新能源与工业技术发展组织(NEDO)统一协调日本高校、企业与国家重点实验室对新能源及其应用的研究。NEDO在微电网研究方面已取得了很多成果。日本对微电网定义的拓宽以及在此基础上所进行的控制、能源利用等研究，为小型配电系统及基于传统电源的较大规模独立系统提供了广阔的发展空间。

欧洲的微电网研究从电力市场需求、电能安全供给及环保等角度出发，于2005年提出“聪明电网”计划，并在2006年出台该计划的技术实现方略。作为欧洲2020年及后续的电力发展目标，该计划指出未来欧洲电网需具备以下特点。

(1) 灵活性：在适应未来电网变化与挑战的同时，满足用户多样化的电力需求。

(2) 可接入性：使所有用户都可接入电网，尤其是推广用户对可再生、高效、清洁能源的利用。

(3) 可靠性：提高电力供应的可靠性与安全性以满足数字化时代的电力需求。

(4) 经济性：通过技术创新、能源有效管理、有序市场竞争及相关政策等提高电网的经济效益。

基于上述特点，欧洲提出要充分利用分布式能源、智能技术、先进电力电子技术等实现集中供电与分布式发电的高效紧密结合，并积极鼓励社会各界广泛参与电力市场，共同推进电网发展。微电网以其智能性、能量利用多元化等特点成为欧洲未来电网的重要组成。目前，欧洲已初步形成了微电网的运行、控制、保护、安全及通信等理论，并在实验室微电网平台上对这些理论进行了验证。其后续任务将集中研究更加先进的控制策略，制定相应的标准，建立示范工程等，为分布式电源与可再生能源的大规模接入以及传统电网向智能电网的初步过渡做积极准备。除美国、日本、欧洲外，加拿大、澳大利亚等国也展开了微电网研究。从各国对未来电网的发展战略和对微电网技术的研究与应用中可清楚看到，微电网的形成与发展绝不是对传统集中式、大规模电网的革命与挑战，而是代表着电力行业服务意识、能源利用意识、环保意识的一种提高与改变。微电网是未来电网实现高效、环保、优质供电的一个重要手段，是对大电网的有益补充。

2) 国内的微电网研究

我国虽然在发展微电网方面起步较晚，但由于微电网正好能解决我国电网规模过大、新能源整合效率低的问题，所以近年来国家相继在这一领域投入大量精力。许多高校以及科研机构陆续加入研究分布式发电以及微电网技术的行列，其中含风力、光伏发电、储能元件的多能源微电网系统的运行控制技术成为研究热点。“973”“863”等国家科技项目开始大规模的推动微电网核心技术的开发与研究。微电网工程可解决海岛电力供给难的问题，使得海岛在能源方面规划得更加合理，使其居民能够放心安全地用电，运用新能源进行发电的微电网项目在我国已经正式开始进行了。

微电网的特点适应中国电力发展的需求与方向，在我国有着广阔的发展前景，具体体现在以下几个方面。

(1) 微电网是中国发展可再生能源的有效形式。“十一五”规划已将积极推动和鼓励可再生能源的发展作为重点发展战略之一。一方面，充分利用可再生能源发电对于中国调整能源结构、保护环境、开发西部、解决农村用能及边远地区用电、进行生态建设等均具有重要意义。另一方面，中国可再生能源的发展潜力十分巨大。据专家估计，中国新能源和可再生能源的可获得量是每年 7.3×10^{9} t 标准煤，而现在新能源和可再生能源的年开发量不足 4×10 t 标准煤。中国制定的 2020 年可再生能源发展目标也已将可再生能源发电的装机容量定位为 10 GW。然而，可再生能源容量小、功率不稳定、独立向负荷提供可靠供电的能力不强以及对电网造成波动、影响系统安全稳定的缺点是其发展中的极大障碍。如前文所述，若能将负荷点附近的分布式能源发电技术、储能及电力电子控制技术等很好地结合起来构成微电网，则将充分挖掘可再生能源的重要潜力。例如，对于中国未通电的偏远地区，充分利用当地风能、太阳能等新能源，设计合理的微电网结构，实现微电网供电，将是发挥资源优势、加快电力建设的重要举措。

(2) 微电网在提高我国电网的供电可靠性、改善电能质量方面具有重要作用。中国的经济已进入数字化时代，优质、可靠的电力供应是经济高速发展的重要保障。在大电网的脆弱性日益凸显的情况下，将地理位置接近的重要负荷组成微电网，设计合适的电路结构和控制，为这些负荷提供优质、可靠的电力，不仅可省去提高整体可靠性与电能所带来的不必要成本，还可减少这些重要负荷的停电经济损失，吸引更多的高新技术在中国发展。

(3) 微电网研究中的资源配置与经济优化思想非常值得借鉴。如何就近选择合适容量的热力用户与电力用户组成微电网，并进行最佳的发电技术组合，对于中国提高能源利用效率、优化能源结构、减少环境污染等具有重要意义。

(4) 微电网与大电网间灵活的并列运行方式可使微电网起到削峰填谷的作用，从而使整个电网的发电设备得以充分利用，实现经济运行。

此外，对于中国已有的众多独立电力系统，在系统中加入基于电子电力技术的新能源并配以智能、灵活的控制方式，一方面可提高系统的智能化与自动化水平，另一方面也可为企业带来可观的经济效益。

微电网是我国电力体制改革下鼓励新能源发展、提高电力系统可靠性和促进节能减排的新业态。

2015 年 7 月，国家能源局发布《关于推进新能源微电网示范项目建设的指导意见》(以下简称《意见》),明确了我国微电网的主要发展方向。

(1)《意见》强调:新能源微电网代表了未来能源发展趋势,是推进能源发展及经营管理方式变革的重要载体,是"互联网+"在能源领域的创新性应用,对推进节能减排和实现能源可持续发展具有重要意义。新能源微电网是电网配售侧向社会主体放开的一种具体方式,符合电力体制改革的方向,可为新能源创造巨大发展空间。

(2)《意见》明确:新能源微电网项目可依托已有配电网建设,也可结合新建配电网建设;可以是单个新能源微电网,也可以是某一区域内多个新能源微电网构成的微电网群。鼓励在新能源微电网建设中,按照能源互联网的理念,采用先进的互联网及信息技术,实现能源生产和使用的智能化匹配及协同运行,以新业态方式参与电力市场,形成高效清洁的能源利用新载体。

5.7.2　微电网技术

微电网是一个可以实现自我控制、保护和管理的自治系统,它作为完整的电力系统,依靠自身的控制及管理功能实现功率平衡控制、系统运行优化、故障检测与保护、电能质量治理等方面的功能。

智能微电网是规模较小的分散的独立系统,是能够实现自我控制、保护和管理的自治系统,它既可以连接外部电网运行,也可以孤立运行。它是将分布式电源、储能装置、能量装换装置、相关负荷和监控、保护装置汇集而成的小型发配电系统。

5.7.2.1　微电网结构

图5-16所示是美国电力可靠性技术解决方案协会(CERTS)提出的微电网基本结构。

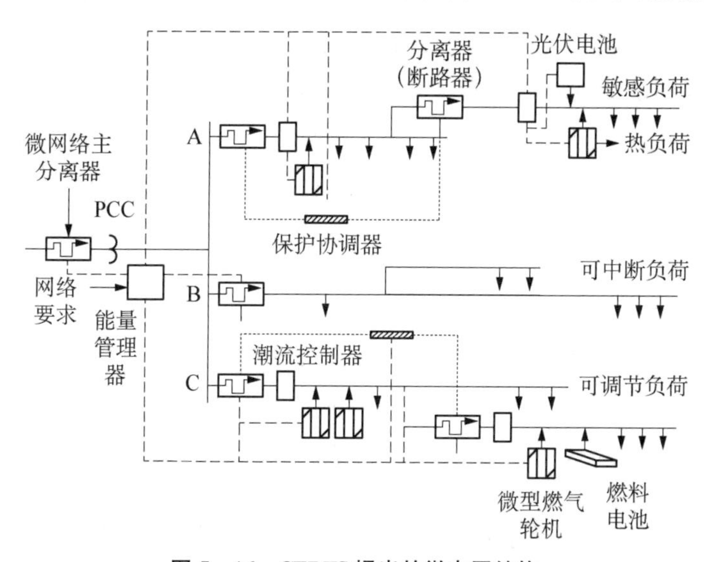

图5-16　CERTS提出的微电网结构

图中包括3条馈线A，B和C及1条负荷母线，网络整体呈辐射状结构。馈线通过主分隔装置(通常是一个静态开关)与配电系统相连，可实现孤网与并网运行模式间的平滑切换。该开关点即PCC所在的位置，一般选择为配电变压器的原边侧或主网与微电网的分离点。IEEEP1547标准草案规定：在PCC处，微电网的各项技术指标必须满足预定的规范。负荷端的馈线电压通常是480 V或更低。图5-16展示了光伏发电、微型燃气轮机和燃料电池等微电源形式，其中一些接在热力用户附近，为当地提供热源。微电网中配置能量管理器和潮流控制器，前者可实现对整个微电网的综合分析控制，而后者可实现对微电源的就地控制。当负荷变化时，潮流控制器根据本地频率和电压信息进行潮流调节，当地微电源相应增加或减少其功率输出以保持功率平衡。

图5-16还示范了针对3类具有不同供电质量要求的负荷的个性化微电源供电方案。对于连接在馈线A上的敏感负荷，采用光伏电池供电；对于连接在馈线C上的可调节负荷，采用燃料电池和微型燃气轮机混合供电；对于连接在馈线B上的可中断负荷，没有设置专门的微电源，而直接由配电网供电。这样，对于敏感负荷和可调节负荷都是采用双源供电模式，外部配电网故障时，馈线A、C上的静态开关会快速动作使重要负荷与故障隔离且不间断向其正常供电，而对于馈线B上的可中断负荷，系统则会根据网络功率平衡的需求，在必要时将其切除。该结构初步体现了微电网的基本特征，也揭示出微电网中的关键单元：

(1) 每个微电源的接口、控制；

(2) 整个微电网的能量管理器，解决电压控制、潮流控制和解列时的负荷分配、稳定及所有运行问题；

(3) 继电保护，包括各个微电源及整个微电网的保护控制。微电网虽然也是分散供电形式，但它绝不是对电力系统发展初期孤立系统的简单回归。微电网采用了大量先进的现代电力技术，如图5-17所示的智能微电网采用了快速的电力电子开关与先进的变流技术、高效的新型电源及多样化的储能装置等，而原始孤立系统根本不具有这样的技术水平。此外，微电网与大电网是有机整体，可以灵活连接、断开，其智能性与灵活性远在原始孤立系统之上。

5.7.2.2 运行控制与切换

微电网的运行控制是微电网技术的核心和热点问题。微电网的运行控制与传统电力系统有着显著的不同，主要是与系统内分布式电源的种类、渗透深度、功率输出特性、控制策略和方法、不同负荷特性(可中断负荷和不可中断负荷)、系统的运行模式和结构模式、能量管理要求以及电能质量、经济性、安全性、可靠性等有关。这使得传统的控制方法已经不适用于微电网的运行控制，因此微电网需要有一套全新的、科学有效的运行控制方法和机制对系统内各分布式单元进行协调控制，能够根据特定

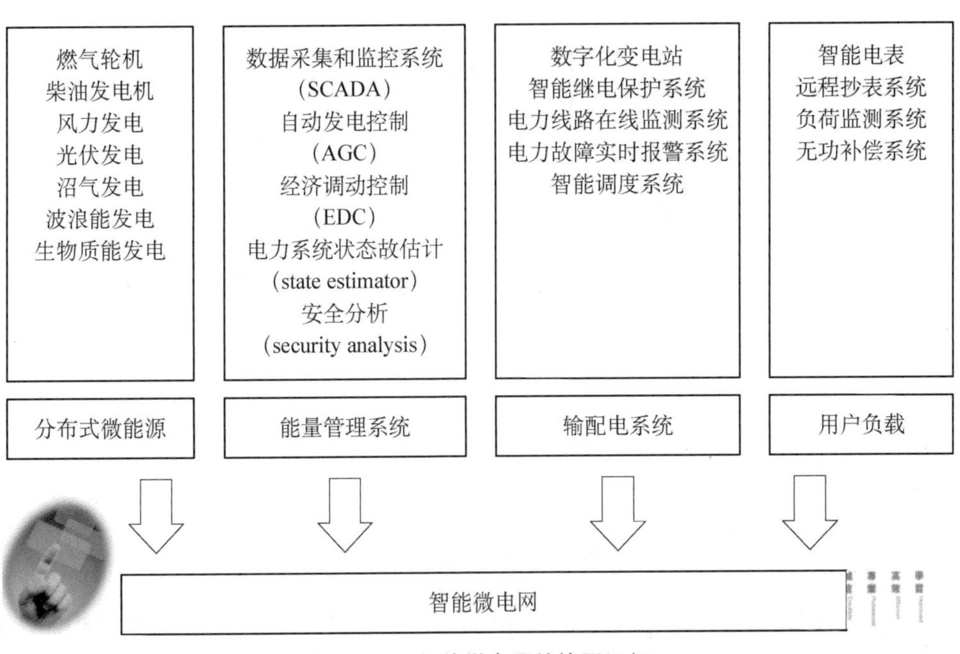

图5-17　智能微电网的协同运行

要求来满足微电网分别在孤网运行、并网运行，以及两种运行方式间切换时的不同运行要求，实现并保证整个系统的安全稳定运行。针对微电网运行控制的特点，应从单元级的分布式电源控制和系统级的微电网控制两个方面进行研究，才能科学准确地理解和掌握微电网的运行控制技术。分布式电源控制方法主要包含下垂控制(droop控制)、恒功率控制(PQ控制)和恒压恒频控制(Vf控制)三种控制方法。在选择具体控制方法时，应综合考虑该分布式电源自身的出力特性以及其入网的目的和作用、微电网系统的整体控制模式等因素，做出相应的合理选择。微电网系统整体控制主要包括主从控制和对等控制2种典型的基本控制模式，以及将主从控制和对等控制相结合的综合控制模式。目前，对等控制模式和综合控制模式的微电网仍停留在实验室研究阶段，而主从控制模式是技术最成熟且应用最广泛的一种微电网控制模式。大量的研究文献和一系列微电网示范工程项目表明：含多种分布式电源的主从控制结构微电网通常采用分层控制策略来实现系统的正常运行控制。图5-18给出一种典型的基于不同时间尺度上的微电网分层控制方案，它借鉴了传统电力系统的三次电压/频率分层控制经验。

图5-18中，第1层为分布式电源自身的运行控制，分布式电源应结合自身的控制特性和系统运行模式来选择恰当的控制策略。并网运行时，大电网提供系统电压频率参考值，从而所有分布式电源均采用PQ控制方法进行功率输出；而孤网运行

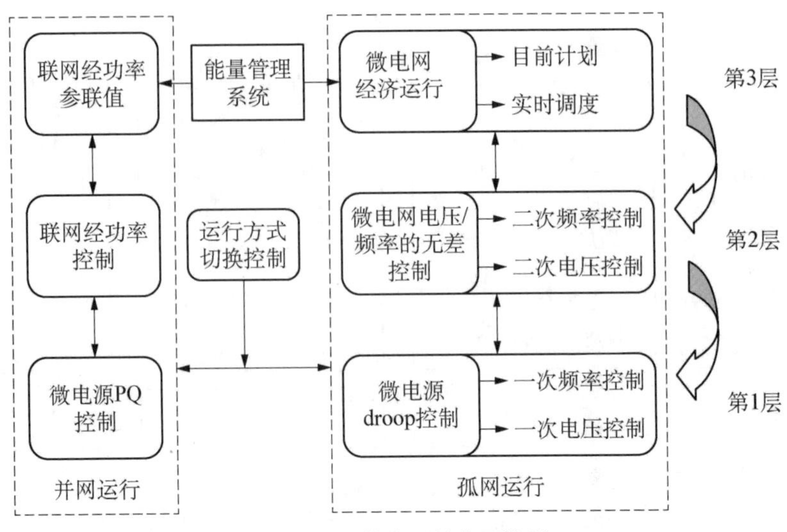

图 5-18　微电网的分层控制

时，系统内同步发电机组或电压源逆变型微电源采用下垂控制方法支撑系统电压频率稳定，而可再生能源等其他微电源则选取 PQ 控制方法自行注入电能。第 2 层为微电网动态运行控制，它通常是采用中央控制器(MGCC)实现微电网的并网运行、孤网运行和孤/并网模式切换三种不同状态的运行控制，维持整个微电网系统的稳定运行。第 3 层为微电网经济运行和能量管理层次的控制，它是在保证系统稳定可靠运行的基础上通过优化分配各分布式电源的负荷功率，使系统总运行成本最小化的动态能量管理。

5.7.2.3　监控系统

微电网监控系统在上述微电网系统中设置了多个信息采集点，每个信息点拥有独立的控制功能，可以完成所辖区域的信息采集及实时控制，所有的信息控制中心接收整个微电网所要采集的数据。在每个信息点安装了能够发送和接收的 GPRS 模块，监控中心通过互联网来实现系统功能。

监控系统的数据服务器、WEB 服务器和信息点控制中心完成下列任务：

(1) 接收和发送远端数据，数据存储，以保证数据的实时性、完整性以及一致性；

(2) 以可视化形式进行展示；

(3) 故障报警，当系统电路出现故障时报警提示；

(4) 统计报表，按时间对检测的数据进行统计，并形成相应报表，规范管理；

(5) WEB 浏览，根据需要，将采集的数据以适当形式，供有关人员通过 WEB 方式进行查阅；

(6) 远程控制，将指令以 WEB 方式返回到控制中心。

系统接线图可使用户更加直观地查看各通道的有效值和各开关量的状态。微电网后台监控系统的逻辑结构原理如图 5－19 所示。

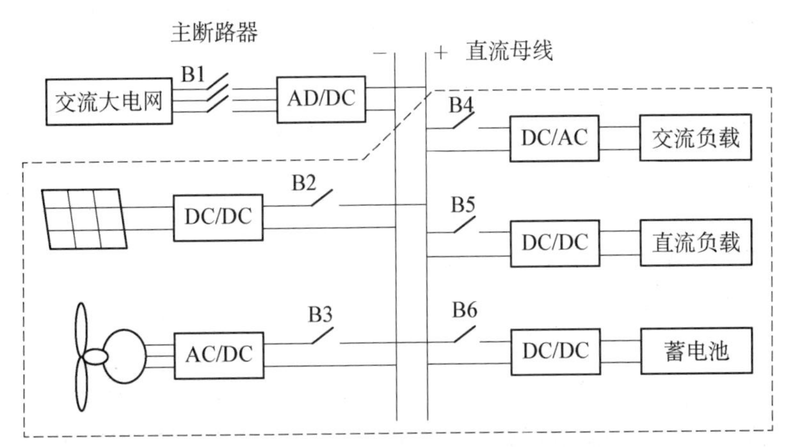

图 5－19　微电网监控系统逻辑结构原理

智能电网监控是融合了诸多先进技术，如传感技术、自动化技术、网络技术、通信技术等的电网监控技术，它以物理电网为基础，依托通信技术理论并与传统电网监控结合在一起，实现了电网操作和控制的自动化和智能化。智能电网监控的灵活性很强，通过网络和各种电网的有机连接，可实现各种电网相互联系、相互制约以及完全的自动化。

（1）具有较强的灵活性。智能电网监控对信息的采集和共享能力较强，其灵活性在于：若电网在供电过程中出现故障或问题，智能电网监控系统仍然可以保持电网正常工作，并且做到负荷稳定，保证供电万无一失。智能电网监控的可控性很强，能够自我调节运行能力，甚至在雷电天气等极端的外部环境下，以及外力的破坏作用下，仍能够不受任何影响地稳定工作。

（2）自我恢复能力较强。电网有时候在无人监控和操作的情况下输送电力，只有智能化的电网监控才能保证在遇到突发事件的情况下实现电网自我调控和自我恢复，保证电力系统正常地运转。智能电网监控具有实时性，网络系统可以实现实时在线，并且记录下电网在每个时间段的运行状态，第一时间进行自我调控，使系统能力得到恢复。

（3）具有很强的兼容性。智能电网监控系统对外界开放，该系统可以与其他不同的系统兼容，在任何平台都可以使用，维护和保养简单。它可在电网系统里随意安装插件，更简单地移植可再生资源；及时和用户分享信息，并进行沟通和交流，最大限度地满足不同用户的用电需求，同时还可为客户提供其他功能的服务。

(4) 安全系数高,具有很强的稳定性。智能电网监控的安全性和可靠性取决于电网的安全系数和稳定性。电网设备都是密切联系的,设备与设备之间形成一个有机体,设备之间的协调性很好,可以起到预警的效果,当突发事件发生时,可以把故障产生的后果控制在很小的范围内,防止事故恶性循环,造成不良后果。故智能电网监控起到了规避风险的作用。

(5) 能够实现资源的优化配置。智能电网监控系统的搭建可提供一个可靠的发电网络和送电网络,把各类清洁资源有效地整合在一起,从而在很大程度上促进清洁能源的普及。同时,受我国电力资源的国情的影响,我国东中西部的电力资源分布极不均衡,资源利用率较低。针对这种情况,智能电网监控的建设有很强的目的性,可优化配置我国不同地方的电力资源,切实服务于资源的均衡分配,实现能源利用最大化。

(6) 自动化程度高。智能电网监控可以把电网内部的所有系统优化结合在一起,起到横向集中和纵向融合的效果。它还可以促成电网报警机制的形成以及网上在线分析,进而影响决策的发出。

(7) 互动能力得到改善。通过智能电网监控平台,客户和电网可以实现人机交互、双向互动,使电力企业能够最大限度了解用户的需求,为用户提供最好的电力服务。同时,智能电网监控可以综合智能电表、分时间段的电价政策等用电情况,提高多终端用电的效率。

5.7.2.4 实际案例

1) 离岸海岛微电网的应用

(1) 英国苏格兰的埃格岛(Isle of Eigg)是海岛离网型微电网成功应用的典范。

因地制宜的微电网充分利用了当地的自然资源,其中发电系统主要由分布式光伏、小型风力发电和水力发电设施组成,总装机容量为 184 kW。多余的可再生电力储存到电池阵列中,天气条件不佳的情况下,电池组可以为全岛提供一整天的电力。微电网中还包括两台 70 kW 的柴油发电机,以备不时之需。整个系统的装机容量虽不算大,但足以满足近百名居民的电力需求,可以称得上是“小而美”的海岛微电网。

微电网中,各种能源在不同季节、不同时段中协同运行,多能互补也成为埃格岛电力系统的最佳配置。得益于较高的纬度,夏季的埃格岛可以享受较长时间的日照,再加上夏季雨水较少,光伏系统的利用率也随之提高。受天气影响,风电和水电在夏季的出力状况不甚理想,居民全天的电力消费都来自光伏和储能电池,只有在游客增多等少数情况下,备用的柴油发电机才开始供电。到了冬季,岛上降雨增多,三台小型水力发电机成为主要的电力来源。埃格岛微电网的控制系统可以监测发电设施的运行,优化电池的充放电循环,并且在电力短缺时自动启动柴油发电机。

微电网极大地提升了埃格岛的电力消费品质。微电网建成之前，居民靠自家的柴油发电机供电，在承担高昂支付成本的同时，还要忍受设备的噪声和空气污染。岛上的柴油依靠渡轮运输，储备有限的住户会面临断电的风险。如今，微电网保证了埃格岛的不间断供电，每年超过 90%的电力消费都来自可再生能源，二氧化碳的排放量也降低了近一半。另一方面，岛上的微电网展示了出色的经济性。整个项目的设计和建设成本约为 166 万英镑，而跨海架设电网的成本则高达 400 多万英镑；目前，埃格岛的电力价格仍高于英国的平均水平，但已经比过去降低了 60%。风、光、水、储的有效整合使岛上居民摆脱了化石能源的限制，埃格岛的经验也证明，离网型海岛微电网可以满足现代生活的电力需求。

(2) 2012 年开始建设浙江温州洞头鹿西岛并网型微网示范工程和平阳南麂岛离网型微网示范工程。

该工程的实施是对含分布式电源、储能和负荷构成的新型电网运营模式的有益探索，对于推动新技术在海岛电网的应用具有积极意义，温州洞头鹿西岛和平阳南麂岛也将开启新能源供电的时代。

鹿西岛坐落于温州市洞头东北海域，是该市重点海洋捕捞基地，也是闻名遐迩的海上鸟岛。多年来，仅由一条 10 kV 线路通过海底电缆向其供电，海缆一旦遭到破坏，岛上用电就要受到影响。海缆的不经济性和渔民捕鱼造成海缆易破坏是众多海岛面临的现状。

鹿西岛并网型微网示范工程位于该岛山坪村，占地面积为 11 062 m^2，项目投资约 4 309 万元。“麻雀虽小，五脏俱全”，岛上风力发电、光伏发电、储能三个系统组成了一个风、光、储并网型微网系统，可以实现并网和孤网两种运行模式的灵活切换。风力发电系统由岛上两台 780 kW 华仪风机主导；光伏发电系统主要是由 150 块光板、总容量 300 kW 太阳能光伏发电场及相应的并网逆变器和升压变压器组成；微网控制综合大楼内 2 MW×2 h 的铅酸电池组、500 kW×15 s 的超级电容和 5 台 500 kW 的双向变流器则组成了储能系统，储存容量与供电海缆故障修复时间相匹配。当分布式电源足够负荷岛上用电时，微网控制系统会把多余的电送入主网，当分布式电源不足的时候则由主网供电，形成双向调节平衡，为岛上用电提供保障。内部电源与储能之间的协调控制、内部独立运行与外部并网运行之间的协调控制正是该示范工程的核心研究内容。

分布式电源单户模式是鹿西岛微网工程中的另一个亮点。该示范工程为岛上 15 户居民安装了单户小型分布式电源，即小型风机、小型太阳能板和蓄电池，村民仅仅依靠阳光、风这些自然资源就可以获得日常生活用电。在近几年分布式电源发展中已经出现了这三种设备的不同组合模式，岛上不同单户模式的设立正是对不同分布式电源发电模式的实践，为小型分布式电源的推广提供经验。

2）偏远区域微电网的应用

在印度，无电人口的数量达到2.4亿，约占印度人口总数的20%，其中绝大部分人生活在偏远的农村地区，这给印度政府的全国电气化计划带来不小的技术和经济性挑战。比哈尔邦(Bihar)是印度电力缺口最大的邦之一，全邦79%的农村家庭无电可用，其中超过一半的家庭没有接入电网；其他所谓的“通电”家庭则依赖于单一的柴油发电机，这使得该区域对柴油特别依赖，提高了用能成本并造成了空气污染。

以光伏为主、柴油发电机作为备用的分布式能源系统可以解决这些偏远地区的用电问题。研究人员为农村家庭开发了光伏微电网，包括一块125 W的太阳能电池板、1 kW·h的储能电池、控制箱和直流家电。不同于普通的交流用电，这套户用微网以直流电运行，避免了光伏、电池和家电之间交直流转换引起的能量损失。整套系统的成本比架设电网的方式更低，供电也更加可靠。已经接入市政电网的家庭也可以将其作为优质的备用电源，免除电网频繁断电带来的困扰。同时，研究人员还开发了覆盖多户家庭的500 W和7.5 kW的微电网。

目前，这套系统已经为超过4 000户的农村家庭提供了电力。在比哈尔邦的农村社区，分布式光伏、储能电池与已有的柴油发电机构成微电网系统，为用户提供可靠电力的同时也降低了用电成本，在柴油价格走高之时，光伏的替代作用使系统的经济性更加出众。目前，印度大多数的微电网和独立供电系统仍采用柴油发电机，但成本日趋下降的分布式光伏和因地制宜的小型水电、风电设施正逐渐凸显出经济和环境效益，这在农村地区显得尤为重要。离网型微电网将在印度的电气化进程中起到关键作用，这项技术也值得向全球其他无电地区推广。

3）城市社区微电网的应用

并网型微电网满足了美国最大的居民住宅——纽约联合公寓城(Co-Op City)的能源需求，并且能在极端天气情况下保障系统的供能安全。该项目的核心设备是西门子公司生产的能够实现冷、热、电三联供(CCHP)的燃气轮机、蒸汽轮机以及控制系统。该能源站总装机容量达到40 MW，可以满足全部6万名居民24 MW的用电负荷峰值需求，其余发出16 MW容量的电力出售给大电网。

2012年10月，飓风“桑迪”席卷美国东海岸并造成大面积断电期间，联合公寓城的微电网持续供能，6万名住户未受影响。除公寓城外，处于飓风登陆区域的纽约大学和普林斯顿大学也配备了以天然气分布式能源站为主的微电网，两所大学都与大电网断开并切换至“孤岛模式”，保证了市政电网断电期间校园的能源供应。这些案例都充分体现了微电网系统的稳定性。

5.8 政策法规

在《能源发展“十三五”规划》中提到，全面实施燃煤机组超低排放与节能改造，推广应用清洁高效煤电技术，严格执行能效环保标准，强化发电厂污染物排放监测。2020 年煤电机组平均供电煤耗控制在 310 g/(kW·h)以下，其中新建机组控制在 300 g/(kW·h)以下，二氧化硫、氮氧化物和烟尘排放浓度分别不高于 35 mg/m^3、50 mg/m^3、10 mg/m^3。“十三五”期间完成煤电机组超低排放改造 4.2 亿千瓦，节能改造 3.4 亿千瓦。其中 2017 年前总体完成东部 11 省市现役 30 万千瓦及以上公用煤电机组、10 万千瓦及以上自备煤电机组超低排放改造；2018 年前基本完成中部 8 省现役 30 万千瓦及以上煤电机组超低排放改造，2020 年前完成西部 12 省区市及新疆生产建设兵团现役 30 万千瓦及以上煤电机组超低排放改造。不具备改造条件的机组实现达标排放，对经整改仍不符合要求的设备，由地方政府予以淘汰关停。东部、中部地区现役煤电机组平均供电煤耗在 2017 年、2018 年实现达标，西部地区预计到 2020 年前达标。此外，规划还提到积极发展生物质液体燃料、气体燃料、固体成型燃料。推动沼气发电、生物质气化发电，合理布局垃圾发电。有序发展生物质直燃发电、生物质耦合发电，因地制宜发展生物质热电联产。

规划中提到，优化太阳能开发布局，优先发展分布式光伏发电。到 2020 年，太阳能发电规模达到 1.1 亿千瓦以上，其中分布式光伏 6 000 万千瓦。占太阳能总发电量的 54.5%，充分证明了分布式光伏的重要性。

国家政策导向：

(1) 2011 年 4 月 6 日，国务院发布《关于加快天然气冷热电联供能源发展的建议》：发展天然气冷热电联供能源具有重要意义且条件具备、时机成熟。

(2) 2011 年 10 月，国家发展改革委、国家能源局（以下简称发改能源）发布《关于发展天然气分布式能源的指导意见》：“十二五”期间建设 1 000 个左右天然气分布式能源项目；到 2020 年，在全国规模以上城市推广使用分布式能源系统，装机规模达到 5 000 万千瓦。

(3) 2012 年 12 月 1 日，国家发改委发布《天然气利用政策》：天然气分布式能源属于优先类城市燃气。

(4) 2013 年 7 月 18 日，发改能源发布《分布式发电管理暂行办法》：电网企业负责分布式发电外部接网设施以及由接入引起公共电网改造部分的投资建设，并为分布式发电提供便捷、及时、高效的接入电网服务。

(5) 2013 年 11 月 29 日，国家电网办发布《国家电网公司关于印发分布式电源并网相关意见和规范的通知》：分布式电源发电量可以全部自用或自发自用剩余电量上网，由用户自行选择，用户不足电量由电网提供。

(6) 2014 年 10 月 23 日，发改能源发布《天然气分布式能源示范项目实施细则的通知》：各省（自治区、直辖市）要充分考虑天然气分布式能源项目在节能减排方面的优势和特点，优化和简化审核程序，加快审核办理进度，并网申报、审核和批准过程原则上应不超过60个工作日。天然气分布式能源项目可向项目所在地有关部门申请冷、热、电的特许经营,允许分布式能源企业在该区域内享受供电、供热、供冷经营权利,与用户分享节能效益。

(7) 2015年3月15日,中共中央、国务院发布《关于进一步深化电力体制改革的若干意见》:打响电力体制改革的枪声;该文件并未明确售电主体资质、批准权限等方面内容。

(8) 2015年11月30日,国家发改委、能源局发布《关于有序放开发用电计划的实施意见》,用户准入范围:允许一定电压等级或容量的用户参与直接交易;允许售电公司参与;允许地方电网和趸售县参与。直接交易价格:通过自愿协商、市场竞价等方式自主确定上网电价,按照用户、售电主体接入电网的电压等级支持输配电价(含线报、交叉补贴)、政府性基金等。

(9) 2015年11月30日,国家发改委、能源局发布《关于推进售电侧改革的实施意见》:售电公司分三类,第一类是电网企业的售电公司;第二类是社会资本投资增量配电网,拥有配电网运营权的售电公司;第三类是独立的售电公司,不拥有配电网运营权,不承担保底供电服务。同一供电营业区内可以有多个售电公司,但只能有一家公司拥有该配电网经营权,并提供保底供电服务。同一售电公司可在多个供电营业区内售电。

(10) 2016年7月27日,国家能源局发布《京津唐电网电力用户与发电企业直接交易暂行规则》:将售电企业列为市场主体之一,同时,进一步明确了售电公司的准入条件,指出要按照市场竞价、平等竞争的原则推进直接交易,为京津冀电力市场开展现货交易做好准备。

(11) 2016年10月8日,国家发改委、能源局发布《售电公司准入与退出管理办法》:售电公司是指提供售电服务或配售电服务的市场主体。售电公司可以采取多种方式通过电力市场购电,包括向发电企业购电、通过集中竞价购电、向其他售电公司购电等,并将所购电量向用户或其他售电公司销售。对售电公司准入和退出机制的政策设计,充分体现了差异化、便利化、协同化理念,为促进各类市场主体平等竞争营造了良好的环境。

(12) 2017年3月29日,国家发改委、能源局发布《关于开展分布式发电市场化交易试点的通知》(征求意见稿):分布式能源项目委托电网企业代售电。分布式发电选择直接交易模式的,分布式发电项目单位作为售电方,自行选择符合交易条件的电力用户并以配电网企业作为输电服务方签订三方供电合同。分布式售电方上网电量、购电方自发自用之外的购电量均由当地电网公司负责计量。

对审批通过的能源管理实施的清洁能源供热项目,按照财政部、国家税务总局《关于促进节能服务产业发展增值税、营业税和企业所得税政策问题的通知》(财税〔2010〕110号)有关规定执行相关税收优惠政策。

《北京市鼓励发展天然气分布式能源系统实施意见(试行)》中,明确了北京地区关于对分布式能源项目的支持政策，税收政策：对于符合要求的项目，可享受相关税收优惠政策。对于需进口自用的设备，符合国家《产业结构调整指导目录（2011年本）》，经批准可予免征关税。

5.9　实施案例

5.9.1　某国际旅游度假区分布式能源项目建设

天然气分布式能源分布在用户侧负荷中心，以天然气为原料，向附近区域的用户提供制冷、供热（蒸气、热水）、电力等能源服务，其能源综合利用效率为70%～90%，能显著减少有害气体和温室气体的排放，具有良好的经济效益和环境效益，是符合当前"节能减排，建设集约型社会"要求的能源利用方式。

某国际旅游度假区的分布式能源站采用冷热电气四联供系统，为核心区及周边地区提供所需的冷热气。能源站系统图如图5-20所示，其规模为5×4.4 MW，提供冷负荷60 MW、热负荷30 MW，压缩空气负荷108.3 Nm^3/min。能源站建设有5台颜巴赫4.4 MW内燃机、5台烟气热水型吸收式溴化锂机组、4台6 330 kW和2台3 165 kW离心式冷水机组、2台燃气热水锅炉、冷热蓄能罐各1台以及5台47 Nm^3/min和1台15.7 Nm^3/min的空气压缩机。

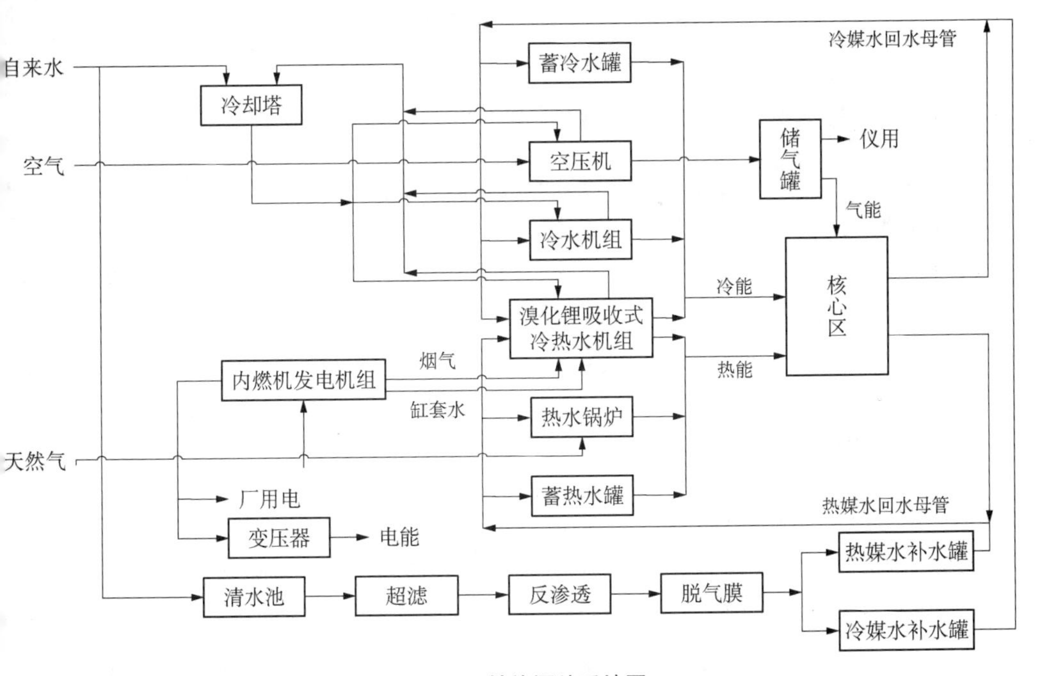

图5-20　某能源站系统图

5.9.2 某工业厂房屋顶光伏发电系统建设

某工业厂房屋顶光伏发电项目(见图 5-21),电站装机容量为 355 kW,整套光伏组件由 1 206 块 305 W 多晶硅电池组件组成,选取晶澳 P60-305/3BB 型号多晶硅电池组件。

该屋顶光伏系统可为工业厂房提供日常基本用电。为便于后期管护,还研发出相应的能源监测中心,对所有设备进行实时监控和数据分析。

图 5-21 某工业厂房屋顶光伏发电项目

5.9.3 某学校智能微电网示范工程

某学校于 2015 年建成约 600 kW 新能源微电网示范工程。该新能源微电网覆盖多种电源形式,其中包括市电、可再生能源发电(并网光伏、陆上风电、光热斯特林发电)、微型燃气发电(微型内燃机、微型燃气轮机、微型燃料电池)、柴油发电机等。适用于办公负荷、教学负荷、生活负荷、实验负荷、充电桩(含 V2G)等多种负荷类型。

微电网为并网双母线结构,包含一个子微电网。双母线分别为科技楼配电室母线、B 楼配电室母线。子微电网为 B 楼实验室内部微网。

光伏发电系统以多晶硅电池为主,辅以单晶硅、硅基薄膜、双玻单晶、聚光跟踪、单晶跟踪等多光伏发电类型。一期建设装机容量合计约 230 kW,二期接入容量 100～300 kW。风力发电系统有垂直轴、水平轴两种类型。一期建设 5 kW 水平轴风机两台;二期接入校区原有的三台 3.5 kW 垂直轴风机。燃气发电系统包含两台燃气发电机组,分别为美国凯普斯通微型燃气内燃机和日本洋马微型燃气轮机,装机合计 54 kW,可用于热电联供,已于一期接入微电网系统运行,二期计划接入光热发电及燃料电池,以进一步完善能源互联网的建设示范。储能系统根据接入负荷大小配比设计了储能容量，并选择了目前技术较为前沿的铅碳电池（铅酸改进型）、磷酸铁锂电池及超级电容。微电网控制采用 V/F 控制，设定由铅碳电池输出离网参数。

5.9.4　某酒店分布式能源系统

某酒店建于改革开放初期的上海，酒店总面积达近 50 000 m^2，其中新建的 34 层主楼总面积近 40 000 m^2，主要功能是餐厅、客房和宴会厅。实施热、电、冷三联供系统、建筑能源管理系统（BEMS）、空气源热泵和太阳能光伏发电等 10 项节能改造措施。项目大约可以节约 680 吨油/年，可减少二氧化碳的排放量约 2 000 吨/年，与饭店原能源费用相比下降了 16%（折合每年可节省用电近 300 万千瓦・时）。

该项目配置了日本洋马（YANMAR）天然气热电联产系统（EP350G），发电兼提供 8 kg 压力的蒸气或生活热水，结合溴化锂机组实现供电、供热、制冷三联供。机组外形图如 5－22 所示。图 5－23 为机组能流图，发电效率为 40%，一次能源利用效率达 75%。机组主要性能参数如表 5－12 所示。

图 5－22　YANMA－EP350G 机组外形图

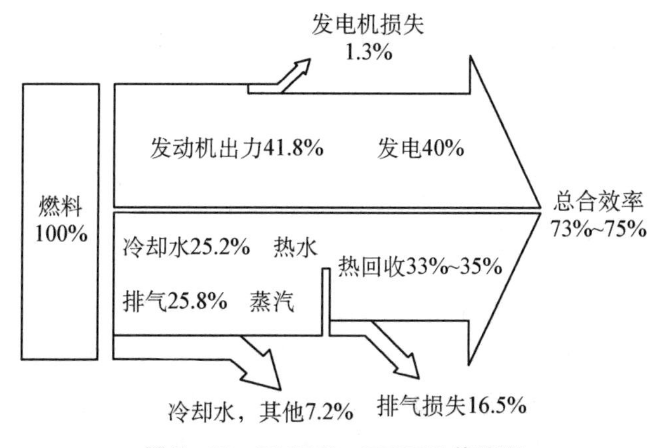

图 5－23　YANMA－EP350G 能流图

表 5－12　YANMA－EP350G 主要参数

项　目	单位	内　容
机组型号	—	EP350G
发动机型号	—	AYG20 L－ST
运行方式	—	系统并网
发电电力	kW	350
频率/电压	Hz/V	50/380
相数、线数	—	相数 3ϕ4 W
转速	r/min	1 500
功率因数	%	95(滞后)
燃气种类	—	天然气
使用燃料供应压力使用润滑油	MPa	0.059～0.29 专用润滑油
NO_x 值(O_2=0%)	10^6 ppm	200
噪声值	dB(A)	80(5 方向一米平均值)
产地	—	日本

① 1 ppm=1 μg/L。

系统配置 1 台余热锅炉，其主要性能参数：最高压力为 1.0 MPa，额定蒸发量为 0.188 t/h，额定蒸气温度为 184℃。燃气贯流锅炉(蒸气)1 台，其主要性能参数：最高压力为 1.0 MPa，实际蒸发量为 2 t/h，锅炉效率 95%。

系统整体流程如图 5－24 所示。机组每天运行时段为 8:00～23:00，采用并网不上网的运行模式，发出的电全部自行消费。热水供应生活热水，蒸气直接并入蒸气总管，供酒店自用。

系统自 2010 年 5 月正式运行以来，年平均运行时间在 4 000 h 以上。以 2013 为例，全年运行 4 500 h，发电 1 539 076 kW·h，占酒店总电量 22.8%。

5.9.5　某中心医院分布式能源系统

某中心医院总建筑面积近 5 000 m^2，设有 26 个病科，临床数 600 张。分布式能源系统流程如图 5－25 所示，配置了 1 台洋马 EP350G－5－CB 机组。天然气进入内燃机发动机中燃烧做功，推动发电机发电。烟气余热经过排烟蒸汽锅炉产生蒸气，为洗衣房、食堂或溴化锂机组提供热量；内燃机缸套水经过板式换热器为生活热水提供热量。

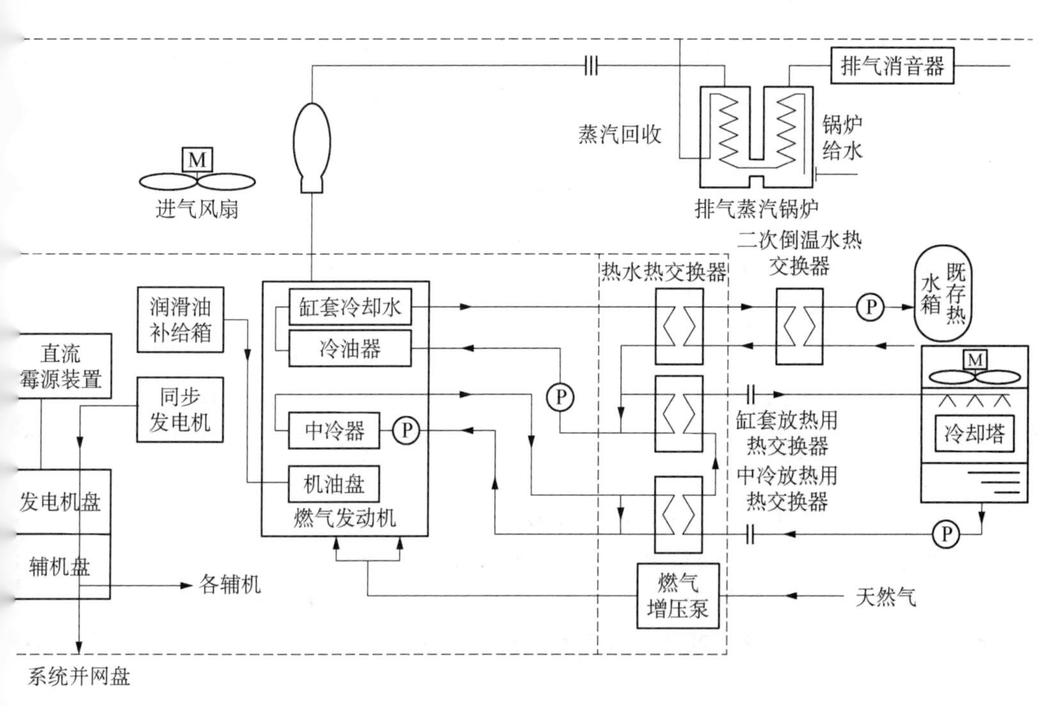

图 5－24　某酒店分布式能源系统流程图

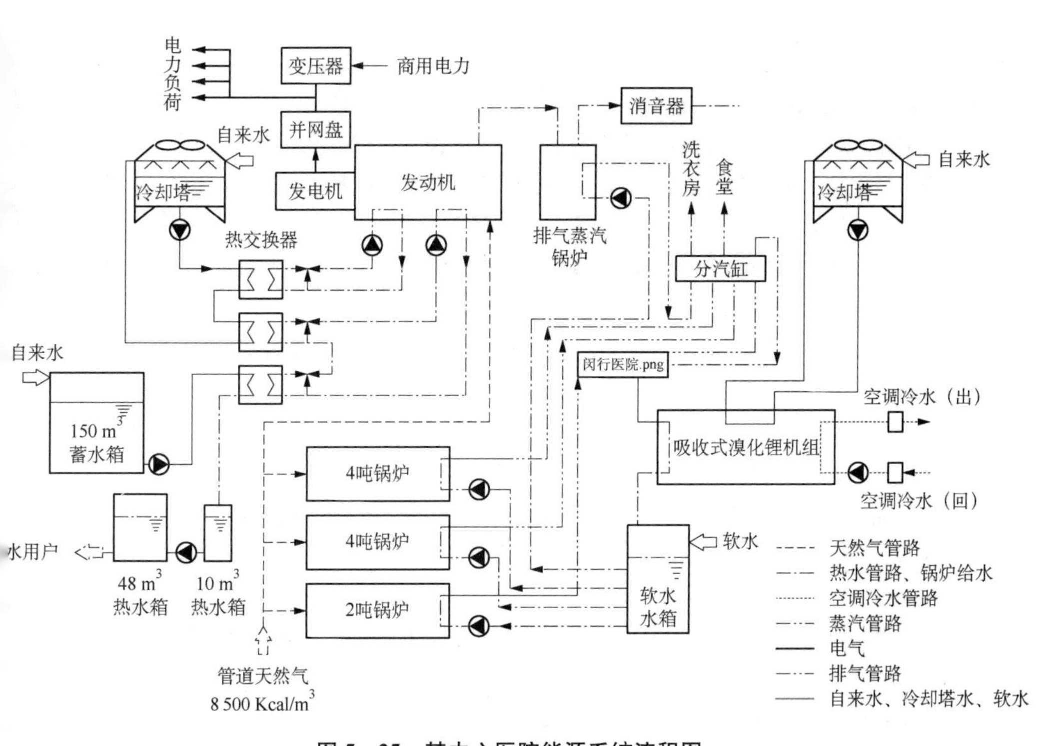

图 5－25　某中心医院能源系统流程图

该系统自2007年9月正式运行以来，年平均运行时间在3 000 h以上，以2013年为例，全年运行3 500 h，发电1.22×10^{6} kW·h，占医院总电量27.4%。

参考文献

[1] 王忠会，王艳华. 从全球气候变化谈我国发电方式的转变[J]. 节能与环保，2013，1：52-54.

[2] 李先瑞. 分布式能源与建筑的融合(上)[J]. 节能与环保，2004，9：6-8.

[3] 李先瑞. 分布式能源与建筑的融合(下)[J]. 节能与环保，2004，10：10-13.

[4] Gilbert M M. Renewable and efficient electric power systems [M]. New Jersey：John Wiley & Sons Inc，2010.

[5] 刘永长. 内燃机原理[M]. 武汉：华中科技大学出版社，2013.

[6] 蒋德明. 内燃机燃烧与排放学[M]. 西安：西安交通大学出版社，2001.

[7] 孙建新. 内燃机构造与原理(试用)[M]. 北京：人民交通出版社，2004.

[8] 冯志兵，金红光. 冷热电联产系统节能特性分析[J]. 工程热物理学报，2006，27(4)：541-544.

[9] 沈建锋，张岗. 燃气轮机和内燃机发电机组性能及经济性分析[J]. 煤气与热力，2014，6：21-24.

[10] 王庆一. 中国的能源效率及国际比较[J]. 节能与环保，2005，6：10-13.

[11] 徐建中. 科学用能与分布式能源系统[J]. 中国能源，2005，8：10-13.

[12] 衣宝廉. 燃料电池的原理技术状态与展望[J]. 电池工业，2003，1：16-22.

[13] 詹姆斯·拉米尼，安德鲁·迪克斯. 燃料电池系统——原理·设计·应用[M]. 朱红，译. 北京：科学出版社，2006.

[14] 徐梁飞，李相俊，华剑锋. 燃料电池混合动力参数辨识及整车控制策略优化[J]. 机械工程学报，2009，2：56-61.

[15] 刘爱虢，翁一武. 熔融碳酸盐燃料电池/燃气轮机混合动力系统启动停机过程特性分析[J]. 中国电机工程学报，2012，17：7-12.

[16] 张营，姜昱祥. 斯特林发动机的工作原理及应用前景[J]. 科技世界，2013，31：103-131.

[17] 黄护林. 太阳能斯特林发动机的性能模拟[J]. 太阳能学报，2004，5：657-662.

[18] 钱泰磊，郑伟业，朱冬生. 闭式冷却塔的影响因素分析[J]. 流体机械，2013，10：73-75.

[19] 钱泰磊，吴佳菲，朱冬生. 闭式冷却塔空冷传热性能的试验研究及优化运行[J]. 流体机械，2013，6：70-73.

[20] 董蓓蓓，熊飞，李骞. 分布式光伏发电消纳方式的选择策略研究[J]. 供用电，2017，8：79-83.

[21] 王军，刘德有，张文进. 碟式太阳能热发电[J]. 太阳能，2006，3：31-32.

[22] 罗玉和，楼波，丁力行. 清洁发展机制下生物质气化发电的能值分析[J]. 太阳能学报，

2010,9:1124-1128.
[23] 欧训民.生物质气化发电技术的现状及发展趋势[J].能源技术,2009,2:84-85.
[24] 范柱烽,解东光,赵川.微电网控制研究综述[J].电气开关,2014,2:1-3.
[25] 韩培洁,张惠娟,李贺宝.微电网控制策略分析研究[J].电网与清洁能源,2012,10:25-30.

索　引

A

氨制冷　36

B

变负荷特性　134

抽水蓄能　43,45,46,71,74

储能技术　41—46,59,69—71,74—76,162

储能系统　41,45,46,67,69—71,73—75,163,173,178

D

低沸点工质　15—18,20,21,28,39,40

低温热力循环　24

低温热能　2,7,15—17,26,31,40,134

地热　2,7—11,28,32,34,38,39,162

地热发电　2,9—11,28

电解质　47,78,79,82,83,86—108,110—113,115,123—125,144—146

动力学　22,23,39,57,84,85,94,95,98,124

F

发电效率　4,13,16,80,85,116,121,127,130,131,135,138,140—143,146,154,156,157,179

钒电池　46,47

分布式能源　1—6,75,116,126,127,131,134,138,140,143,144,151,158,161,162,165,166,174—177,179—182

G

干热岩　6,8,10,11,38

高效转换　7

工业余热　6,7,9,25,26,28,36,38—40

固态氧化物燃料电池　78,87,100,101

H

海洋能　8—12,39

海洋温差能发电　11—14,39

回热器　14,18,31,32,71,121,134,140,143,148

J

碱性燃料电池　79,87,93—96,125,145,146

金属-空气电池　46

聚合物电解质膜燃料电池　78,91

K

卡琳娜循环　2,16,24,31,32,34,40

可再生能源　1—3,6,39,41,43,44,49,71,75,76,116,158,160,161,164—166,170,173,178

L

冷热电联产　4,6,40,127,128,134,135,145,146,182

锂电池　42,46,179

磷酸燃料电池　78,79,86,87,89,91,124

N

钠硫电池　41,42,46,75
能源互补　127
镍镉电池　46

O

耦合发电　116,175

Q

铅酸电池　41,42,46,173
潜热储热　50—52,54,57,58
强化传热　21—23

R

燃料电池　3—6,46,77—103,106,108,111,112,114—117,119,123—125,128,144—146,157,159,162,168,178,182
燃气轮机热电联产系统　131
燃气内燃机热电联产系统　128
燃烧室　4,70,71,73,131,140,143,149
热电效应　24
热化学储热　64—67
热交换器　12—15,21,67,95,117,140,150,157
热阻　7,21,23,58,62,91
熔融碳酸盐燃料电池　80,82,87,96,98,125,145,146,182

S

斯特林内燃机　4,5,146,147

T

梯级利用　2—4,7,36,120,126,128,134,163
天然气分布式能源系统　3,126,127,138,176

W

微电网　4,6,45,158—174,178,179,183
微生物燃料电池　114,115,124,125
微型燃气轮机　4,127,135,140—144,159,168,178

X

显热储热　50,51,55—57
削峰填谷　59,74,127,166
小温差传热　18,20
溴化锂制冷　35,36,38,40,143
蓄电池储能　46

Y

压气机　117,120,131,132,140,143
压缩空气储能　41,42,69—76
有机朗肯循环　26,39,40
有机物朗肯循环　2
余热发电　2,24,26—28,32,34,39,40,146
余热锅炉　15,24,33,116,121,134—137,140,143,149,150,157,180
余热制冷　35,36,40
余热转换　15,24,26,149

Z

直接醇类燃料电池　114
智能微电网　1,167—169,178